Lermen

Hierarchische Produktionsplanung und KANBAN

Patrick Lermen

Hierarchische Produktionsplanung und KANBAN

GABLER

Die Deutsche Bibliothek – CIP-Einheitsaufnahme

Lermen, Patrick:
Hierarchische Produktionsplanung und KANBAN / Patrick
Lermen. - Wiesbaden : Gabler, 1992
    (Neue betriebswirtschaftliche Forschung ; 105)
    Zugl.: Saarbrücken, Univ., Diss., 1992
    ISBN 978-3-409-13222-0   ISBN 978-3-322-91350-0 (eBook)
    DOI 10.1007/978-3-322-91350-0
 NE: GT

Der Gabler Verlag ist ein Unternehmen der Verlagsgruppe Bertelsmann International.

© Betriebswirtschaftlicher Verlag Dr. Th. Gabler GmbH, Wiesbaden 1992
Lektorat: Ingeborg Brandt

Höchste inhaltliche und technische Qualität unserer Produkte ist unser Ziel. Bei der Produktion und Verbreitung unserer Bücher wollen wir die Umwelt schonen: Dieses Buch ist auf säurefreiem und chlorfrei gebleichtem Papier gedruckt.

Die Wiedergabe von Gebrauchsnamen, Handelsnamen, Warenbezeichnungen usw. in diesem Werk berechtigt auch ohne besondere Kennzeichnung nicht zu der Annahme, daß solche Namen im Sinne der Warenzeichen- und Markenschutz-Gesetzgebung als frei zu betrachten wären und daher von jedermann benutzt werden dürften.

ISBN 978-3-409-13222-0

Geleitwort

Mit der vorliegenden Arbeit knüpft der Autor an zwei aktuelle
Entwicklungstendenzen der produktionswirtschaftlichen Diskussion an. Die Unzufriedenheit mit den computergestützten Systemen zur Produktionsplanung und -steuerung nach dem MRP II-Konzept führte einerseits zur Entwicklung der hierarchischen Produktionsplanung und andererseits zu einer verstärkten Anwendung dezentraler Steuerungskonzepte, wie das in Japan entwickelte und weltweit erfolgreich eingesetzte KANBAN.

KANBAN basiert auf einer dezentralen Fertigungssteuerung, wobei lediglich für die Endmontage der Fertigerzeugnisse eine
zentrale Vorgabe der Produktionsmengen erforderlich ist. Die
Verantwortlichen der Endmontage sind dann - ebenso wie die
Verantwortlichen aller untergeordneten Fertigungsstufen - für
die Beschaffung der benötigten Materialien selbst zuständig.
Während der Ablauf einer KANBAN-gesteuerten Just-In-Time-Fertigung in der Literatur ausführlich analysiert wird, sind Ansätze zur Festlegung des Produktionsprogramms der Enderzeugnisse, das den Input des KANBAN-Systems bildet, bisher weitgehend vernachlässigt worden.

Mit der vorliegenden Arbeit zeigt der Autor eine Möglichkeit
auf, die Ermittlung des Produktionsprogramms der Enderzeugnisse durch einen hierarchischen Planungsansatz vorzunehmen.
Die Idee einer hierarchischen Dekomposition der operativen
Produktionsplanung in Verbindung mit einer Aggregation sowie
Disaggregation der Entscheidungsvariablen und der zugrunde
liegenden Daten erweist sich als adäquate Methode zur Durchführung einer optimierenden Produktionsplanung unter betriebswirtschaftlichen Gesichtspunkten.

Die Arbeit bietet eine Reihe neuer Erkenntnisse und zeigt interessante Weiterentwicklungen der hierarchischen Produktionsplanung auf. Hervorzuheben ist auch die fundierte Darstellung und Analyse des KANBAN-Systems. Die Ausführungen dürften sowohl für die Theorie als auch für die Praxis von Interesse sein und zur Weiterführung der Diskussion anregen.

Horst Glaser

Vorwort

Bereits im Dezember 1988 - zu Beginn meiner Tätigkeit am
Lehrstuhl für Betriebswirtschaftslehre, insbesondere Industriebetriebslehre, an der Universität des Saarlandes - in-
spirierte mich Prof. Dr. Horst Glaser eine Dissertation über
hierarchische Produktionsplanung zu verfassen. Da er mich
während meiner gesamten Assistentenzeit in diesem Vorhaben
ständig unterstützte, konnte ich mich innerhalb kurzer Zeit
in die diesbezügliche Problematik einarbeiten. Parallel dazu
beschäftigte ich mich mit dem KANBAN-Konzept zur Steuerung
einer Just-In-Time-Fertigung. Die Ergebnisse dieser beiden
Forschungsschwerpunkte führten zu der Erkenntnis, daß die
beiden auf den ersten Blick so widersprüchlichen Konzepte bei
näherer Betrachtung die Grundlage eines umfassenden Systems
der operativen Produktionsplanung und -steuerung bilden können. Damit war die Idee zu der vorliegenden Dissertation ge-
boren.

Da eine Dissertation jedoch nicht mit der Ideenfindung abgeschlossen ist, folgte eine Zeit intensiver Arbeit, wobei die
Idee zu einer Konzeption reifte. Hierbei waren viele Personen, teilweise unbewußt, mit Anregungen und Verbesserungsvor-
schlägen hilfreich, von denen ich im folgenden nur einige na-
mentlich nennen kann.

Herr Prof. Dr. Horst Glaser betreute die Arbeit und erstellte
das Erstgutachten. Das Zweitgutachten übernahm Prof. Dr.
Werner Dinkelbach. Meine Kollegen Monika Wick, Karl Seidl und
Andreas Ottburg standen mir stets mit Rat und Tat zur Seite.
Dr. Richard Lackes war immer bereit zu Diskussionen, was insbesondere die zuständigen Fernmeldeämter erfreute. Ute
Mühlthaler und Thomas Diesler fertigten mit viel Sorgfalt die
Abbildungen an. Renate Kneip opferte ihre Zeit um die Endfas-
sung Korrektur zu lesen. Ulrike Gräff half mir stets durch
die Klippen der Textverarbeitung. All diesen Personen sei an
dieser Stelle herzlich gedankt.

VIII

Mein ganz besonderer Dank gilt jedoch Evelina Jacob, die mir
in der Endphase der Dissertation mit Ausdauer und Geduld zur
Seite stand.

Patrick Lermen

INHALTSVERZEICHNIS

Einführung   1

Teil I: Grundlagen der Produktionsplanung   5

1. Stellung der Produktionsplanung im System der
   betrieblichen Planung   6

2. Aufgaben einer integrierten operativen
   Produktionsplanung   15

3. Konzepte einer integrierten operativen
   Produktionsplanung   17
 3.1. Computergestützte Verfahren   17
 3.2. Betriebswirtschaftliche Verfahren   24
  3.2.1. Simultanplanung   24
  3.2.2. Sukzessivplanung   28
  3.2.3. Planung mit verdichteten Daten und
         Entscheidungsvariablen   31
  3.2.4. Hierarchische Planung   33

**Teil II: Kritische Analyse hierarchischer Produktions-
          planungsansätze**   37

1. Grundlagen hierarchischer Planungsansätze   38
 1.1. Dekomposition und Hierarchisierung   38
 1.2. Aggregation und Disaggregation   44

2. Planung einstufiger Produktionssysteme nach A.C. Hax   48
 2.1. Grundlagen   48
 2.2. Bestimmung effektiver Bedarfsmengen für
      Erzeugnistypen   53
 2.3. Voraussetzungen des Ansatzes   57
 2.4. Modellentwicklungen   58
  2.4.1. Familien-Fabrik-Zuweisung (Ebene 0)   58

2.4.2. Produktionsplanung für Erzeugnistypen
(Ebene I)   63
  2.4.2.1. Modell von Bitran und Hax 1977   63
  2.4.2.2. Modell von Hax und Meal 1975   68
  2.4.2.3. Ergebnisse der Ebene I   73
2.4.3. Disaggregation zu Erzeugnisfamilien
(Ebene II)   74
  2.4.3.1. Modell von Hax und Meal 1975   74
  2.4.3.2. Rucksackmodell 1977   76
  2.4.3.3. Modell nach Hax und Golovin in
Anlehnung an Winters   83
  2.4.3.4. Ergebnisse der Ebene II   85
  2.4.3.5. Zusammenfassung der Ebenen II und III   86
2.4.4. Disaggregation zu Einzelerzeugnissen
(Ebene III)   87
  2.4.4.1. Modell von Hax und Meal 1975   87
  2.4.4.2. Modell von Bitran und Hax 1977   89
  2.4.4.3. Ergebnisse der Ebene III   92
2.5. Zusammenfassende Würdigung   92
  2.5.1. Festlegung der Aktionsparameter   92
  2.5.2. Einordnung in das PPS-Konzept   95
  2.5.3. Kritik   95
    2.5.3.1. Positive Kritik   95
    2.5.3.2. Negative Kritik   98

3. Planung zweistufiger Produktionssysteme nach
Bitran, Haas und Hax   102
3.1. Voraussetzungen   102
3.2. Produktionsplanung für Typen (Ebene I)   103
  3.2.1. Modellentwicklung   103
  3.2.2. Ergebnisse der Ebene I   109
3.3. Erste Disaggregationsstufe (Ebene II)   109
  3.3.1. Modellentwicklung   109
  3.3.2. Ergebnisse der Ebene II   115
3.4. Zweite Disaggregationsstufe (Ebene III)   115
  3.4.1. Modellentwicklung   115
  3.4.2. Ergebnisse der Ebene III   116
3.5. Kritik   117

**Teil III: KANBAN als Informationssystem zur Steuerung
einer Just-In-Time-Produktion   121**

1. Grundlagen des KANBAN-Konzeptes   122

2. KANBAN versus Synchronfertigung   128

3. Konzeptionelle Gestaltung des KANBAN-
   Informationssystems   131
   3.1. Informations- und Materialfluß   131
   3.1.1. Zwei-Karten-System   131
   3.1.2. Ein-Karten-Systeme   138
     3.1.2.1. Ein-Karten-System mittels Transport-
              kanbans   138
     3.1.2.2. Ein-Karten-System mittels Produk-
              tionskanbans   139
     3.1.2.3. Ein-Karten-System mittels durchlau-
              fender Kanbans   142
   3.2. Regeln für eine KANBAN-gesteuerte Fertigung   143
   3.3. Einsatzvoraussetzungen   146
   3.3.1. Reduzierung der Rüstzeiten   146
   3.3.2. Glättung des Materialflusses   149
   3.3.3. Multi-Function-Worker   150
   3.3.4. Materialflußorientierte Betriebsmittel-
          anordnung   150

4. Kritische Analyse   151
   4.1. Aufgaben einer zentralen Planungsinstanz   151
   4.2. Computergestützte "KANBAN"-Systeme   162
   4.3. Übertragbarkeit der japanischen Produktions-
        philosophie auf europäische Verhältnisse   164
   4.3.1. Arbeitskultur und Entlohnung   164
   4.3.2. Akzeptanz durch die Gewerkschaften   165
   4.4. Einsatz flexibel automatisierter Fertigungs-
        systeme   167

Teil IV: Zur Verbindung einer hierarchischen Produktionsplanung mit einer KANBAN-gesteuerten Fertigung   **168**

1. Einleitung   169

2. Voraussetzungen   176

3. Anforderungen an eine hierarchische Produktionsplanung KANBAN-gesteuerter Produktionssysteme   182

4. Entwicklung der Grundmodelle   183
  4.1. Aggregierte Produktions- und Absatzplanung für Enderzeugnistypen (Ebene I)   183
    4.1.1. Herleitung des Entscheidungsmodells   183
    4.1.2. Zielfunktion   184
    4.1.3. Nebenbedingungen   186
  4.2. Produktions- und Absatzplanung für Enderzeugnisfamilien (Ebene II)   194
    4.2.1. Herleitung des Entscheidungsmodells   194
    4.2.2. Zielfunktion   194
    4.2.3. Nebenbedingungen   197
  4.3. Produktionsplanung für Enderzeugnisse (Ebene III)   202
    4.3.1. Herleitung des Entscheidungsmodells   202
    4.3.2. Zielfunktion   202
    4.3.3. Nebenbedingungen   204
  4.4. Zusammenfassende Modelldarstellung   207
  4.5. Ablauf der Planungsaktivitäten   211
  4.6. Festlegung der Aktionsparameter   214

5. Variationen der Grundmodelle   218
  5.1. Variationen bezüglich des Entscheidungsmodells der ersten Planungsebene   218
    5.1.1. Nebenbedingungen in Gleichungsform   218
    5.1.2. Absatzdaten   228
    5.1.3. Ganzzahligkeitsbedingungen   229
  5.2. Variationen bezüglich der Entscheidungsmodelle der zweiten Planungsebene   232
    5.2.1. Absatzdaten   232
    5.2.2. Ganzzahligkeit   233

5.3. Variationen bezüglich der Entscheidungs-
     modelle der dritten Planungsebene   233
  5.3.1. Absatzdaten   233
  5.3.2. Ganzzahligkeit   234

6. Auswertungsmöglichkeiten   235
 6.1. Kurzfristige operative Planung und Steuerung   235
  6.1.1. Absatz   235
  6.1.2. Produktion   237
  6.1.3. Beschaffung   244

 6.2. Sensitivitätsanalysen und parametrische
      Programmierung   250

Zusammenfassung   **254**

Anhang   **259**

Anhang 1   260
Anhang 2   261
Anhang 3   267
Anhang 4   271

Abkürzungsverzeichnis   **275**

Abbildungsverzeichnis   **277**

Symbolverzeichnis   **279**

Literaturverzeichnis   **289**

Schlagwortverzeichnis   **301**

Einführung

Einführung

Die in der Praxis dominierenden computergestützten Systeme
zur Produktionsplanung und -steuerung stoßen in der wissen-
schaftlichen Diskussion zunehmend auf Widerstand. Insbesondere zwei Kritikpunkte sind in diesem Zusammenhang zu nennen:

Kritikpunkt 1 betrifft die unzureichende Beachtung der stochastischen Umwelteinflüsse, die im Planungsprozeß zu berücksichtigen nicht gelingt. So verhindern die zentrale Festlegung der Entscheidungsvariablen und die damit verbundenen
räumlichen und organisatorischen Distanzen zwischen der planenden Instanz und den ausführenden Einheiten nicht selten
eine Umsetzung der Planungsergebnisse in die Realität. Die
Planungsergebnisse sind oft bereits aufgrund stochastisch bedingter Veränderungen der zugrundeliegenden Datenbasis zum
Zeitpunkt der Realisierung nicht mehr aktuell. Eine kurzfristige, flexible Anpassung der Planung an die neue Situation
ist i.d.R. nicht möglich.

Kritikpunkt 2 befaßt sich mit der Zielsetzung beim Einsatz
computergestützter Systeme zur Produktionsplanung und -steue-
rung. Diese besteht primär in der Ermittlung einer zulässigen
Lösung des Planungsproblems. Optimierende Planungsmethoden
kommen nicht in konsistenter Weise zur Anwendung.

Zwecks Vermeidung des Kritikpunktes 1 treten dezentrale Systeme der Produktionsplanung und -steuerung in den Vorder-
grund der Forschung. Als dezentrale Konzeption wird in der
betriebswirtschaftlichen Literatur KANBAN diskutiert, ein System zur Realisierung einer Just-In-Time-Fertigung. Mittels
des bei Toyota entwickelten KANBAN erfolgt eine dezentrale
Durchführung der kurzfristigen Materialdisposition und der
Ablaufplanung durch die ausführenden Instanzen. Somit sind
diese Planungsmaßnahmen und deren Realisierungen jeweils der
gleichen Instanz zugeordnet, was die valide Umsetzung der
Planungsergebnisse im Vergleich zu Systemen mit zentraler
Festlegung der Entscheidungsvariablen erleichtert.

Um dem Kritikpunkt 2 zu begegnen, wird in der betriebswirtschaftlichen Literatur der verstärkte Einsatz von Methoden des Operations Research empfohlen. Die Verwendung linearer und nichtlinearer Programme ermöglicht die Ermittlung einer optimalen Lösung eines Planungsproblems. Diese Instrumente und die dazu erforderlichen Lösungsverfahren, die im Bereich des Operations Research zur Verfügung stehen, stoßen in der Praxis jedoch auf geringe Akzeptanz. Als Rechtfertigung für den Verzicht auf ihren Einsatz wird häufig die Komplexität der benötigten Entscheidungsmodelle aufgeführt. Eine Möglichkeit zur Reduzierung der Komplexität einer Planungsaufgabe besteht in einer hierarchischen Zerlegung der Gesamtplanungsaufgabe in operable Teilprobleme, die mittels optimierender Verfahren zu lösen sind.

Unter Berücksichtigung dieser Entwicklungstendenzen besteht die vorliegende Arbeit aus vier Teilen, deren Inhalte im folgenden skizziert werden. Das Ziel der Arbeit besteht in der Konzeption eines hierarchischen Systems zur kurzfristigen, operativen Planung und Steuerung der Produktion, wobei eine explizite Betrachtung der Schnittstellen zu den angrenzenden funktionalen Teilbereichen einer Unternehmung (Beschaffung und Absatz) erfolgt.

Teil I dient zur Erläuterung der Grundlagen einer konsistenten Produktionsplanung. Im Mittelpunkt der Betrachtung stehen die Einordnung der kurzfristigen operativen Produktionsplanung in ein System betrieblicher Teilpläne sowie die Ermittlung der Bestandteile einer kurzfristigen operativen Produktionsplanung.

In Teil II werden die Teilmodule sowie der Ablauf der hierarchischen Produktionsplanung analysiert, die Mitte der siebziger Jahre an der Sloan School of Management des Massachusetts Institute of Technology (MIT), Cambridge, unter der Leitung von Arnoldo C. Hax entstand. Diese Konzeption gilt als grundlegender Ansatz einer hierarchischen Produktionsplanung und bildet die Basis für die Mehrheit der in der Literatur beschriebenen hierarchischen Produktionsplanungsansätze. Neben der Darstellung und der kritischen Analyse des Ansatzes nach Hax et al., enthält Teil II einige neue Kritikpunkte und neue Überlegungen zu diesem Ansatz.

Teil III ist der dezentralen Fertigungssteuerung mittels des KANBAN-Systems gewidmet. KANBAN stellt ein Informationssystem zur Steuerung einer Just-In-Time-Produktion dar. Neben der Beschreibung und Erläuterung verschiedener Realisierungsmöglichkeiten einer KANBAN-Steuerung wird die Einsatzfähigkeit dieses Konzeptes in der deutschen Industrie analysiert. Der in der betriebswirtschaftlichen Literatur bisher vernachlässigten Problematik bezüglich der Planungsaufgaben einer zentralen Planungsinstanz bei KANBAN-gesteuerter Fertigung kommt besondere Aufmerksamkeit zu.

Den Schwerpunkt der Arbeit bildet Teil IV, in dem die Verknüpfung einer hierarchischen Produktionsprogrammplanung mit einer Fertigungssteuerung nach KANBAN-Prinzipien erfolgt. Dazu wird ein hierarchischer Planungsansatz vorgestellt, der die speziellen Anforderungen berücksichtigt, die sich aus der Realisierung einer Just-In-Time-Fertigung mittels KANBAN ergeben. Gegenstand dieses Teils ist nicht nur die Herleitung und Beschreibung dieses Ansatzes, sondern insbesondere auch die Analyse der Auswertungsmöglichkeiten, die ein solcher Ansatz auf der Basis von Methoden des Operations Research bietet.

Teil I:

Grundlagen
der
Produktionsplanung

Teil I: Grundlagen der Produktionsplanung

1. Stellung der Produktionsplanung im System der betrieblichen Planung

Die Aufgabe der betrieblichen Planung besteht darin, auf der Basis rationaler Entscheidungen eine Ordnung zu entwerfen, in der sich der betriebliche Ablauf vollziehen soll. Die Planung umfaßt alle Aktivitäten, die auf eine systematische Analyse und Festlegung des zukünftigen Handelns der Organe der planenden Unternehmung im Beschaffungs-, im Produktions-, im Vertriebs- und im Finanzbereich gerichtet sind.[1] Dementsprechend sind zwei wichtige Merkmale eines konsistenten Planungsprozesses in dessen Zukunftsbezogenheit und dessen Vollständigkeit zu sehen. Die Zukunftsbezogenheit resultiert aus dem Umstand, daß die Planung eine geistige Vorwegnahme zukünftiger Aktivitäten darstellt und somit zeitlich vor der Realisierungsphase liegt [2]. Das Kriterium der Vollständigkeit besagt, daß alle Teilbereiche der Unternehmung sowie alle relevanten Umwelteinflüsse über den gesamten Zeitraum, der durch die Entscheidungsalternativen betroffen ist, einzubeziehen sind [3].

Die Produktionsplanung stellt einen Teilbereich des Systems der betrieblichen Planung dar. In Abbildung 1.01 ist analog zur funktionalen Gliederung einer Industrieunternehmung ein vereinfachtes betriebliches Planungssystem dargestellt.

Im Rahmen der Absatzplanung kommt es zu einer Festlegung der Absatzmengen. Um diese Absatzmengen realisieren zu können, erfolgt eine Bestimmung von zukünftigen Absatzwegen, Maßnahmen der Produkt- und Sortimentsgestaltung, Werbestrategien sowie Absatzpreisen und Lieferkonditionen. Diese Aktionspara-

---

[1] Vgl. Gutenberg (1983), S. 7, S. 148; Wild (1982), S. 13.

[2] Vgl. Kosiol (1965), S. 389; Kosiol (1967), S. 79.

[3] Vgl. Gälweiler (1974), S. 171; Gutenberg (1983), S. 149 ff; Wild (1982), S. 13.

meter bezeichnet Gutenberg als absatzpolitisches Instrumentarium und Kotler als Marketing Mix [4].

Beschaffung	Produktion	Absatz
Beschaffungsplanung	Produktionsplanung	Absatzplanung
Finanzplanung		
Finanzierung		

Abb. 1.01: Vereinfachte Systematik der betrieblichen Teilpläne

Die Aufgaben und Konzepte der Produktionsplanung werden unter den Gliederungspunkten 2. und 3. des Teils I dieser Arbeit detailliert betrachtet.

Die Beschaffungsplanung umfaßt alle Aktionsparameter, die der planenden Unternehmung zur Beschaffung der Produktionsfaktoren Werkstoffe, Betriebsmittel und Arbeitskräfte auf externen Märkten zur Verfügung stehen. Analog zur Absatzplanung kann von einem beschaffungspolitischen Instrumentarium gesprochen werden.

Die Finanzplanung dient der Gewährleistung der Liquidität der Unternehmung und der Sicherung des Unternehmungserfolges. Die Liquidität wird mittels Ein- und Auszahlungsplänen, der Unternehmungserfolg mittels Erlös- und Kostenplänen bestimmt. Ein Finanzplan stellt allgemein eine Abstimmung des Kapital-

---

[4] Vgl. Gutenberg (1984), S. 68 ff; Kotler (1982), S. 92 ff.

bedarfes mit dem Kapitalbudget dar.[5]

Abbildung 1.01 stellt die sachlogische Systematisierung der betrieblichen Teilpläne dar. Eine zweite Gliederungsmöglichkeit besteht bezüglich des zeitlichen Aspektes. Oft wird die Systematik von Anthony mit einer solchen zeitlichen Gliederung gleichgesetzt [6]. Anthony unterscheidet drei Ebenen der Planung und Kontrolle.

Die erste Ebene bezeichnet er als strategische Planung und zählt zu ihr alle Aktivitäten, die auf eine Festlegung globaler Unternehmungszielsetzungen, deren Änderungen und der Schaffung sowie Erhaltung von Erfolgspotentialen bezüglich dieser Unternehmungszielsetzungen gerichtet sind. Geplant werden also Unternehmungsstrategien, die langfristig gültig bleiben und nicht einer ständigen Anpassung an Umweltveränderungen unterliegen. Die Entscheidungen dieser Ebene weisen einen hohen Abstraktionsgrad auf. So sind die Entscheidungsfelder nicht nach funktionalen Unternehmungsbereichen untergliedert. Der Planungsprozeß findet auf höchster Managementebene statt. Die Unternehmung wird lediglich in strategische Geschäftseinheiten unterteilt, die dadurch gekennzeichnet sind, daß sie auf einem externen Markt tätig sind und daß sie von anderen strategischen Geschäftseinheiten unabhängig agieren [7]. Beispiele für Objekte strategischer Planungsprozesse sind Wachstumsziele, Personalpolitik, Finanzpolitik, neu einzuführende Produktarten, neu zu erschließende Märkte und Firmenübernahmen [8]. Daraus wird ersichtlich, daß die meisten dieser Entscheidungen das Erscheinungsbild der Unternehmung für einen längeren Zeitraum prägen. Daher wird die strategische Planung oft mit einer langfristigen Planung gleichge-

---

[5] Vgl. Gutenberg (1987), S. 297 ff; Süchting (1989), S. 16; Wöhe und Bilstein (1988), S. 301 f.

[6] Vgl. Anthony (1965), S. 15 ff; Hammer (1988), S. 49 ff; Kilger (1986), S. 110 ff.

[7] Vgl. Hinterhuber (1989), S. 121 ff; Scholz (1987), S. 172 f.

[8] Vgl. Anthony (1965), S. 19.

setzt. Anthony selbst lehnt diese Folgerung ab [9]. So stellt beispielsweise die Einstellung eines Mitarbeiters eine Entscheidung dar, die eine langfristige Bindung der Unternehmung bewirkt aber nicht der strategischen Ebene zuzuordnen ist, da es sich um eine konkrete Maßnahme handelt.

Die zweite Ebene seiner Planungshierarchie bezeichnet Anthony als Management Control. Hierfür hat sich in der betriebswirtschaftlichen Literatur die Bezeichnung "taktische Planung" durchgesetzt. Die taktische Planung umfaßt die Festlegung der Maßnahmen, die zur Realisierung der strategischen Globalziele führen. Sie bezieht sich auf funktionale Teilbereiche der Unternehmung und beinhaltet die Optimierung der Beschaffung und Verteilung betrieblicher Ressourcen. Beispielsweise seien hier Entscheidungen über Finanzbudgets, Betriebsmittelinvestitionen sowie Forschungs- und Entwicklungsprojekte genannt [10]. Werden im Rahmen der strategischen Planung nur allgemeingültige Unternehmungsstrategien festgelegt, so erfolgt auf der taktischen Ebene die Planung konkreter Aktivitäten. Die taktische Ebene wird vielfach mit einer mittelfristigen Planung gleichgesetzt, da sie Entscheidungen über Maßnahmen zur Folge hat, deren Auswirkungen auf die Unternehmung sich über mehrere Jahre erstrecken. So ist eine angeschaffte Maschine nicht mehr ohne weiteres aus der Unternehmung zu eliminieren. Beispielsweise fallen Leasingkosten an, oder es wurde ein Wartungsvertrag für diese Maschine abgeschlossen, der kurzfristig nicht gekündigt werden kann und somit für einen längeren Zeitraum Kosten verursacht. Andererseits besagt die taktische Entscheidung bezüglich der Anschaffung einer Maschine nichts über die konkrete Nutzung in den folgenden Jahren aus. Entscheidungen über die Nutzung stellen Aufgaben einer operativen Ebene dar, welche Anthony als den Prozeß der optimierenden Festlegung spezieller Maßnahmen bezüglich der Organisation des detaillierten betrieblichen Ab-

---

[9] Vgl. Anthony (1965), S. 26.

[10] Vgl. Anthony (1965), S. 19; Kilger (1986), S. 116.

laufes bezeichnet. Beispiele für solche Aufgaben sind die Maschinenbelegungsplanung und die Lagerbestandsplanung [11].

Die Hierarchie der Planungsebenen nach Anthony ist in Anlehnung an Wild und Kilger in Abbildung 1.02 dargestellt [12].

Auf der operativen Ebene erfolgt eine detaillierte Untergliederung nach betrieblichen Aufgaben, welche die kleinsten zu planenden Einheiten darstellen. Der Planungshorizont beträgt i.d.R. ein Kalenderjahr, unterteilt in Teilperioden. Die Ergebnisse bilden konkrete Handlungsanweisungen zur Steuerung des betrieblichen Geschehens. Die Planungsaktivitäten auf der taktischen Ebene dagegen beziehen sich auf die Beschaffung und Bereitstellung betrieblicher Ressourcen und somit bereits auf Einheiten, welche mehrere Arbeitsinhalte zusammen repräsentieren. Als Ergebnisse liefert die taktische Planung Handlungsanweisungen, die das Kapazitätsangebot der Unternehmung sowie Marktpotentiale bestimmen. Die Reichweite der Planungsergebnisse beträgt etwa zwei bis fünf Jahre. Da die taktische Ebene jedoch ebenso wie die operative Ebene konkrete Aktivitäten zur Folge hat, bezeichnet Kilger die Planung auf der taktischen Ebene als langfristige operative Planung und die Planung auf der operativen Ebene als kurzfristige operative Planung [13].

Wie in Abbildung 1.02 aufgezeigt, nimmt von der strategischen zur operativen Ebene der Detaillierungsgrad der Planung zu und die Fristigkeit ab. Werden auf der strategischen Ebene noch größtenteils qualitative Entscheidungskriterien benutzt, so sind es auf der operativen Ebene überwiegend quantitative Methoden der Entscheidungsfindung.[14]

---

[11] Vgl. Anthony (1965), S. 18 f.

[12] Vgl. Kilger (1986), S. 112; Wild (1982), S. 167.

[13] Vgl. Kilger (1986), S. 111 ff.

[14] Vgl. Kilger (1986), S. 112.

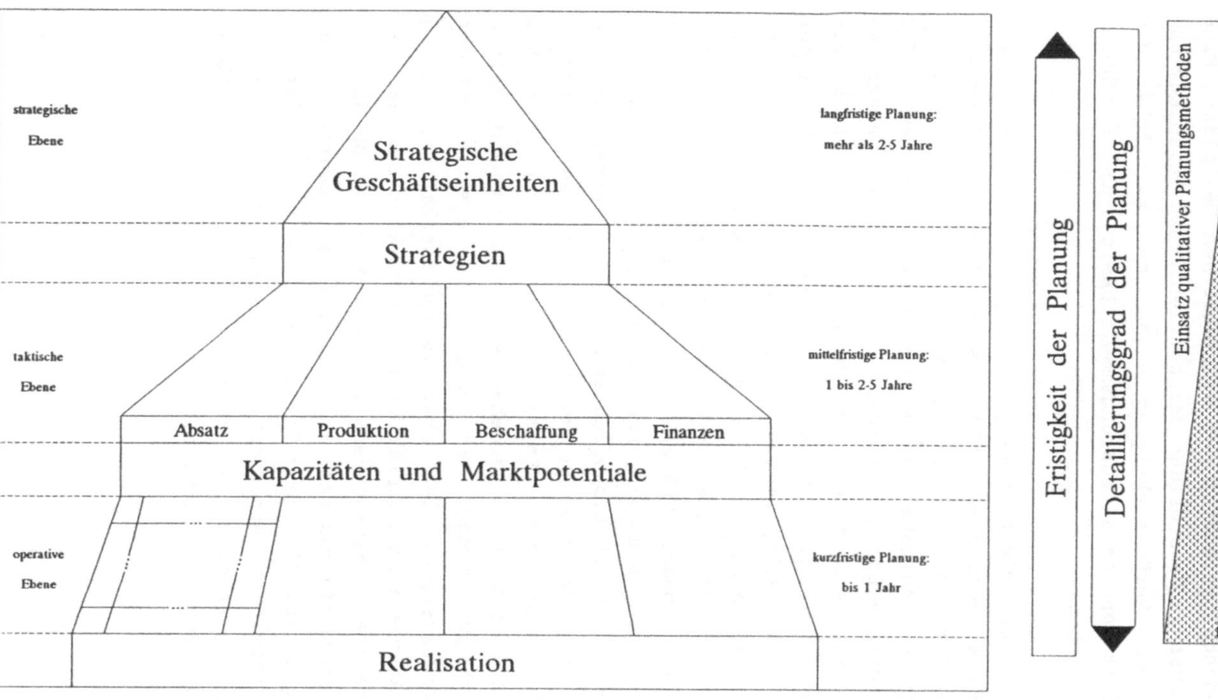

Abb. 1.02: Planungshierarchie nach Anthony

Die Abbildung 1.02 verdeutlicht, daß die Planungshierarchie nach Anthony neben der zeitlichen auch eine funktionale Gliederung beinhaltet. Sie bietet also bereits das Gerüst für eine umfassende Systematik der betrieblichen Teilpläne. Eine solche umfassende Darstellung der betrieblichen Teilpläne unter expliziter Berücksichtigung sowohl der zeitlichen als auch der funktionalen Gliederungsmöglichkeiten ist in Abbildung 1.03 gegeben.

Ausgehend von den globalen Unternehmungsstrategien sowie von den Strategien einzelner strategischer Geschäftseinheiten, die aus den Entscheidungen der strategischen Ebene resultieren, besteht die Aufgabe auf der taktischen Ebene darin, für jede strategische Geschäftseinheit die funktional untergliederten, mittelfristigen Teilpläne gemäß Abbildung 1.01 zu ermitteln. Der mittelfristige Absatzplan beschreibt in erster Linie die Absatzmarktpotentiale. Hierunter sind die Variationsmöglichkeiten bezüglich der Absatzpreise und der Absatzmengen zu verstehen. Weiterhin erfolgt die Festlegung von Absatzwegen und Werbeaktivitäten. Im Rahmen der mittelfristigen Produktionsplanung sind aus den erwarteten Produktionsmengen (mittelfristiges Produktionsprogramm), die zur Bereitstellung der mittelfristigen Absatzmengen (mittelfristiges Absatzprogramm) erforderlich sind, Kapazitätsbedarfe abzuleiten. Aus diesen Kapazitätsbedarfen ergeben sich die Notwendigkeiten der Kapazitätsstillegung, der Kapazitätsverlagerung und der Kapazitätserweiterung. Die mittelfristige Beschaffungsplanung dient der Abschätzung betrieblicher Aktivitäten auf den Beschaffungsmärkten. Insbesondere ist zu überprüfen ob die bestehenden Beschaffungskanäle die Deckung der erwarteten Bedarfe ermöglichen. Die Aufrechterhaltung des mittelfristigen Finanzgleichgewichtes erfordert die Aufstellung des entsprechenden Finanzplanes. In der Regel werden hierzu Finanzbudgets für betriebliche Teilbereiche aufgestellt.

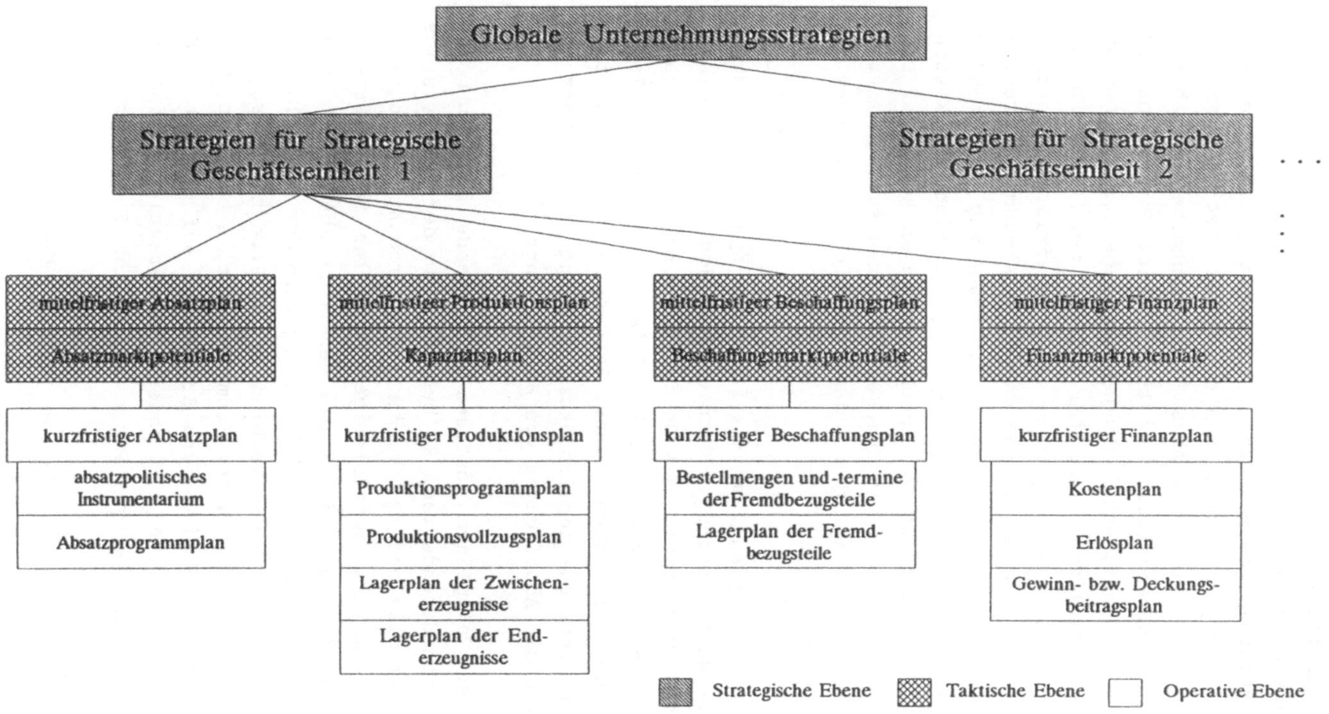

Abb. 1.03: Systematik der betrieblichen Teilpläne

Auf der operativen Ebene erfolgt die Ermittlung konkreter Maßnahmen zur Steuerung des betrieblichen Ablaufes unter Berücksichtigung der Restriktionen, die sich aus den Ergebnissen der taktischen Ebene ergeben, und somit auch der Restriktionen, die aus den Ergebnissen der strategischen Ebene resultieren. Der kurzfristige Absatzplan beinhaltet die Absatzmengen der Enderzeugnisse. Der kurzfristige Produktionsplan gibt die zu produzierenden Mengen der Eigenerzeugnisse an, den Produktionsvollzug sowie die hieraus resultierenden Lagermengen der Eigenerzeugnisse. Der kurzfristige Beschaffungsplan regelt die Versorgung der Unternehmung mit fremdbezogenen Materialien sowie die Zwischenlagerung dieser Materialien. Der kurzfristige Finanzplan beschreibt die Kosten- und Erlössituation bezüglich der betrachteten Aufgaben. Dies geschieht in Abstimmung mit den Restriktionen aus der mittelfristigen Finanzplanung, damit das finanzielle Gleichgewicht gewährleistet ist.

Die einzelnen Teilpläne der kurzfristigen operativen Planung können noch weiter untergliedert werden, doch wird an dieser Stelle darauf verzichtet. Als Beispiele seien die Übersichten von Kilger über das System der kurzfristigen operativen Teilpläne und über die Produktionsvollzugsplanung, die Darstellung der Teilbereiche der Produktionsplanung nach Kistner und Steven sowie die Abbildungen von Hahn erwähnt [15].

Zwischen den Teilplänen bestehen weitgehende sachliche und zeitliche Interdependenzen. So beeinflussen der kurzfristige Absatzprogrammplan und der kurzfristige Produktionsprogrammplan unmittelbar den kurzfristigen Lagerplan für Enderzeugnisse, da die Enderzeugnisse, die gefertigt aber nicht abgesetzt werden, einzulagern sind. Analog wird der Lagerplan für Fremdbezugsteile durch die Verbindung des Produktionsprogrammes mit den Bestellmengen der Fremdbezugsteile bestimmt. Weiterhin beruhen die Kosten- und Erlöspläne auf den Aktivitäten, die sich durch die drei anderen kurzfristigen Pläne ergeben. Die mittelfristigen Pläne beinhalten Entscheidungen,

---

[15] Vgl. Hahn (1985), S. 262, S. 307; Kilger (1973), S. 40; Kilger (1986), S. 181; Kistner und Steven (1990a), S. 8.

die auf die untergeordneten, kurzfristigen Pläne restriktiv wirken. Für die Absatzplanung gilt beispielsweise, daß die mittelfristige Planung bezüglich zukünftiger Absatzmengen Marktpotentiale und realisierbare Absatzpreise eruiert. Diese werden in der Kurzfristplanung als gegeben angenommen. So sind die kurzfristigen Absatzmengen nur innerhalb der Grenzen variierbar, die sich durch die Marktpotentiale und den Einsatz des absatzpolitischen Instrumentariums gemäß der mittelfristigen Absatzplanung ergeben. Wie hieraus unmittelbar ersichtlich wird, können die einzelnen Teilpläne nicht isoliert voneinander ermittelt werden. Die jeweiligen sachlichen und zeitlichen Interdependenzen müssen in der Planung berücksichtigt werden. Somit sind die oben aufgeführten Systematiken nur unter funktionalen und zeitlichen Gesichtspunkten in der vorliegenden Form zu verstehen. In der praktischen Anwendung ist es sinnvoll, integrierte Planungssysteme zu errichten, die mehrere funktionale Teilplanungssysteme und die zwischen diesen Teilplanungssystemen bestehenden Interdependenzen berücksichtigen. Integrierte Systeme der Produktionsplanung erfordern somit eine Festlegung der Entscheidungsvariablen, die unmittelbar den Produktionsbereich betreffen sowie solcher Entscheidungsvariablen, die Schnittstellen zu angrenzenden Planungssystemen definieren. In Abbildung 1.03 sind dementsprechend Querverbindungen zwischen den funktionalen Teilplänen der kurzfristigen und der mittelfristigen Entscheidungsebenen zu ziehen. Im folgenden werden Aufgaben und Konzeptionen solcher integrierter Systeme für die operative Produktionsplanung analysiert.

2. Aufgaben einer integrierten operativen Produktionsplanung

Wie unter Gliederungspunkt 1.1. aufgezeigt, erfordert eine integrierte operative Produktionsplanung eine Verknüpfung der operativen Produktionsplanung im funktionalen Sinne mit den anderen funktionalen Teilplänen der kurzfristigen operativen Planung. Insbesondere für eine Produktionsprogrammplanung ist die Berücksichtigung des Absatzbereiches, des Produktionsbereiches und des Beschaffungsbereiches unabdingbar. Der Finanzbereich sollte hierbei jedoch nicht vernachlässigt werden. In einer kurzfristigen Planung können Aktivitäten des Finanzbereiches mittels einer Deckungsbeitragsanalyse berücksichtigt werden, indem alle Planungsalternativen einer Analyse ihrer Auswirkungen auf die Kosten- und Erlössituation der Unternehmung bzw. ihrer Auszahlungs- und Einzahlungsströme unterliegen. Hierbei sind alle finanziellen Transaktionen zu berücksichtigen, welche die jeweilige Alternative auslöst.

Ein integriertes System zur operative Produktionsplanung umfaßt dementsprechend die mengenmäßige und terminliche Festlegung

> des Absatzprogrammes,
>
> des Produktionsprogrammes,
>
> der einzusetzenden Produktionsfaktoren sowie
>
> des Produktionsvollzuges,

unter Berücksichtigung der finanziellen Situation, die der Unternehmung durch diese Entscheidungen entsteht.[16]

Die Absatzprogrammplanung dient der Ermittlung von Primärbedarfen, d.h. der zeit- und artikelgenauen Festlegung von Absatzmengen. Die Absatzwege, die Werbeaktivitäten und die Absatzpreise gelten hierbei i.d.R. als unveränderliche Größen, die auf Entscheidungen früherer, abgeschlossener Planungsprozesse basieren. Im Rahmen der Produktionsprogrammplanung sind Fertigungsmengen der Eigenerzeugnisse zu bestimmen und zeitlich innerhalb des Planungszeitraumes anzuordnen. Bezüglich der einzusetzenden Produktionsfaktoren treten Fragen nach der Beschaffung fremdbezogener Teile (Bestellaufträge), nach der Verteilung der objektbezogenen menschlichen Arbeit (insbesondere Mehrarbeitszeiten) und nach dem Einsatz der Betriebsmittel bzw. nach deren Leistungsintensitäten auf. Im Verlauf der Produktionsvollzugsplanung wird die Problematik der Verfahrenswahl behandelt, worunter auch die Wahl zwischen Eigenerstellung und Fremdbezug fällt. Weiterhin sind Start-

---

[16] Vgl. Beste (1938), S. 345 ff; Glaser (1989), S. 344; Gutenberg (1983), S. 149; Zäpfel (1982), S. 290.

und Endtermine für Fertigungsaufträge und deren Arbeitsgänge festzulegen.

Die wichtigsten Entscheidungsvariablen der operativen Produktionsplanung beschreiben somit: [17]

- Absatzmengen bzw. Primärbedarfe,
- Produktionsmengen bzw. Fertigungsaufträge,
- Arbeitszeiten insbesondere Mehrarbeitszeiten,
- Bestellaufträge,
- Auftrags- und Arbeitsgangtermine.

Zwischen den Teilproblemen einer integrierten operativen Produktionsplanung und somit auch zwischen deren Entscheidungsvariablen bestehen eine Vielzahl von sachlichen und zeitlichen Interdependenzen, die bei der Durchführung einer konsistenten Produktionsplanung zu beachten sind.

3. Konzepte einer integrierten operativen Produktionsplanung

3.1. Computergestützte Verfahren

In der Praxis haben sich, bedingt durch den Einsatz von Computern, Standardsoftwaresysteme zur Produktionsplanung- und steuerung (PPS-Systeme) durchgesetzt [18]. Das besondere Kennzeichen dieser PPS-Systeme stellt deren modularer Aufbau dar. In der Regel bestehen die Systeme aus drei Planungsmodulen, welche sukzessive zu durchlaufen sind. Dies bedeutet, daß die Planung des übergeordneten Modules abgeschlossen sein muß, bevor die Planung des untergeordneten Modules beginnen kann. Die Ergebnisse des oberen Modules bilden Vorgaben für das untere Modul.[19]

---

[17] Vgl. Glaser (1989), S. 344 ff.

[18] Vgl. Chen und Geitner (1991), S. 148 ff; Roos, Förster und Frhr. v. Loeffelholz (1988), S. 4 ff.

[19] Vgl. Glaser (1989), S. 351 f; Lackes (1988), S. 591.

Der Ablauf einer Produktionsplanung mittels computergestützter PPS-Systeme ist in Abbildung 1.04 dargestellt.

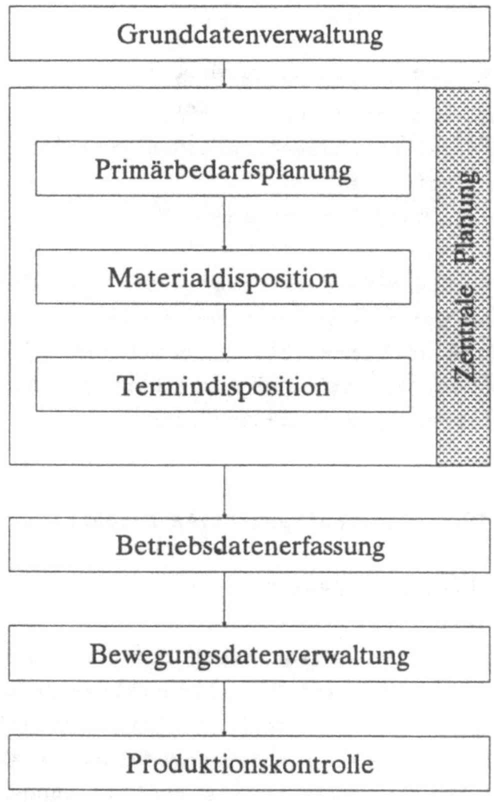

Abb. 1.04: Produktionsplanung und -steuerung bei zentraler
Kapazitätsterminierung

Die Basis eines PPS-Systems bildet die Grunddatenverwaltung.
Unter Grunddaten sind die Daten zu verstehen, die über einen
längeren Zeitraum mit unveränderter Gültigkeit in der Unternehmung erhalten bleiben. Man unterscheidet hierbei Stammdaten und Strukturdaten. Stammdaten identifizieren Personen und
Gegenstände. Strukturdaten geben Beziehungen zwischen Daten
wieder. Im Rahmen der PPS-Systeme werden Kundenstammdaten,

Teilestammdaten, Arbeitsplatzstammdaten, Lieferantenstammdaten, Erzeugnisstrukturdaten und Arbeitsgangstrukturdaten benötigt. Die Aufgabe der Grunddatenverwaltung besteht in der Erfassung, Aufbereitung, Pflege und Bereitstellung der planungsrelevanten Grunddaten.[20]

Der erste Planungsschritt beinhaltet die Primärbedarfsplanung. Darunter ist die mengen- und zeitmäßige Festlegung des Absatzprogrammes zu verstehen. In den computergestützten PPS-Systemen geschieht dies i.d.R. durch Anwendung statistischer Prognoseverfahren. Das hierdurch bestimmte Absatzprogramm wird im Rahmen der darauffolgenden Materialdisposition als unveränderliches Datum übernommen.

Der zweite Planungsschritt dient einer Ermittlung der zur Deckung der Primärbedarfe erforderlichen Produktions- und Bestellmengen für grobe Zeitintervalle. Dies geschieht in drei Schritten: Bedarfsplanung, Auftragsplanung für Eigenerzeugnisse und Fremdbezugsteile sowie Beschaffungszeitpunktplanung für Fremdbezugsteile. Bezüglich der Vorgehensweise ist zwischen programmgesteuerter (zukunftsbezogener) und verbrauchsgesteuerter (vergangenheitsbezogener) Materialdisposition zu unterscheiden. Bei programmgesteuerter Materialdisposition erfolgt die Bestimmung der Bedarfe untergeordneter Teile aus den Fertigungsaufträgen bezüglich der übergeordneter Erzeugnisse. Das Produktionsprogramm der Enderzeugnisse wird aus den Primärbedarfen abgeleitet. Dieses Teilmodul wird oft als Material Requirement Planning (MRP) bezeichnet, worunter die computergestützte, deterministische Bestimmung der Sekundärbedarfe mittels Stücklistenauflösung zu verstehen ist [21]. Die Bedarfe verbrauchsgesteuert disponierter Teile werden aus den Bedarfen dieser Teile in vergangenen Planungsperioden mittels statistischer Prognoseverfahren ermittelt.[22]

---

[20] Vgl. Glaser, Geiger und Rohde (1989), S. 40.

[21] Vgl. Orlicky (1975), S. 33 ff; Wight (1984a), S. 23 ff.

[22] Vgl. Glaser (1986a), S. 486 ff; Glaser (1986b), S. 5 ff.

Die zentrale Termindisposition besteht aus den Teilmodulen Durchlaufterminierung, Kapazitätsabgleich und Kapazitätsterminierung. Die Durchlaufterminierung bewirkt i.d.R. eine wochengenaue Einplanung vorläufiger Starttermine der Fertigungsaufträge. Dies geschieht an dieser Stelle noch ohne Beachtung der verfügbaren Kapazitäten, weshalb die Termine auch nur als vorläufig gültig anzusehen sind. Im Rahmen des Kapazitätsabgleiches wird für die betrachtete Planungsperiode an jeder Arbeitsplatzgruppe das Kapazitätsangebot der Kapazitätsnachfrage gegenübergestellt. Treten signifikante Abweichungen zwischen diesen Größen auf, sind Abstimmungsmaßnahmen zu disponieren. Dabei kann es sich um eine Angleichung des Kapazitätsangebotes an die Kapazitätsnachfrage handeln, z.B. durch kapazitätserhöhende Maßnahmen nach Gutenberg, oder um eine Angleichung der Kapazitätsnachfrage an das Kapazitätsangebot, z.B. durch Fremdvergabe bisher selbst durchgeführter Fertigungsprozesse [23]. Der letzte Schritt der Termindisposition, die Kapazitätsterminierung, umfaßt Maßnahmen zur arbeitsgang- und stundengenauen Festlegung der Start- und Endtermine aller Fertigungsaufträge. Dies geschieht im allgemeinen mit Hilfe von Prioritätsregeln, welche die Abarbeitungsreihenfolge der einzelnen Fertigungsaufträge an der jeweils betrachteten Maschine festlegen [24]. Daher wird die Kapazitätsterminierung auch als Ablaufplanung oder Feinterminierung bezeichnet.[25]

Ein funktionierendes PPS-System benötigt eine Betriebsdatenerfassung zur Aufzeichnung und Aufbereitung der planungsrelevanten Bewegungsdaten. Diese sind in einer Bewegungsdatenverwaltung zu erfassen und den Planungsabteilungen bereitzustellen. Der primäre Zweck der Erfassung dieser Bewegungsdaten liegt in der Kontrolle des abgelaufenen Produktionsprozesses, indem die gemessenen Ist-Werte den geplanten und eventuell angepaßten Soll-Werten gegenübergestellt werden.

---

[23] Vgl. Glaser, Geiger und Rohde (1991), S. 175 ff; Gutenberg (1983), S. 361 ff.

[24] Vgl. Hackstein (1989), S. 190 ff.

[25] Vgl. Glaser (1986b), S. 69 ff; Glaser (1987), S. 200 ff.

Differenzen zwischen diesen Werten sind auf ihre Ursachen hin zu untersuchen und gegebenenfalls sind Maßnahmen zur Vermeidung zukünftiger Unwirtschaftlichkeit zu ergreifen. Der zweite Verwendungszweck betrifft die Grunddatenverwaltung. Die Bewegungsdaten bilden die Basis zur Überprüfung der in der Grunddatenverwaltung gepflegten Planwerte. Beispiele hierfür sind die Plan-Durchlaufzeiten und die Standardvorlaufzeiten, die anhand der tatsächlich aufgetretenen Ist-Werte auf ihre Gültigkeit zu überprüfen und bei Bedarf anzupassen sind.

Die in Abbildung 1.04 aufgezeigte Vorgehensweise entspricht der im MRP II-Konzept zur Produktionsplanung vorgeschlagenen. Unter MRP II ist Manufacturing Resource Planning zu verstehen, ein Planungskonzept, das von Oliver W. Wight entwickelt wurde und mittlerweile als Standardsoftware angeboten wird. MRP II erfordert jedoch im Vergleich zu traditionellen PPS-Systemen eine weitergehende Integration aller betrieblichen Planungsebenen, des Controlling und des Vertriebes in den Planungsprozeß.[26]

Bezüglich der oben beschriebenen Planungsmodule steht insbesondere die zentral durchgeführte Kapazitätsterminierung im Blickpunkt der Kritik. Wegen der zentralen Festlegung der Maßnahmen zur Kapazitätsterminierung durch die zentrale Planungsabteilung, entsteht eine räumliche und zeitliche Distanz zwischen der Planung und der Realisierung der Aktivitäten. Dies hat zur Folge, daß die Planungsergebnisse oft durch veränderte Umweltbedingungen bereits überholt sind bevor die Realisierung beginnt, so daß auf der ausführenden Ebene vom Plan abgewichen werden muß und Improvisation an die Stelle der systematischen Umsetzung der Planungsergebnisse tritt. Dies führt zu der Forderung nach einer dezentralen Kapazitätsterminierung, die eine Identität zwischen planender und ausführender Einheit anstrebt.[27]

---

[26] Vgl. Heinrich (1989), S. 95 ff; Wight (1982), S. 5 ff; Wight (1984b), S. 51 ff.

[27] Vgl. Adam (1987), S. 22 ff; Glaser, Geiger und Rohde (1991), S. 190; Zäpfel (1989a), S. 33 ff.

Eine entsprechende Konzeption ist in der Abbildung 1.05 wiedergegeben.

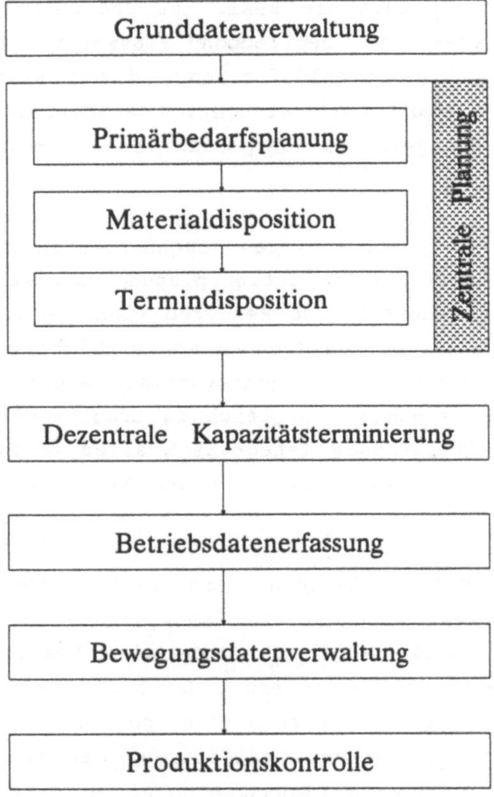

Abb. 1.05: Produktionsplanung und -steuerung bei dezentraler Kapazitätsterminierung

Die dezentrale Kapazitätsterminierung bzw. die dezentrale Fertigungssteuerung wird durch den Einsatz alternativer Verfahren angestrebt. Dazu zählen insbesondere die belastungsorientierte Fertigungssteuerung, die Fertigungssteuerung mittels des Fortschrittszahlenkonzeptes und das später ausführlicher erläuterte KANBAN-System.[28]

In der neueren Literatur über dezentrale Fertigungssteuerungskonzepte werden zunehmend elektronische Leitstände zur Steuerung teilautonomer Produktionsbereiche empfohlen. Der Vorteil der Leitstände besteht in ihrer Fähigkeit, Simulationen des Fertigungsprozesses zu unterstützen und damit dem Anwender bei der Entscheidungsfindung zu helfen. Weiterhin existiert die Option, Leitstände direkt mit einem Betriebsdatenerfassungssystem zu koppeln, was eine Online-Steuerung des Fertigungsprozesses und somit eine unmittelbare Reaktion auf Veränderungen der Produktionsbedingungen ermöglicht.[29]

Der Nachteil der dezentralen Konzepte besteht in dem erhöhten Aufwand bezüglich der Koordination der teilautonomen Produktionsbereiche. Diese Abstimmung muß durch die Vorgaben der zentralen Produktionsplanung und -steuerung gesichert sein.

Unabhängig davon, ob eine zentrale oder eine dezentrale Kapazitätsterminierung stattfindet, wird jede Planungsstufe computergestützter PPS-Systeme nur einmal durchlaufen. Ergebnisrevidierungen in bereits abgeschlossenen Planungsmodulen sind i.d.R. nicht vorgesehen. Dies bedingt, daß bestehende Interdependenzen zwischen den Planungsmodulen lediglich von oben nach unten berücksichtigt werden und führt beispielsweise zum Ansatz deterministischer Standardvorlaufzeiten, ohne die stochastisch bedingten Schwankungen der Ist-Vorlaufzeiten, die sich gemäß der Betriebsdatenerfassung ergeben, zu beachten. Weiterhin erfolgt keine betriebswirtschaftlich orientierte Optimierung des Produktionsplanes. Vielmehr besteht die Zielsetzung in der Ermittlung einer zulässigen Lösung, unabhängig von deren Güte. Monetäre Ziele werden lediglich im Rahmen der Auftragsgrößenermittlung berücksichtigt, wobei je-

---

[28] Vgl. Heinemeyer (1988a), S. 6 ff; Wiendahl (1988), S. 34 ff; Wildemann (1988), S. 52 ff.

[29] Vgl. Kurbel und Meynert (1988), S. 11 ff; Herterich und Zell (1988), S. 19 ff; Zäpfel (1989b), S. 201 ff.

doch zwischen den Produkten und Materialien bestehende Interdependenzen keine Berücksichtigung finden.[30]

3.2. Betriebswirtschaftliche Verfahren

3.2.1. Simultanplanung

Die Entwicklungen im Bereich des Operations Research und der elektronischen Datenverarbeitung ermöglichten seit Beginn der sechziger Jahre die Anwendung umfassender Optimierungsansätze insbesondere in Form linearer Programme. Dies führte zur Aufstellung integrierender Entscheidungsmodelle bis hin zu Simultanplanungsmodellen. In simultanen Ansätzen werden alle Entscheidungsalternativen, deren sachliche und zeitliche Interdependenzen sowie alle relevanten Rahmenbedingungen der Produktionsplanung simultan, d.h. in gegenseitiger Abstimmung, in einem mathematischen Totalmodell erfaßt.[31] Dies hat zur Folge, daß die mit Verfahren des Operations Research ermittelte Lösung sowohl zulässig, als auch bezüglich der gewählten Zielsetzung (i.d.R. Gewinnmaximierung [32]) optimal ist. Um alle Interdependenzen zu erfassen, ist eine Betrachtung aller Bereiche der Unternehmung über deren gesamte Lebensdauer hinweg erforderlich. Das bedeutet jedoch, daß ein Planungszeitraum mit nicht absehbarem Ende vorliegt, da im allgemeinen der Liquidationszeitpunkt einer Unternehmung nicht bekannt ist. Neben denen des Produktionsbereiches sind z.B. auch Entscheidungen des Finanzierungs-, des Marketing-, des Vertriebs- und des Personalbereiches für die Produktions-

---

[30] Vgl. Adam (1988), S. 7 ff; Glaser (1989), S. 346 ff; Zäpfel (1989b), S. 201 ff; Zäpfel und Missbauer (1988), S. 77.

[31] Vgl. Glaser (1989), S. 349 ff; Zäpfel (1982), S. 298 f; Zäpfel und Gfrerer (1984), S. 235.

[32] Zur Diskussion der betrieblichen Zielsetzungen vgl. z.B. Dinkelbach und Rosenberg (1976), S. 813 ff; Heinen (1962), S. 11 ff; Reichwald (1979), S. 528 ff. Zur Umsetzung verschiedener Zielsetzungen in Entscheidungsmodellen vgl. Dinkelbach (1978), S. 51 ff; Dinkelbach (1982), S. 25 ff.

programmplanung relevant und müssen berücksichtigt werden. Dies ist in praktischen Anwendungen nicht möglich. Daher erfolgt lediglich eine simultane Planung ausgewählter Teilbereiche für einen endlichen Planungszeitraum. Die Größe des Entscheidungsmodells hängt von der Anzahl der betrachteten Entscheidungsvariablen und der Länge des Planungszeitraumes bzw. der Teilperiodenanzahl ab. Selbst bei einer Beschränkung auf den Produktionsbereich und auf einen Planungshorizont von einem Jahr sind Simultanmodelle wegen ihres Umfanges in den meisten Fällen nicht lösbar.[33] Anwendungen gelten dort als sinnvoll, wo wenige Endprodukte auftreten, also insbesondere in der chemischen Industrie und in der Grundstoffindustrie.[34]

Im deutschsprachigen Raum entwickelten D. Adam, W. Dinkelbach und H. Jacob die ersten Ansätze zur simultanen Produktionsplanung mehrerer Erzeugnisse.

H. Jacob beschrieb bereits 1962 Möglichkeiten der Produktionsplanung mittels linearer Programmierung. Die Ansätze sind jedoch einperiodig und damit nur statischer Natur. Weiterhin wird unterstellt, daß die produzierten Mengen den abgesetzten Mengen der betrachteten Periode entsprechen, Lagermengen stellen keine Entscheidungsvariablen dar.[35]

In seiner Veröffentlichung von 1963 stellt Adam ein ganzzahliges lineares Programm zur mehrperiodigen simultanen Ablauf- und Programmplanung bei Sortenfertigung vor. Der Ansatz dient der Ermittlung der Absatzmengen, der Produktionsmengen und der Bearbeitungsreihenfolge unter Berücksichtigung aller Interdependenzen, die zwischen diesen Entscheidungsvariablen bestehen. Die Zielsetzung besteht in der Maximierung des Deckungsbeitrages, bezogen auf den Planungszeitraum. Dieses Ziel wird nur näherungsweise erreicht, da Adam die Erlöse auf

---

[33] Vgl. Adam (1969), S. 165; Scheer (1976), S. 50 ff; Zäpfel (1982), S. 303 f.

[34] Vgl. Scheer (1983), S. 141.

[35] Vgl. Jacob (1962), S. 238 ff.

der Basis der produzierten Mengen anstatt der abgesetzten Mengen berechnet. Diesen Mangel beseitigt er in seiner Veröffentlichung von 1969, die eine überarbeitete Version seines Ansatzes von 1963 enthält. Hier beziehen sich die Erlöse auf die tatsächlich abgesetzten Mengen der Erzeugnisse.[36]

Der Ansatz von Dinkelbach ermöglicht im Gegensatz zur klassischen Losgrößenformel nach Andler bzw. Harris eine mehrperiodige, simultane Produktionsprogramm- und Losgrößenplanung für mehrere Erzeugnisse mit variablen Absatzgeschwindigkeiten [37]. Die Absatzmengen sind hierbei ohne Fehlmengen zu erfüllen. Daher stellen die Erlöse keine beeinflußbaren Größen dar und können in der Zielfunktion vernachlässigt werden. Die Zielsetzung besteht in der Minimierung der entscheidungsrelevanten Kosten, insbesondere der reihenfolgeabhängigen und reihenfolgeunabhängigen Sortenwechselkosten sowie der Lagerkosten. Dinkelbach entwickelt Entscheidungmodelle zur simultanen Planung mehrerer Erzeugnisse mit konstanter, integrierbarer oder diskreter Absatzgeschwindigkeit bei vorgegebenen Zeiten des Sortenwechsels (vorgegebene Teilperiodenlängen) sowie ein Modell mit variablen Zeiten des Sortenwechsels (variable Teilperiodenlängen) bei konstanter Absatzgeschwindigkeit.[38]

Auf der Basis der Ansätze von Dinkelbach beschreibt W. Schneiderhan Entscheidungsmodelle für verschiedene Veredelungsprozesse und Montageprozesse. Im Gegensatz zu Dinkelbach integriert Schneiderhan die Absatzmengen als Entscheidungsvariablen. Dementsprechend besteht die Zielsetzung in der Maximierung des Gewinnes in Form eines entscheidungsrelevanten Deckungsbeitrages.[39]

---

36) Vgl. Adam (1963), S. 233 ff; Adam (1969), S. 152 ff.

37) Vgl. Gutenberg (1964), S. 5.

38) Vgl. Dinkelbach (1964), S. 58 ff.

39) Vgl. Schneiderhan (1971), S. 62 ff.

Neben diesen grundlegenden Ansätzen sind in der betriebswirtschaftlichen Literatur eine Vielzahl weiterer Simultanplanungsmodelle für den Produktionsbereich zu finden.

Pressmar bezieht neben der Produktionsplanung auch die Finanzierungsplanung in sein Modell mit ein. So werden auch Variablen über Kredite und liquide Mittel in die Entscheidungsfindung aufgenommen.[40]

Auch zur simultanen Investitions- und Produktionsplanung existieren in der Literatur einige Ansätze. Diese stellen jedoch bereits eine Verbindung zur taktischen Ebene dar und sind dementsprechend nicht einer integrierten operativen Planung zurechenbar. Erwähnt seien hier die Modelle von H. Albach und H. Jacob.[41] Insbesondere der Ansatz von Jacob ist wegen seiner umfassenden Problemstellung als Annäherung an ein Totalmodell zu sehen. Daher wird es von Jacob auch als Integrationsmodell bezeichnet. Er empfiehlt, das Modell für drei Perioden aufzustellen, "die zweckmäßigerweise unterschiedlich lang gewählt werden, z.B. Periode 1 ein Jahr, Periode 2 zwei Jahre und Periode 3 vier Jahre" [42]. Somit stellt ein Integrationsmodell der beschriebenen Art keinen Lösungsansatz für die kurzfristig operative Produktionsplanung dar. Eine dahingehende Erweiterung ist jedoch durchaus denkbar.

Kilger stellt für verschiedene Betriebssituationen Grundmodelle zur simultanen Produktions- und Absatzplanung dar. Er berücksichtigt hierbei unter anderem Möglichkeiten der Verfahrenswahl und kapazitätsmäßiger Anpassungsmaßnahmen. Somit werden mit den Teilbereichen Absatzprogrammplanung, Produktionsprogrammplanung, Bereitstellungsplanung und Produktionsvollzugsplanung die Teilpläne eines integrierten Systems zur operativen Produktionsplanung abgedeckt.[43]

---

[40] Vgl. Pressmar (1974), S. 464 ff; Pressmar (1975), S. 226 ff.

[41] Vgl. Albach (1963), S. 26 ff; Jacob (1973), S. 312 ff.

[42] Jacob (1973), S. 363.

[43] Vgl. Kilger (1973), S. 164 ff.

Zusammenfassend ist festzustellen, daß simultane Ansätze zur operativen Produktionsplanung nicht den Anforderungen einer simultanen Planung im Sinne einer unternehmungsweiten Betrachtungsweise genügen, da sie auf Entscheidungen vorgelagerter Planungsprozesse basieren und interdependente Beziehungen zu diesen vorgelagerten Planungsprozessen vernachlässigen. Aus der Sicht der Gesamtunternehmung stellen sie Elemente eines Sukzessivplanungskonzeptes dar. Weiterhin ist zu beachten, daß die Prognose der entscheidungsrelevanten Daten mit zunehmender Fristigkeit unsicherer wird und dadurch dem Planungshorizont Grenzen gesetzt sind.[44]

3.2.2. Sukzessivplanung

Das Charakteristikum der sukzessiven Planung besteht in der Zerlegung der Gesamtplanungsaufgabe in mehrere Teilaufgaben, die zeitlich und organisatorisch schrittweise aufeinanderfolgend lösbar sind.[45] Das Konzept beruht darauf, durch horizontale und/oder vertikale Dekomposition des Problems kleinere Planungsmodule zu schaffen und letztendlich durch Zusammenfügen der einzelnen Teillösungen eine zulässige Lösung des Gesamtproblemes zu ermitteln, welche der optimalen Lösung nahe kommt. Bei der horizontalen Dekomposition sind die einzelnen Teilprobleme als gleichwertig zu betrachten, während bei der vertikalen Dekomposition eine Rangfolge der Teilplanungsmodule existiert.[46] In diesem Sinne stellt auch die Stufenkonzeption der oben beschriebenen computergestützten PPS-Systeme eine Sukzessivplanung dar. Die Teillösungen der einzelnen Planungsmodule werden zur Gesamtlösung der integrierten Produktionsplanung zusammengefaßt.

---

[44] Vgl. Hax (1967), S. 760 f; Zäpfel (1982), S. 303 f.

[45] Vgl. Zäpfel (1982), S. 304.

[46] Vgl. Rieper (1981), S. 1185.

Betriebswirtschaftliche Sukzessivplanungskonzepte zur integrierten operativen Produktionsplanung stammen beispielsweise
von Seelbach und Sutter.

Seelbach entwickelte ein zweistufiges System der Produktions-
programm- und Produktionsprozeßplanung auf der Grundlage einer parametrischen Programmierung und einer Simulation des
Produktionsprozesses. Im ersten Schritt stellt er ein parame-
trisches lineares Programm auf, welches die anfallenden Leerzeiten und die anteilig auf eine Mengeneinheit des jeweiligen
Erzeugnisses bezogenen Prozeßkosten als Parameter beinhaltet.
Unter den Prozeßkosten versteht er die Rüst-, die Sortenwech-
sel- und die Lagerkosten. Diese Kosten und die anfallenden
Leerzeiten ergeben sich mit ihrem endgültigen Wert erst nach
Abschluß der Prozeßplanung, da sie von den eingesetzten Maschinen und deren spezifischen Leistungsdaten sowie den Fer-
tigungslosgrößen abhängen. Seelbach führt lediglich eine einperiodige Betrachtung durch, weswegen die Absatzmengen den
Produktionsmengen entsprechen. In einem zweiten Schritt erfolgt eine Simulation des Produktionsprozesses zur Festlegung
der Losgröße für jedes Produkt und der Maschinenfolge für jeden Fertigungsauftrag.[47]

Für den Einsatz in der chemischen Industrie entwickelte Sutter ein System sukzessiv zu lösender Teilpläne, welches insbesondere der Kuppelproduktion gerecht wird. Der Ablauf einer
solchen Sukzessivplanung ist in Abbildung 1.06 dargestellt.

Das Planungssystem nach Sutter umfaßt im wesentlichen die
Ebenen 2 bis 4 der Abbildung 1.06. Das Charakteristische dieser Konzeption besteht darin, daß der Planungszeitraum stufenweise verfeinert wird. Als Voraussetzung für den Einsatz
dieser Sukzessivplanung gilt, daß der Produktionsprozeß mittels linearer Funktionen abbildbar sein muß und die Zielsetzung durch Optimieren linearer Zielfunktionen erreichbar
ist.[48]

---

[47] Vgl. Seelbach (1973), S. 455 ff.

[48] Vgl. Sutter (1976)., S. 207 ff.

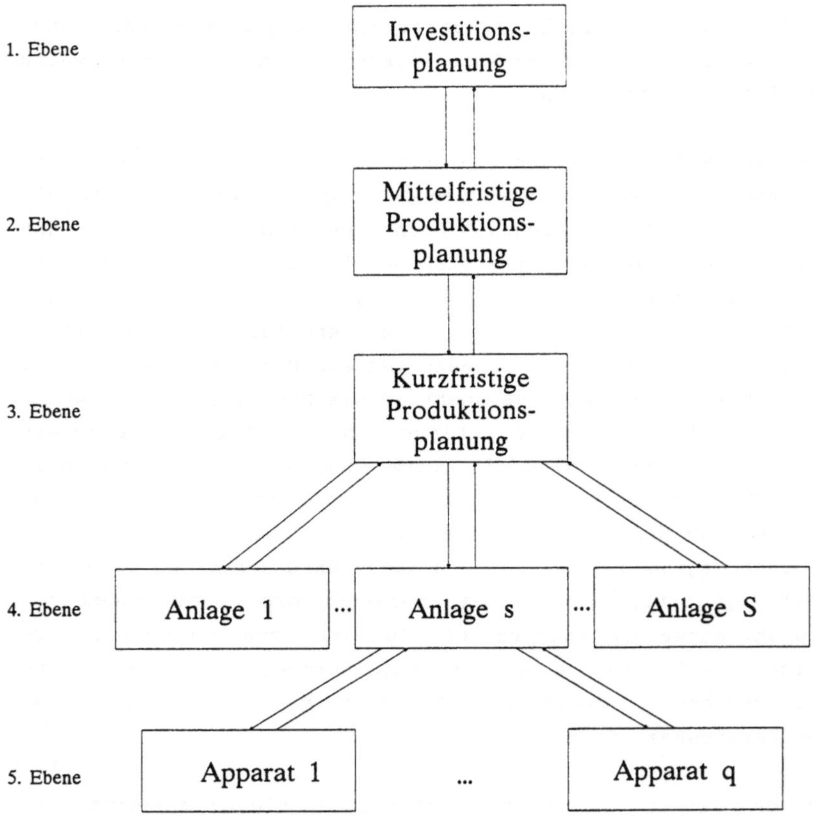

Abb. 1.06: Sukzessive Produktionsplanung nach Sutter [49]

Im Gegensatz zu Simultanplanungansätzen gewährleisten sukzessive Planungskonzepte nicht das Auffinden einer optimalen Lösung. Vielmehr werden lediglich (optimale) Lösungen für Teilbereiche des Gesamtplanungssystems gefunden. Die Zusammenfassung der Teillösungen ergibt nicht notwendigerweise die optimale Gesamtlösung. Auch ist es eventuell erforderlich eine
Neuplanung der oberen Stufen vorzunehmen, wenn auf untergeordneten Stufen Unzulässigkeiten auftreten. Daher sollte ein

---

[49] Vgl. Sutter (1976), S. 220, S. 223.

Sukzessivplanungskonzept die Möglichkeit von Rückkopplungen zu übergeordneten Stufen beinhalten, um Unzulässigkeiten weitestgehend zu vermeiden und eine Lösung zu finden, die der optimalen Lösung möglichst nahe kommt.[50]

3.2.3. Planung mit verdichteten Daten und Entscheidungsvariablen

Um Simultanplanungsmodelle mit Hilfe von Methoden des Operations Research und elektronischen Rechenanlagen in akzeptablen Rechenzeiten zu lösen, entwickelten Scheer und Wittemann Ansätze auf der Basis verdichteter Daten und Entscheidungsvariablen.[51]

Analog zum Begriff Verdichtung kommt auch der Begriff Aggregation zur Anwendung. Unter Verdichtung oder Aggregation ist die Zusammenfassung gleicher oder ähnlicher Einzelelemente zu einer übergeordneten Elementegruppe zu verstehen.[52]

Der Grundgedanke der Bestimmung optimaler Produktionsprogramme auf der Basis aggregierter Nebenbedingungen geht auf eine Arbeit von Holt, Modigliani, Muth und Simon aus dem Jahre 1960 zurück.[53]

Die Verdichtungsvorschläge sind bei Scheer und Wittemann auf drei Bereiche bezogen: [54]

---

[50] Vgl. Kilger (1973), S. 17 f.

[51] Vgl. Scheer (1976), S. 52 ff; Wittemann (1985), S. 191 ff.

[52] Vgl. Axsäter (1979), S. 30 ff; Switalski (1988), S. 383 ff.

[53] Vgl. Holt et al. (1960), S. 185 ff.

[54] Vgl. Scheer (1976), S. 52 ff; Wittemann (1985), S. 129 ff.

(1) Reduzierung der Anzahl an Teilperioden durch gröbere Periodeneinteilung;

(2) Reduzierung der Anzahl an Variablen durch Beschränkung auf wichtige Endprodukte und Baugruppen, durch Verzicht auf arbeitsgangbezogene Variablen und durch Aggregation von Produkten zu Produktgruppen;

(3) Zusammenfassung funktions- und kostengleicher Betriebsmittel zu Betriebsmittelgruppen.

Diese Maßnahmen vermindern die Zahl der Variablen und Restriktionen. Der Modellumfang wird reduziert. Ein Nachteil liegt im Informationsverlust durch die Verdichtung. Hierdurch wird die optimale Lösung im Regelfall nicht erreicht. Kennzeichnend für die verdichteten Ansätze ist, daß eine simultane Festlegung der Entscheidungsvariablen erfolgt, wenn auch in aggregierter Form. Das Problem besteht nun in der Disaggregation dieser verdichteten Ergebnisse. Weder Scheer noch Wittemann geben dazu detaillierte Anleitungen. Wittemann erwähnt lediglich, daß eine Auswertung der verdichteten Ergebnisse anhand der Verhältnisse der Absatzmengen erfolgt.[55]

Die Konzeption einer verdichteten Planung wurde 1981 am Institut für Wirtschaftsinformatik der Universität des Saarlandes in einer Pilotversion mit der Bezeichnung PROMOS (Produktionsplanungs-Modellgenerator-System) verwirklicht. Das Programm dient zur Primärbedarfsermittlung im Rahmen eines herkömmlichen computergestützten PPS-Systems. Die Planungsschritte der Material- und Termindisposition werden unverändert beibehalten. Der Ablauf eines solchen Planungssystems ist in Abbildung 1.07 wiedergegeben.

Der Vorteil des Systems auf der Basis verdichteter Daten und Entscheidungsvariablen besteht darin, daß bereits im Rahmen der Primärbedarfsplanung ein grober Vergleich der Kapazitätsbedarfe mit den verfügbaren Kapazitäten erfolgt.[56]

---

[55] Vgl. Wittemann (1985), S. 216.

[56] Vgl. Kneip, Scheer und Wittemann (1981), S. 1 ff.

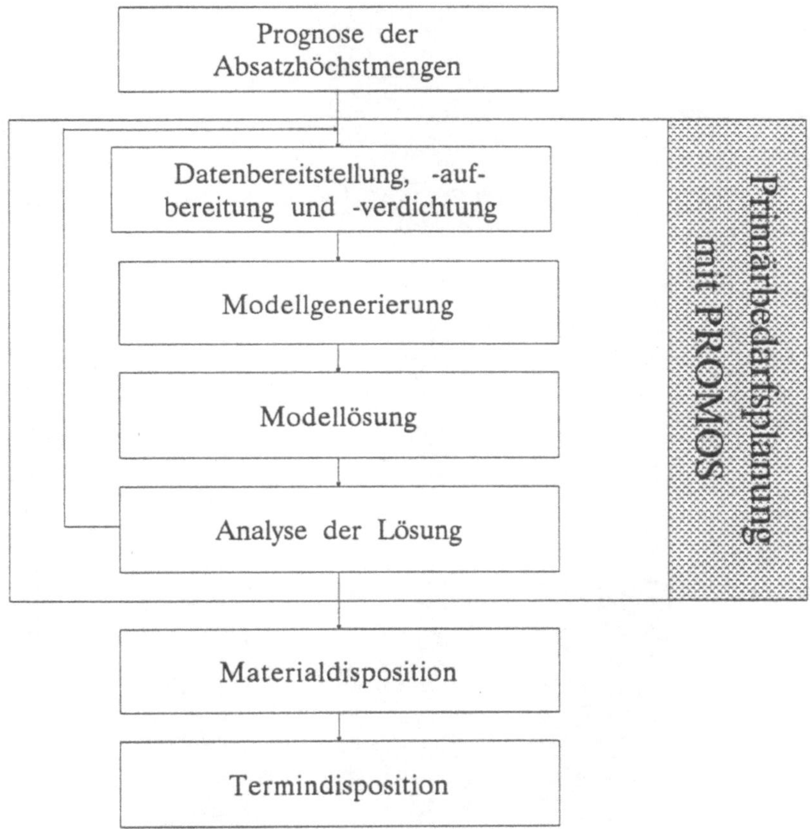

Abb. 1.07: Verdichtete Primärbedarfsplanung mit PROMOS

3.2.4. Hierarchische Planung

Die Konzeption der hierarchischen Planung stellt einen Versuch dar, die Vorteile der drei oben beschriebenen Planungsansätze auszunutzen und gleichzeitig ihre jeweiligen Nachteile möglichst weitgehend auszuschalten. In Anlehnung an Abbildung 1.08 soll dieser Gedankengang verdeutlicht werden.

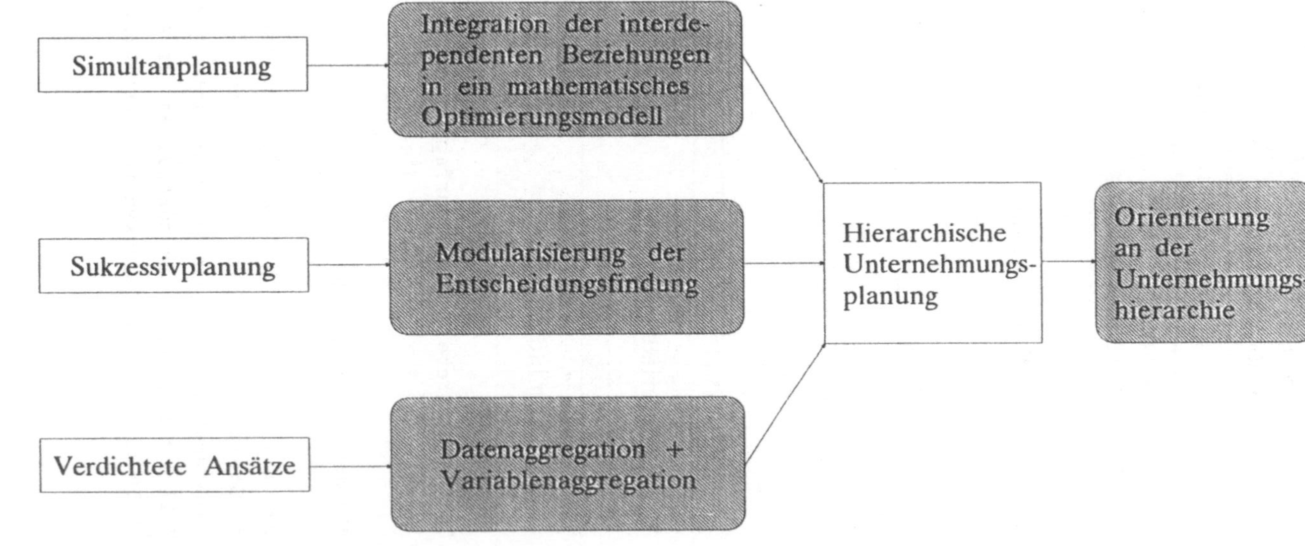

Abb. 1.08: Entwicklung einer hierarchischen Unternehmungsplanung

Die Simultanplanung bewirkt eine Berücksichtigung aller relevanten Interdependenzen zwischen den Entscheidungsvariablen in einem mathematischen Optimierungsmodell. Der Nachteil entsprechender Ansätze ist wie bereits erläutert darin zu sehen, daß die Modelle i.d.R. zu umfangreich werden, als daß eine sinnvolle Anwendung möglich wäre. Ein weiterer Nachteil resultiert aus der Art der Entscheidungsfindung. Eine simultane Planung aller Entscheidungsvariablen erfordert eine zentrale Planungsabteilung. Die verschiedenen organisationsbedingten Stufen der Unternehmungshierarchie werden bei der Entscheidungsfindung nicht berücksichtigt. Ihre Aufgaben bestehen darin, die vorgegebenen Pläne zu realisieren. Sie stellen lediglich ausführende Einheiten ohne eigene Entscheidungsbefugnis dar. Für die ausführenden Einheiten ist das Zustandekommen der ihnen vorliegenden Vorgaben nicht ersichtlich. Diese Konzeption widerspricht der betrieblichen Praxis, wo i.d.R. mit einem Aufstieg in der Unternehmungshierarchie auch eine Zunahme der Entscheidungsbefugnis verbunden ist.

Um diese Mängel der Simultanplanung zu vermeiden, erfolgt bei einer hierarchischen Planung analog zu einer Sukzessivplanung eine Modularisierung der Entscheidungsfindung. Die Gesamtplanungsaufgabe wird in mehrere überschaubare Teilplanungsmodule zerlegt. In einer hierarchischen Planung ist diese Modularisierung an der Organisationshierarchie der Unternehmung auszurichten. Dadurch können bestehende Informationsflußkanäle weiterhin genutzt werden und es werden keine neuen Zuständigkeiten im Sinne einer alle Planungsaktivitäten durchführenden zentralen Planungsabteilung geschaffen.[57] Eine solche Modularisierung entsprechend der betrieblichen Organisationshierarchie kommt auch einer zweiten Anforderung an das Planungssystem entgegen. So sollen durch die Zerlegung der Gesamtplanungsaufgabe in mehrere Teilplanungsmodule möglichst wenig Interdependenzen verloren gehen. Nun ist davon auszugehen, daß die Wirkungen der Interdependenzen dort am geringsten sind, wo die durch die Unternehmungshierarchie bestehenden Kompetenzen eine Trennung der Wirkungsbereiche vorsehen. Da-

---

[57] Vgl. Stadtler (1988), S. 49 ff; Switalski (1987), S. 448; Zäpfel (1982), S. 311 f.

her ist es sinnvoll an diesen Stellen eine Zerlegung des Gesamtsystemes vorzunehmen.

Neben den Vorteilen der Simultan- und der Sukzessivplanung können auch die Vorteile der verdichteten Planung ausgenutzt werden, indem eine Aggregation der Daten und Entscheidungsvariablen durchgeführt wird.

Teil II:

Kritische Analyse

hierarchischer

Produktionsplanungsansätze

Teil II: Kritische Analyse hierarchischer Produktionsplanungsansätze

1. Grundlagen hierarchischer Planungsansätze

1.1. Dekomposition und Hierarchisierung

Unter Dekomposition ist die Auflösung einer Gesamtheit in ihre Grundbestandteile zu verstehen. Im Rahmen einer betrieblichen Produktionsplanung wird natürlich nicht die Auflösung der Gesamtplanungsaufgabe in ihre elementare Bestandteile angestrebt, sondern lediglich ein Zerlegung in Teilmodule, die sukzessiv abzuarbeiten sind.[1]

Eine Dekomposition kann grundsätzlich in drei Richtungen erfolgen:

(1) Zeitliche Dekomposition,
(2) sachlich-vertikale Dekomposition und
(3) sachlich-horizontale Dekomposition.[2]

Die zeitliche Dekomposition bewirkt eine Zerlegung der Gesamtplanungsaufgabe in Teilplanungsmodule mit unterschiedlichen Planungszeiträumen und unterschiedlichen Reichweiten der Planungsergebnisse. Ein Beispiel für eine an der zeitlichen Dekomposition orientierte Unternehmungsplanung stellt die Anthony-Framework dar. Da diese bereits ausführlich im Teil I der Arbeit unter Gliederungspunkt 1. diskutiert wird, soll an dieser Stelle nicht erneut auf sie eingegangen werden.

Kann ein Planungssystem in mehrere Teilplanungsprozesse zerlegt werden, die in einer strengen Reihenfolge nacheinander zu bearbeiten sind, so liegt eine sachlich-vertikale Dekomposition vor (Vgl. Abbildung 2.01). Die Ergebnisse der übergeordneten Ebene bilden hierbei Vorgaben für die Entscheidungs-

---

[1] Vgl. Switalski (1989), S. 70 ff; Kistner und Steven (1990a), S. 305.

[2] Vgl. Rieper (1985), S. 775 ff.

findung der jeweils untergeordneten Ebene. Gegebenenfalls sind Rückkopplungen von untergeordneten Ebenen zu übergeordneten Ebenen erforderlich, wenn signifikante Unstimmigkeiten in den Planungen untergeordneter Ebenen aufgrund von Entscheidungen übergeordneter Ebenen auftreten.[3]

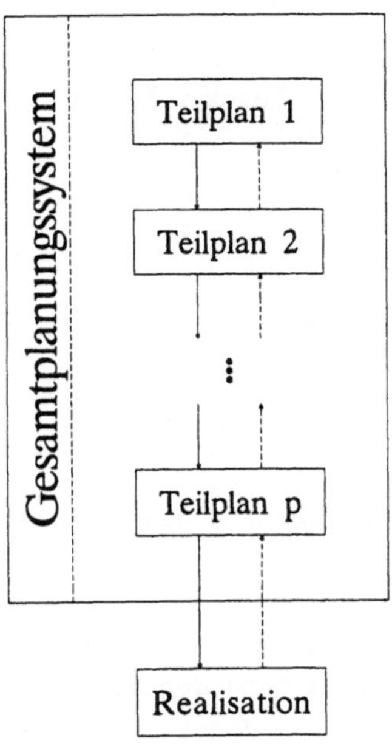

Abb. 2.01: Sachlich-vertikale Dekomposition

Ein Beispiel für eine Planungskonzeption auf der Basis einer sachlich-vertikalen Dekomposition stellt das im Teil I unter Gliederungspunkt 3.1. beschriebene Sukzessivplanungskonzept computergestützter Systeme zur Produktionsplanung und -steuerung dar.

Die sachlich-horizontale Dekomposition bewirkt eine Zerlegung des Gesamtsystems in mehrere, parallel zu bearbeitende Teil-

---

[3] Vgl. Rieper (1979), S. 158 ff; Rieper (1981), S. 1185 f.

planungsprobleme, die isoliert voneinander zu lösen sind. Wie Abbildung 2.02 zeigt, bestehen zwischen den Teilplänen keine Verbindungen.[4]

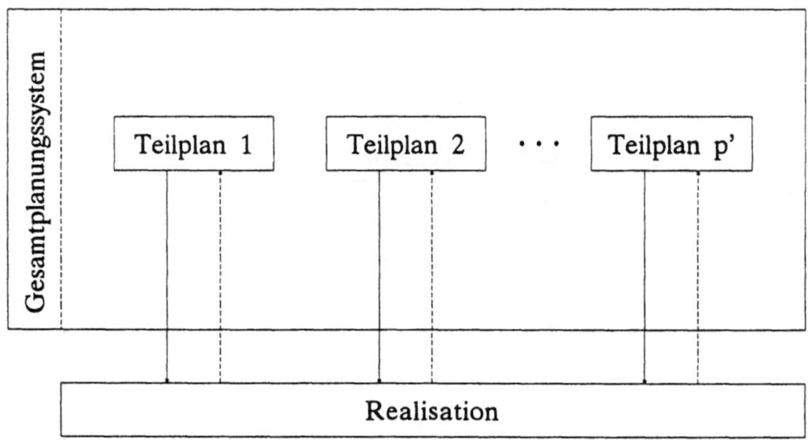

Abb. 2.02: Sachlich-horizontale Dekomposition

Die reine Form sachlich-horizontaler Dekomposition ist in der Regel nicht anwendbar, da Interdependenzen zwischen den Teilplänen zu beachten sind. Um diese Interdependenzen zu berücksichtigen wird, wie in Abbildung 2.03 aufgezeigt, eine Koordinationsebene vorgelagert, die eine Abstimmung der Teilpläne gewährleisten soll.[5]

Eine entsprechende Unternehmungsplanung kommt auch der Forderung Kilgers entgegen, eine kombinierte Anwendung zentraler und dezentraler Teilpläne vorzunehmen, wobei der zentralen Planungsabteilung die Rolle der Koordinationsebene zukommt.[6]

---

[4] Vgl. Rieper (1979), S. 157 ff.

[5] Vgl. Rieper (1981), S. 1185 f.

[6] Vgl. Kilger (1973), S. 20 f.

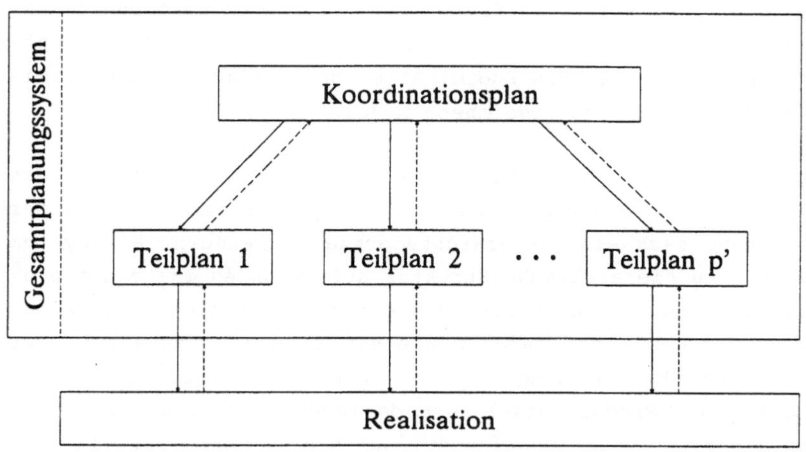

Abb. 2.03: Sachlich-horizontale Dekomposition mit Koordinationsebene

Die Möglichkeiten der sachlich-horizontalen Dekomposition mit
einer Koordinationsebene nutzen Dantzig und Wolfe auch zur
Lösung komplexer linearer Programme. Das Verfahren beruht
darauf, daß lineare Programme - insbesondere solche zur Produktionsprogrammplanung - häufig aus mehreren Teilen bestehen, die keine Interdependenzen aufweisen, und einem Teil,
der alle oder zumindest einen Großteil der Variablen betrifft. Das Gesamtproblem wird dann in die entsprechenden
Teilblöcke zerlegt, wobei der Teilblock, der alle Variablen
betrifft, als Koordinationsebene wirkt.[7]

Diese drei Grundrichtungen der Dekomposition sind in Abhängigkeit von der jeweiligen Planungssituation auch kombiniert
anwendbar. Ein Beispiel für eine Verbindung der sachlich-vertikalen Dekomposition mit der sachlich-horizontalen Dekomposition ist in Abbildung 2.04 skizziert.

---

[7] Vgl. Dantzig and Wolfe (1960), S. 107 ff; Gal (1989),
S. 129 ff.

Auf den untergeordneten Ebenen der vertikalen Dekompositionsstufen erfolgt jeweils eine horizontale Auflösung der Entscheidungsmodelle. Die Koordination der Teilmodule gewährleistet das jeweils übergeordnete Modul.

Im Rahmen einer hierarchischen Produktionsplanung ist bei der Auflösung der Planungsaufgabe in Teilplanungsmodule auch der Forderung nach einer Hierarchisierung zu genügen. Ein System weist eine hierarchische Struktur auf, wenn es aus einer endlichen Anzahl von Einheiten besteht und jede dieser Einheiten zu mindestens einer anderen Einheit in einem Verhältnis der Über- bzw. Unterordnung steht [8]. Diese Definition ist in Bezug auf die Produktionsplanung dahingehend zu erweitern, daß das System (Produktionsplanung) nur ein Element (Teilplan) im Sinne eines Masterplanes besitzen soll, das keinem anderen Element (Teilplan) untergeordnet ist, und daß jedes Element (Teilplan) maximal einem Element (Teilplan) unmittelbar untergeordnet ist. Alle anderen Teilpläne hängen somit direkt oder indirekt über andere Teilpläne von dem als Masterplan bezeichneten Teilplan ab. Hierdurch wird vermieden, daß mehrere unabhängige Hierarchien entstehen, die nicht miteinander koordiniert sind. Durch die Annahme, daß jeder Teilplan nur einen unmittelbar übergeordneten Teilplan besitzt, ist sichergestellt, daß die Planungshierarchie einen Wurzelbaum ergibt, dessen Äste bei der Lösung des Planungsproblemes sukzessiv nach Hierarchiestufen, beginnend mit dem Masterplan, abgearbeitet werden können.

Diese Erweiterung der Definition von Rieper erscheint im Sinne einer konsistenten Unternehmungsplanung gerechtfertigt, da sie sich an der betrieblichen Planungshierarchie orientiert (Vgl. Teil I, Gliederungspunkt 1.).

Nach der aufgeführten Begriffsabgrenzung wäre auch das Sukzessivplanungskonzept der computergestützten PPS-Systeme ein hierarchischer Ansatz. Im folgenden soll gezeigt werden, daß an hierarchische Produktionsplanungsansätze weitere Anforderungen zu stellen sind.

---

[8] Vgl. Rieper (1979), S. 121.

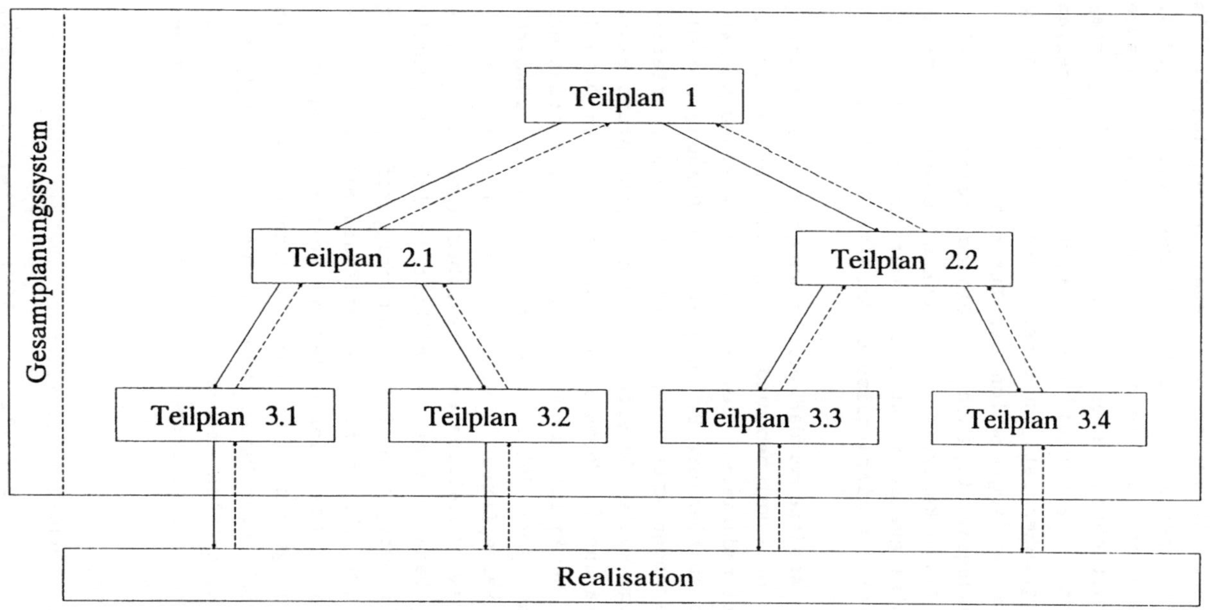

Abb. 2.04: Beispiel einer sachlich-vertikalen Dekomposition mit integrierter sachlich-horizontaler Dekomposition [9]

---

[9] Vgl. Rieper (1979), S. 158 f.

1.2. Aggregation und Disaggregation

Die grundsätzlichen Möglichkeiten zur Aggregation der entscheidungsrelevanten Variablen und Daten werden bereits im Rahmen der verdichteten Ansätze unter Gliederungspunkt 3.2.3. des Teils I erläutert. Ein Nachteil der verdichteten Ansätze nach Scheer und Wittemann besteht darin, daß eine Disaggregation der verdichteten Entscheidungsvariablen in den Modellen selbst nicht vorgesehen ist. In einer hierarchischen Planung ist jedoch neben der Aggregation der Entscheidungsvariablen und Daten im Lösungsansatz auch der Disaggregation der Planungsergebnisse Aufmerksamkeit zu schenken. Sowohl Aggregation als auch Disaggregation stellen somit unmittelbare Bestandteile der meisten hierarchischen Ansätze dar [10].

Die verdichteten Ansätze wurden primär unter der Zielsetzung entwickelt, das Datenvolumen und die Anzahl der Entscheidungsvariablen zu reduzieren. Bei der Implementierung hierarchischer Ansätze spielen die Fristigkeit der Planung und die Stellung der planenden Abteilung in der Unternehmungshierarchie eine wichtige Rolle. So erfordert die Durchführung einer langfristigen Planung im Normalfall einen geringeren Detaillierungsgrad der Daten als die Erstellung eines kurzfristigen operativen Planes. Auch fällt es schwer über einen längeren Zeitraum detaillierte Daten in valider Form zu prognostizieren, da die meisten Detaildaten zufallsbedingten Schwankungen unterliegen. Daher ist es vorteilhaft in der langfristigen Planung auf aggregierte Daten zurückzugreifen, die mit weniger Aufwand und mit größerer Zuverlässigkeit zu prognostizieren sind als detaillierte Daten. Weiterhin benötigen höhere Entscheidungsebenen in der Unternehmungshierarchie meist keine detaillierten Daten. Vielmehr werden aggregierte, aussagekräftige Kennzahlen gefordert, die genau auf die Planungssituation der entsprechenden Entscheidungsträger zugeschnitten sind.[11]

---

[10] Vgl. Stadtler (1988), S. 47 ff.

[11] Vgl. Dempster et al. (1981), S. 708; Switalski (1987), S. 450 f.

In diesem Sinne stellt der Informationsverlust durch die Aggregation keine negativ zu bewertende Tatsache dar. Manz spricht von einer Strukturverdichtung bzw. Grobplanung, die zunächst zu überschaubaren Ergebnissen führen soll, bevor zur Disaggregation eine Feinplanung erfolgt.[12]

Bei der Implementierung einer hierarchischen Produktionsplanung ist zu beachten, daß die Aggregation und die anschließende Disaggregation die Zulässigkeit der gefundenen Gesamtlösung nicht beeinträchtigen und im Vergleich zu einem entsprechenden Simultanplanungsansatz eine Lösung nahe dem absoluten Optimum der Zielerreichung gewährleisten. Ist die Zulässigkeit der Planungsergebnisse gegeben, handelt es sich um eine konsistente Aggregation und Disaggregation [13]. Nur wenn diese Konsistenz vorliegt, ist es sinnvoll, die Instrumente der Aggregation und Disaggregation zu nutzen. Durch den Sukzessivplanungscharakter der hierarchischen Planung ist es nicht mehr sichergestellt, daß das optimale Produktionsprogramm gefunden wird. Daher ist darauf zu achten, daß die Lösung, die mittels des hierarchischen Ansatzes ermittelt wird, nicht zu weit vom Optimum entfernt liegt. Neben der Dekomposition spielen insbesondere die Aggregation und die Disaggregation eine wichtige Rolle, da die Verdichtung und die anschließende Konkretisierung der Entscheidungssituation jeweils Informationsverluste bewirken können.

Der Idealfall einer funktionierenden Aggregation liegt dann vor, wenn die gefundene Lösung nach dem Umweg über Aggregation und Disaggregation die gleichen Werte aufweist, wie die mittels eines Simultanplanungsansatzes berechnete Lösung. In diesem Fall liegt der Sachverhalt einer perfekten Aggregation und Disaggregation vor.[14]

---

[12] Vgl. Manz (1983), S. 37.

[13] Vgl. Kistner und Steven (1990b), S. 12; Kistner and Steven (1991b), S. 107 f.

[14] Vgl. Axsäter (1981), S. 746 ff.

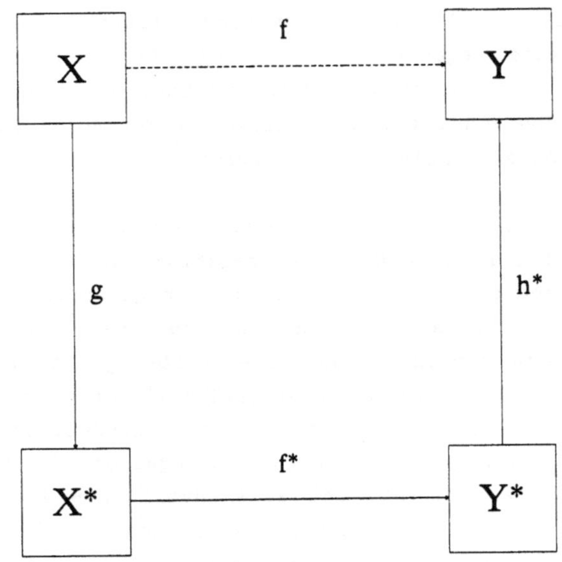

Abb. 2.05: Graphische Darstellung einer perfekten Aggregation und Disaggregation

In Abbildung 2.05 entspricht X der Ausgangssituation der Planung mit detaillierten Entscheidungsvariablen und Daten. Die
Funktion $f:X \rightarrow Y$ stellt den Lösungsalgorithmus zur Ermittlung
des optimalen Produktionsprogrammes Y dar. Dieser Algorithmus
entspricht i.d.R. einem Simultanplanungsansatz, der den direkten Weg zur Lösung des Planungsproblemes darstellt, ohne
den Umweg über die Aggregation und Disaggregation zu be-
schreiten. Die Funktion $g:X \rightarrow X^*$ beschreibt die Aggregations-
vorschrift zur Überführung der detaillierten Planungssituation X in eine Planungssituation X^*, die auf aggregierten Daten beruht. Ausgehend von dieser Situation X^* kann mittels
der Funktion $f^*:X^* \rightarrow Y^*$ die optimale Lösung Y^* des aggregierten Entscheidungsmodells ermittelt werden. Diese Lösung liegt
dementsprechend in aggregierter Form vor. Daher muß eine Disaggregation anhand der Funktion $h^*:Y^* \rightarrow Y$ durchgeführt werden,
um die disaggregierte Lösung der ursprünglichen Entscheidungssituation zu ermitteln. Bei perfekter Aggregation und

Disaggregation ergibt auch dieser Weg über die Funktionen g, f^* und h^* das optimale Produktionsprogramm Y.

Bedingt durch die Informationsverluste im Rahmen der Aggregation und Disaggregation sowie das sukzessive Vorgehen der hierarchischen Produktionsplanung ist nicht gewährleistet, daß ein optimales Produktionsprogramm gefunden wird. Daher ist mittels eines hierarchischen Ansatzes häufig lediglich eine approximative Aggregation und Disaggregation zu erreichen. Dies bedeutet, das eine Lösung angestrebt wird, deren Zielerreichung möglichst nahe am Optimum liegt bzw. deren Grad an Suboptimalität minimal ist.[15]

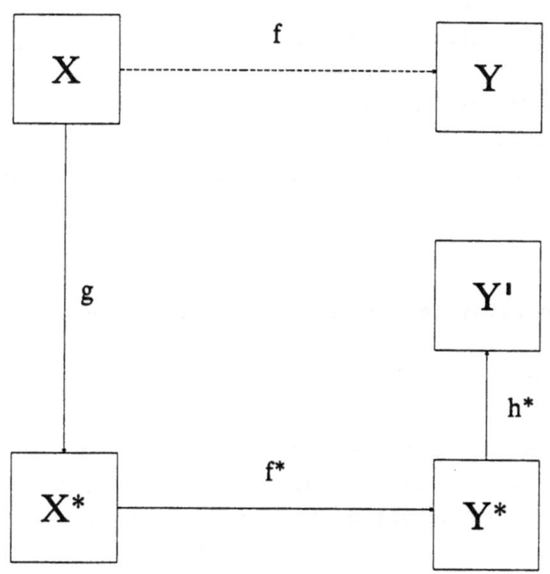

Abb. 2.06: Graphische Darstellung einer approximativen Aggregation und Disaggregation

---

[15] Vgl. Switalski (1988), S. 390.

Abbildung 2.06 zeigt diesen Sachverhalt dadurch, daß das Produktionsprogramm Y', das auf dem Instrumentarium der Aggregation und Disaggregation basiert, nicht mit dem optimalen Produktionsprogramm Y übereinstimmt. In diesem Fall ist besonders darauf zu achten, daß die gefundene Lösung Y' zulässig ist.

Die Schwierigkeit bei der Analyse der Suboptimalität hierarchischer Ansätze besteht darin, daß für praxisrelevante Problemstellungen das Simultanmodell oft nicht operabel ist und somit keine optimale Lösung des Planungsproblemes ermittelt werden kann.

Die Aggregation und die Disaggregation bewirken in Verbindung mit der hierarchischen Zerlegung der Produktionsplanung in Teilplanungsmodule, daß die meisten hierarchischen Planungsansätze als Heuristiken konzipiert sind, die keinen Anspruch auf Optimalität erheben, aber im allgemeinen die Lösbarkeit der Planungsaufgabe mit angemessenem Aufwand gewährleisten.[16]

2. Planung einstufiger Produktionssysteme nach A.C. Hax

2.1. Grundlagen

Die im folgenden dargestellten Ansätze wurden von A.C. Hax und seinen Mitarbeitern Bitran, Candea, Haas, Golovin sowie Meal an der Sloan School of Management des Massachusetts Institute of Technology, Cambridge, entwickelt. Der erste Ansatz, von Hax und Meal 1975 veröffentlicht, ist, wie Bitran und Hax in einer späteren Veröffentlichung erwähnen, an dem praktischen Fall einer Reifenherstellung orientiert [17]. Auf der Basis dieses oft als Grundansatz der hierarchischen Produktionsplanung bezeichneten Ansatzes entstanden unter Mit-

---

[16] Vgl. Kistner and Switalski (1989a), S. 199 ff; Stadtler (1988), S. 48 ff.

[17] Vgl. Bitran and Hax (1977), S. 42 ff.

wirkung verschiedener Koautoren von Hax weitere Varianten zur hierarchischen Produktionsplanung.

Auf der Stufe höchster Erzeugnisdiversifikation unterscheiden Hax und seine Mitarbeiter sogenannte **Items oder Einzelerzeugnisse**. Items sind auslieferbare Endprodukte, die sich z.B. in Farbe, Verpackung, Aufschrift, Zubehör oder Größe unterscheiden. Somit können Items auch als Produktvarianten bezeichnet werden. Sie stellen die kleinsten unterscheidbaren Einheiten dar.

Auf der ersten Stufe der Aggregation werden Einzelerzeugnisse zu **Erzeugnisfamilien** aggregiert. Die Items einer Familie haben gleiche Fertigungsstückkosten (ohne Arbeitskosten) und gleiche Rüstkosten. Um eine Fixkostendegression bezüglich der Rüstkosten zu erreichen, sind die Einzelerzeugnisse einer Familie in einem Los aufzulegen.

Alle Erzeugnisfamilien, deren Einzelerzeugnisse eine ähnliche saisonale Verteilung der Nachfrage, ähnliche Bearbeitungs- und Lagerkosten pro Einheit der Produktionszeit und ähnliche Produktionsraten (Ausbringungsmengen pro Zeiteinheit) aufweisen, werden in der zweiten Aggregationsstufe zu einem **Erzeugnistyp** zusammengefaßt. Die ähnlichen Kosten pro Einheit der Produktionszeit stellen eine Voraussetzung für die Disaggregation dar (vgl. die Gliederungspunkte 2.4.3. und 2.4.4.).[18]

Bezüglich einer Reifenproduktion gelte das in Abbildung 2.07 skizzierte vereinfachte Schema.

Die Einzelerzeugnisse, die sich lediglich in der Breite unterscheiden und daher in einem Los zu fertigen sind (z.B. HR 190 und HR 205 für Sommerreifen), werden zu Erzeugnisfamilien zusammengefaßt. HR-Reifen, SR-Reifen, H-Reifen und S-Reifen sind durch unterschiedliche Rezepturen für den verwendeten Gummi gekennzeichnet, weshalb jeweils unterschiedliche Arbeitsgänge zu ihrer Produktion erforderlich sind. Die ver-

---

[18] Vgl. Hax (1977), S. 112 f.

schiedenen Sommerreifen sind zu einem Erzeugnistyp zu aggre-
gieren, da sie eine gleiche saisonale Verteilung der Nachfrage aufweisen. Ebenso bilden die verschiedenen Winterreifen
einen Erzeugnistyp.

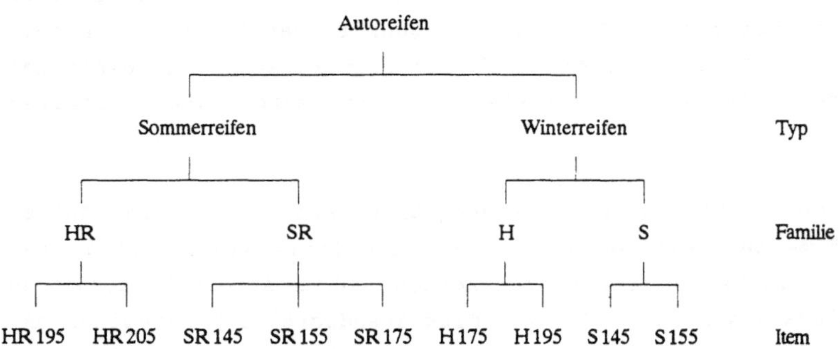

Abb. 2.07: Vereinfachtes Schema einer Produkthierarchie für
Autoreifen

Hax und Meal betrachten in ihrem Ansatz vier Hierarchieebenen
der Planung.[19]

**Ebene 0: Zuweisung der Erzeugnisfamilien zu Fabriken (Plant/
Family Assignment Subsystem)**

Besteht innerhalb einer Unternehmung die Möglichkeit, eine
oder mehrere Erzeugnisfamilien an unterschiedlichen Fabrikstandorten zu fertigen, so ist im Rhythmus von einem Jahr
eine Zuweisung von Familien an Fabriken vorzunehmen. Bei dieser Zuweisung werden ausreichende Kapazitäten unterstellt.
Jede Erzeugnisfamilie ist unabhängig von den anderen Familien
einzuplanen. Erst nach der Zuteilung aller Familien auf Fabriken erfolgt für jede Fabrik eine Kapazitätsüberprüfung.
Ergibt diese eine Kapazitätsüberschreitung, muß der Anwender
für die mittelfristige Planung einen neuen Planungslauf mit

---

[19] Vgl. Hax and Meal (1975), S. 58 ff.

zusätzlichen Restriktionen starten. Für die langfristige Planung spiegelt das Ergebnis des ersten Laufes die ideale Verteilung wider. Es können daraus Maßnahmen der Kapazitätserweiterung, der Kapazitätsstillegung und der Kapazitätsverlagerung zwischen den Fabriken abgeleitet werden.

Die weiteren Planungsschritte beziehen sich jeweils auf eine Fabrik.

Ebene I: Produktionsplanung für Erzeugnistypen (Saisonal Planning Subsystem).

Bezüglich eines Planungszeitraumes von einem Saisonzyklus sind monatlich rollierend die anteiligen Kapazitätsreservierungen im Fertigungsbereich und im Lagerbereich für die Erzeugnistypen zu ermitteln. Der Planungszeitraum sollte einen Saisonzyklus (i.d.R. ein Jahr bis 15 Monate) umfassen, um eine zeitliche Abstimmung der später folgenden, kurzfristigen Subsysteme zu gewährleisten. Die Planung und die hierbei verwendeten Prognosewerte unterliegen einem monatlichen Update, sobald die Daten des Vormonats verfügbar sind. Es bietet sich an, den gesamten Planungshorizont in Teilperioden zu einem Monat oder vier Wochen einzuteilen. Aus Vereinfachungsgründen kann gegen Ende des Planungszeitraumes eine grobere Einteilung gewählt werden.[20] Die Zielsetzung dieses Subsystems besteht in einer Minimierung der Lagerkosten und der Produktionskosten in Form der Kosten für Normalarbeitszeit und für Mehrarbeitszeit sowie der proportionalen Fertigungskosten. Rüstkosten werden noch nicht betrachtet, da diese von den aufzulegenden Familien abhängen.[21]

---

[20] Vgl. Bitran and Hax (1977), S. 45 f; Hax and Meal (1975), S. 60 f.

[21] Vgl. Hax and Golovin (1978), S. 403 ff.

Ebene II: Disaggregation zu Erzeugnisfamilien (Family Scheduling Subsystem).

Für die erste Teilperiode des Planungszeitraumes der Ebene I erfolgt monatlich eine Disaggregation der Ergebnisse dieser Ebene. Hierbei sind für jeden Erzeugnistyp die zugehörigen Familienlosgrößen zu bestimmen, indem die für den betrachteten Typ reservierten Fertigungszeiten der entsprechenden Teilperiode komplett auf die Erzeugnisfamilien dieses Typs verteilt werden. Die Zielsetzung besteht in der Rüstkostenminimierung.

Alle Familien eines Typs weisen ähnliche Bearbeitungs- und Lagerkosten pro Fertigungsstunde auf. Die Fertigungsstunden jedes Erzeugnistyps sowie die einzulagernden Mengen der Erzeugnistypen wurden in Ebene I festgelegt. Daher sind die Bearbeitungs- und Lagerkosten auf der Ebene II nicht mehr beeinflußbar.[22]

Ebene III: Disaggregation zu Einzelerzeugnissen (Item Scheduling System).

Auf den vorangegangenen Ebenen wurden bereits alle relevanten Kosten berücksichtigt. Durch die Festlegung der Produktionsmengen je Einzelerzeugnis sind jedoch zukünftige Rüstkosten einzusparen, indem die **R**un **O**ut **T**imes (ROT) der Einzelerzeugnisse jeder Familie möglichst einheitlich festgelegt werden.[23]

Unter der Run Out Time eines Erzeugnisses verstehen Hax et al. die Anzahl der Teilperioden, deren Bedarf an diesem Einzelerzeugnis durch Lagerbestände (und eventuell durch freigegebene Fertigungsaufträge) gedeckt ist [24]. Somit stellt die ROT eine Kennzahl für die Reichweite der verfügbaren Lagerbestände dar. Den genauen Wert der Reichweite eines verfügbaren

---

[22] Vgl. Hax (1977), S. 119.

[23] Vgl. Hax (1977), S. 113, S. 121.

[24] Vgl. Zäpfel (1982), S. 313.

Bestandes kann die ROT jedoch nur angeben, wenn ein konstanter Bedarf vorliegt. Da es sich bei den Bedarfen um Prognosewerte handelt, wird die Zielsetzung eines Ausgleiches aller ROT innerhalb der betrachteten Familie in der Realität nicht erreicht, wenn sich die Absatzprognosen als falsch erweisen.

Die Disaggregation zu Einzelerzeugnissen erfolgt monatlich, unmittelbar nach Abschluß der Planung von Ebene II.[25]

Abbildung 2.08 zeigt den Ablauf der hierarchischen Produktionsplanung nach Hax und seinen Mitarbeitern.

2.2. Bestimmung effektiver Bedarfsmengen für Erzeugnistypen

Das Beispiel nach Bitran und Hax umfaßt einen Erzeugnistyp mit zwei Einzelerzeugnissen.[26]

Es gilt:

	Bedarfe in		verfügbarer Lager-anfangsbestand
	$t = 1$	$t = 2$	
Item 1	5	17	9
Item 2	3	12	20
Summe	8	29	29
Nettobedarf	0	8	

(a) Bestimmung der Bedarfsmengen des Erzeugnistypes:

Periode 1: Bedarf 8 Stück, Lagerbestand 29 Stück
       => keine Produktion, da kein Nettobedarf

---

[25] Vgl. Hax and Meal (1975), S. 57.

[26] Vgl. Bitran and Hax (1977), S. 40 ff; Bitran, Haas and Hax (1981), S. 721 f.

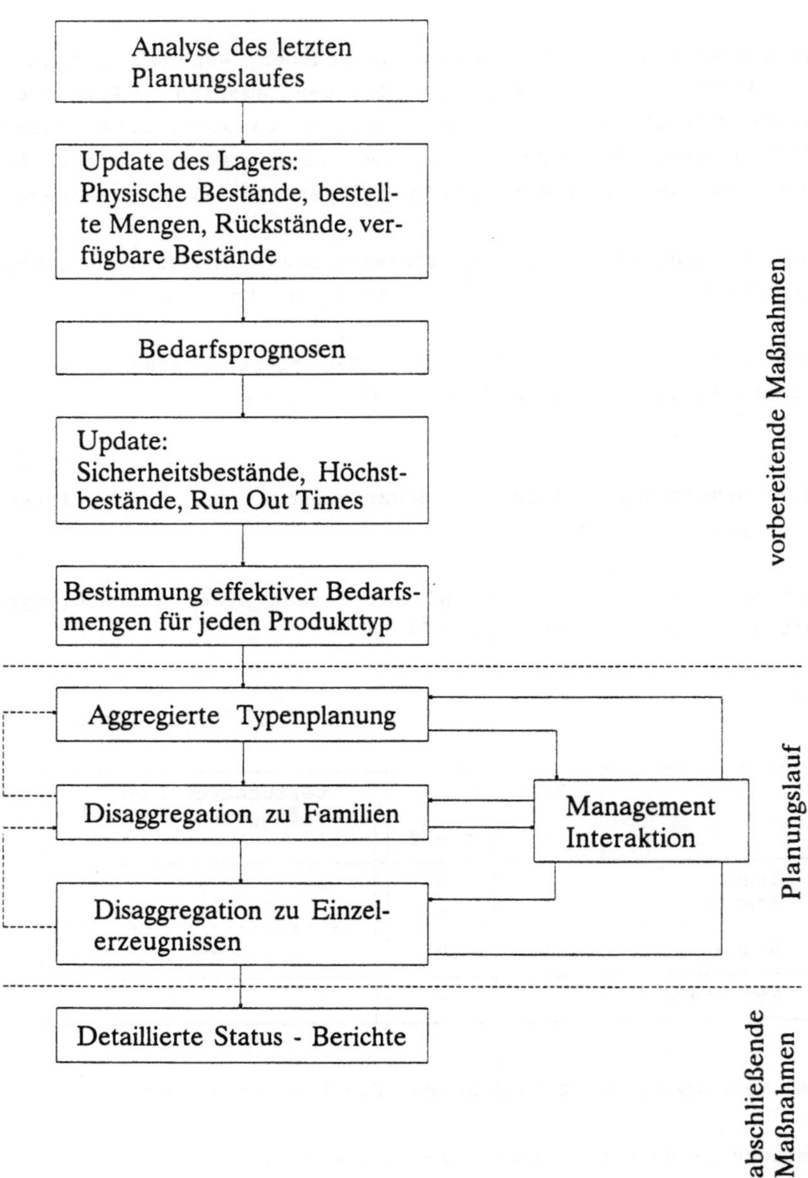

Abb. 2.08: Ablaufschema der hierarchischen Planung nach Hax et al. [27]

---

[27] Vgl. Bitran and Hax (1977), S. 31.

Periode 2: Bedarf 29 Stück, Lagerbestand 29-8 = 21 Stück
=> Produktion von 8 Stück, zur Deckung des Netto-
bedarfes

Dies stellt eine zulässige Lösung auf Ebene I dar. Bei der Disaggregation zu Einzelerzeugnissen ergibt sich gemäß den Ausgangsdaten folgendes Bild:

Periode 1/Item 1: Bedarf 5 Stück, Lagerbestand 9 Stück
=> zulässig,
Periode 2/Item 1: Bedarf 17 Stück, Lagerbestand 9 - 5
= 4 Stück.

Es sind also 17-4 = 13 Stück zu produzieren. Auf Ebene I werden jedoch nur Kapazitäten für 8 Stück von diesem Typ reserviert, das Produktionsprogramm ist **unzulässig**.

Diese Vorgehensweise berücksichtigt nicht, daß Lagerbestände von Item 2 keine Bedarfe an Item 1 decken können. Um solche Situationen zu vermeiden, arbeiten Hax et al. auf der Basis effektiver Bedarfsmengen. Hierbei werden die effektiven Bedarfe der Erzeugnistypen aus den effektiven Bedarfen der Einzelerzeugnisse dieses Types abgeleitet. Die effektiven Bedarfe der Einzelerzeugnisse resultieren aus der Differenz zwischen realen Bedarfen und verfügbaren Lagerbeständen.

(b) Bestimmung der effektiven Bedarfe

	effektive Bedarfe in	
	t = 1	t = 2
Item 1 Item 2	Max {0;5-9} =0 Max {0;3-20}=0	Max {0;17-(9-5)} =13 Max {0;12-(20-3)}= 0
Summe	0	13

Die Verwendung effektiver Bedarfe führt allgemein bei der Disaggregation zu einer zulässigen Lösung, hat jedoch den Nachteil, daß relativ detaillierte Bedarfsprognosen zumindest für die erste Teilperiode des Planungszeitraums von Ebene I zu erstellen sind, da für jedes Einzelerzeugnis der genaue Bedarfswert benötigt wird. Ab der zweiten Teilperiode kann auf diese genaue Differenzierung verzichtet werden, weil für die diesbezüglichen Ergebnisse keine Disaggregation erfolgt.

Formale Darstellung: [28]

$$\sum_{t'=1}^{t} h_{it'} = \sum_{j \varepsilon T(i)} \sum_{k \varepsilon F(j)} \text{Max} \left\{ 0; \sum_{t'=1}^{t} h_{kt'} - L_k + S_k \right\}$$

$$(i = 1, \ldots, I)$$
$$(t = 1, \ldots, T)$$

wobei:

$F(j)$ Indexmenge aller Einzelerzeugnisse k, die zu Familie j zusammengefaßt sind,

$h_{it'}$ effektiver Bedarf an Erzeugnistyp i in der Teilperiode t',

$h_{kt'}$ Bedarf an Einzelerzeugnis k in Teilperiode t',

i Index zur Kennzeichnung der Erzeugnistypen $(i = 1, \ldots, I)$,

j Index zur Kennzeichnung der Erzeugnisfamilien $(j \ \varepsilon \ T(i))$,

k Index zur Kennzeichnung des Einzelerzeugnisses $(k \ \varepsilon \ F(j))$,

L_k Lageranfangsbestand des Einzelerzeugnisses k zu Beginn des Planungszeitraumes,

S_k Sicherheitsbestand des Einzelerzeugnisses k,

t Index zur Kennzeichnung der Teilperioden $(t = 1, \ldots, T)$,

t' Hilfsindex zur Kennzeichnung der Teilperioden $(t' = 1, \ldots, T)$,

---

[28] Hax beschreibt eine andere Vorgehensweise, die nicht zum korrekten Ergebnis führt, da der effektive Bedarf jeder Teilperiode durch das Aufsummieren der Nettobedarfe aller Einzelerzeugnisse innerhalb des Erzeugnistyps über alle vergangenen Teilperioden des Planungszeitraumes ermittelt wird. Dieser Nettobedarf bezüglich eines Einzelerzeugnisses ist jedoch nur für die Teilperioden korrekt, für die gilt, daß in der Vorperiode ein Nettobedarf von Null vorliegt.
Vgl. Hax (1977), S. 117.

>   T(i)   Indexmenge aller Erzeugnisfamilien j, die zu Typ
>   i zusammengefaßt sind.

Aus den aufgeführten Summen bezüglich der Teilperioden t
(t = 1,...,T) sind in einem zweiten Schritt retrograd die
effektiven Bedarfe der einzelnen Teilperioden zu ermitteln:

$$h_{it} = \sum_{t'=1}^{t} h_{it'} - \sum_{t'=1}^{t-1} h_{it'} \qquad\qquad (t = 1,...,T).$$

2.3. Voraussetzungen des Ansatzes [29]

(1) Die betrachtete Unternehmung fertigt mehrere Erzeugnisse,
    die saisonale Schwankungen der Nachfrage aufweisen.

(2) Unterstellt sei eine einteilige Erzeugnisstruktur (lineare Produktion [30]), bzw. eine einstufige Produktion.

(3) Es findet eine losweise Fertigung statt.

(4) Die Lieferbereitschaft soll stets erhalten bleiben. Somit
    ist jede Nachfrage zu befriedigen. Die Erlöse sind entsprechend nicht beeinflußbar (keine Fehlmengen zulässig).
    Daher stellt Kostenminimierung die Zielsetzung dar.

(5) Die Fertigungsstückkosten der Erzeugnisse sind von der
    gewählten Losgröße unabhängig.

(6) Restriktionen können im Produktionsbereich, im Absatzbereich und im Finanzierungsbereich vorliegen. An dieser
    Stelle sei schon darauf hingewiesen, daß Finanzierungsrestriktionen in den Grundmodellen nach Hax und dessen Mitarbeitern nicht berücksichtigt sind. Eine dementsprechende Erweiterung der Modelle bereitet jedoch keine
    Schwierigkeiten.

(7) Entscheidungen der übergeordneten Ebenen bilden Restriktionen für Entscheidungen der untergeordneten Ebenen.

---

[29] Vgl. Hax (1977), S. 107, S. 115 ff; Hax and Meal (1975),
     S. 55 ff; Zäpfel (1982), S. 312; Zäpfel und Gfrerer
     (1984), S. 237.

[30] Vgl. Kurbel (1978), S. 19.

(8) Können für die Produktion freigegebene Mengen erst in späteren Perioden zur Deckung der Bedarfe herangezogen werden, so ist dieser Zeitraum als Vorlaufzeit bzw. Durchlaufzeit L in die Planung aufzunehmen. Abbildung 2.09 deutet an, daß in der Periode 1 in die Produktion gegebene Mengen erst ab der Periode L+1 zur Deckung von Bedarfen und zum Aufbau der Lagerbestände zur Verfügung stehen. Die Deckung der Bedarfe in den ersten L Perioden erfolgt durch Lagerbestände oder durch Produktionsmengen, die auf den Produktionsplänen früherer Planungsläufe basieren.

(9) Die Durchführung eines Planungslaufes erfordert eine monatliche Prognose der Nachfragemengen der Erzeugnistypen für jede Teilperiode innerhalb des Planungshorizontes. Diese Nachfragemengen werden bei Bedarf mittels der exponentiell fortgeschriebenen Saisonkoeffizienten zu Nachfragemengen für Familien und Einzelerzeugnisse zerlegt.

2.4. Modellentwicklungen

2.4.1. Familien-Fabrik-Zuweisung (Ebene 0) [31]

Das im folgenden beschriebene, nichtlineare Modell ist für jede Erzeugnisfamilie im Jahresrhythmus durchzurechnen. Die Variablen des Ansatzes sind in den Formeln **fett** gedruckt [32].

---

[31] Vgl. Hax and Meal (1975), S. 58 ff.

[32] Diese Regelung soll auch in den folgenden Modellen beibehalten werden.

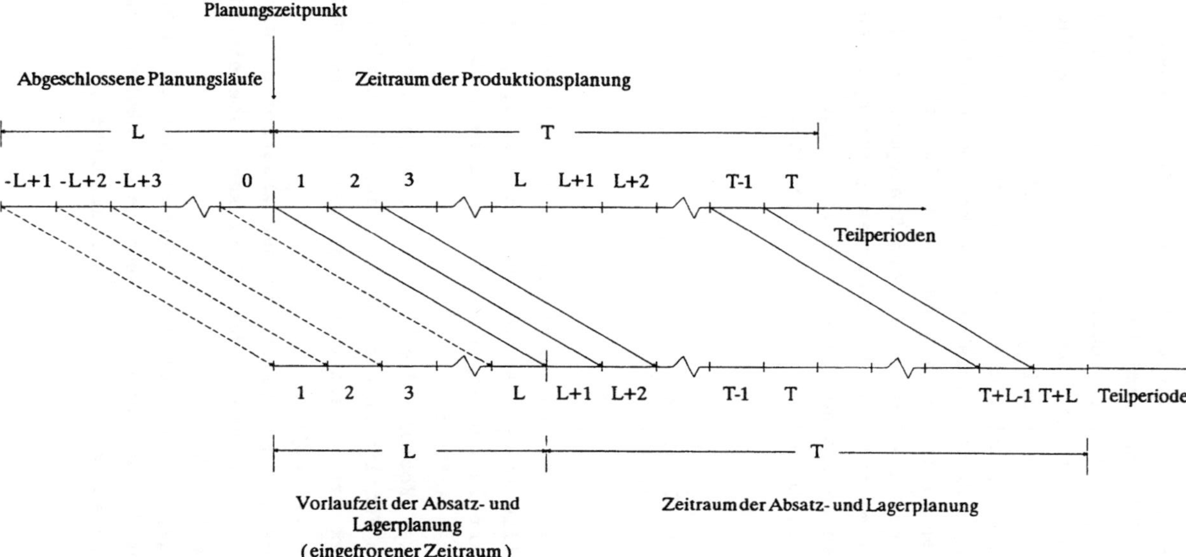

Abb. 2.09: Integration einer Vorlaufzeit L in die Planung

a) Zielfunktion

Da die Absatzmengen feststehen, sind die entscheidungsrelevanten Kosten zu minimieren. Dabei handelt es sich um die fixen und variablen Kosten, die entstehen, wenn in einer Fabrik
die betrachtete Erzeugnisfamilie aufgelegt wird, sowie die
Transportkosten vom Ort der Produktion m zu dem Ort n, an dem
der Bedarf aufgetreten ist. Sowohl der Index n als auch der
Index m kennzeichnen hierbei gleichlautend die Fabrikstandorte der Unternehmung und laufen beide dementsprechend bis M.
Wird unterstellt, daß die variablen Stückkosten der Fertigung
in allen Fabriken gleich hoch sind, so fallen als relevante
Stückkosten k_{mn} nur die Kosten für den Transport vom Produk-
tionsort (Fabrik m) zum Ort des Bedarfes (Fabrik n) an. Bei
unterschiedlichen Fertigungsstückkosten sind diese in den Kostensätzen k_{mn} zu berücksichtigen. Entsprechend lautet die
Zielfunktion:

$$\min \sum_{m=1}^{M} K_m \cdot z_m + \sum_{m=1}^{M} \sum_{n=1}^{M} k_{mn} \cdot z_m \cdot x_{mn}$$

wobei:

k_{mn} Stückkosten, die entstehen, wenn die betrachtete
        Familie in der Fabrik m produziert wird, um einen
        Bedarf zu decken, der im Einzugsbereich der Fa-
        brik n auftritt,

K_m (fixe) Kosten, die entstehen, wenn die betrach-
        tete Familie in der Fabrik m aufgelegt wird,

m   Index zur Kennzeichnung der Fabrikstandorte
        (m = 1,...,M),

n   Index zur Kennzeichnung der Absatzorte, die mit
        den Standorten der Fabriken übereinstimmen
        (n = 1,...,M),

x_{mn} Menge, die von der betrachteten Familie in Fabrik
        m produziert wird, um Bedarfe zu decken, die im
        Einzugsbereich der Fabrik n auftreten,

61

$$z_m = \begin{cases} 1, & \text{wenn in Fabrik m die betrachtete Familie} \\ & \text{produziert wird,} \\ 0, & \text{wenn in Fabrik m die betrachtete Familie} \\ & \text{nicht produziert wird.} \end{cases}$$

b) Nebenbedingungen

Werden, wie hier geschehen, ausreichende Kapazitäten unterstellt, wirkt nur die Nachfrage h_n restriktiv. Gemäß der Voraussetzung, daß keine Fehlmengen zulässig sind, steht in den folgenden Nebenbedingungen ein Gleichheitszeichen.

$$\sum_{m=1}^{M} z_m \cdot x_{mn} = h_n \qquad\qquad (n = 1,\ldots,M)$$

wobei:

$\qquad h_n \qquad$ Bedarf an der betrachteten Familie am Standort n.

Diese Restriktionen weisen ebenso wie die Zielfunktion unnötigerweise eine nichtlineare Form auf. Durch einige Umformungen ist dieser Mangel jedoch leicht zu beseitigen (Anhang 1).

Als weitere Nebenbedingungen sind zu beachten:

$$x_{mn} \geq 0 \qquad\qquad \begin{array}{l} (n = 1,\ldots,M) \\ (m = 1,\ldots,M) \end{array}$$

$$z_m \in \{0,1\} \qquad\qquad (m = 1,\ldots,M).$$

c) Zusammenfassende Modelldarstellung

$$\min \sum_{m=1}^{M} K_m \cdot z_m + \sum_{m=1}^{M} \sum_{n=1}^{M} k_{mn} \cdot z_m \cdot x_{mn}$$

u.d.N.

$$\sum_{m=1}^{M} z_m \cdot x_{mn} = h_n \qquad\qquad (n = 1,\ldots,M)$$

$$x_{mn} \geq 0 \qquad\qquad\qquad (m = 1,\ldots,M)$$
$$(n = 1,\ldots,M)$$

$$z_m \; \varepsilon \; \{0,1\} \qquad\qquad\qquad (m = 1,\ldots,M)$$

Der beschriebene Ansatz ist in einem zweiten Planungslauf um Kapazitätsrestriktionen zu erweitern, falls die Ergebnisse des ersten Planungslaufes kapazitätsmäßig nicht zulässig sind. Dies geschieht jedoch erst, wenn der erste Lauf für alle Erzeugnisfamilien abgeschlossen ist.

Die Berechnungen basieren auf Erzeugnisfamilien, da alle Erzeugnisse einer Familie produktionstechnisch und somit i.d.R. auch transporttechnisch identisch sind. Innerhalb eines Erzeugnistypes können produktionstechnisch unterschiedliche Einzelerzeugnisse auftreten, die nur ähnliche Muster des Nachfrageverhaltens und ähnliche Kosten pro Zeiteinheit aufweisen. Die einzelnen Erzeugnisvarianten einer Familie werden zusammen produziert, wobei es auf dieser Planungsebene entscheidungsirrelevant ist, welche speziellen Erzeugnisvarianten aufzulegen sind.

Aus der Lösung dieses Modells resultieren zwei Ergebnisse:

(1) Nimmt eine der Variablen z_m den Wert eins an, so bedeutet dies, daß die betrachtete Erzeugnisfamilie in der jeweiligen Fabrik m (m = 1,...,M) zur Produktion vorgesehen ist.

(2) Die Variablen x_{mn} geben an, welche Produktionsmengen der betrachteten Familie in den Fabriken m (m = 1,...,M) geplant sind, um die Nachfragen im Bereich der Fabriken n (n = 1,...,M) zu befriedigen. I.d.R. sollte der Großteil der Produktion für m = n erfolgen. Ist dem nicht so, muß langfristig die Standortwahl überdacht werden. Die Gesamtproduktionsmenge einer Erzeugnisfamilie j in Fabrik m ergibt sich gemäß:

$$\bar{x}_{jm} = \sum_{n=1}^{M} x_{mn} \qquad\qquad (j = 1,\ldots,J)$$
$$(m = 1,\ldots,M).$$

wobei:

$\bar{x}_{jm}$ Produktionsmenge der Erzeugnisfamilie j in Fabrik m.

Diese Mengenangaben wirken jedoch auf die nachfolgenden Ebenen nicht restriktiv. Dort beginnt ein völlig neuer Planungsansatz, der für jede Fabrik m isoliert eine kurzfristige operative Produktionsplanung über die Erzeugnisfamilien durchführt, welche auf Ebene 0 ein $z_m = 1$ aufweisen.

2.4.2. Produktionsplanung für Erzeugnistypen (Ebene I)

2.4.2.1. Modell von Bitran und Hax 1977 [33]

a) Zielfunktion

Als relevante Kosten erscheinen die Produktions- und Lagerkosten sowie die Kosten für Normalarbeitszeit und Überstunden. Die Produktionskosten enthalten keine Arbeitskosten.

$$\min \sum_{i=1}^{I} \sum_{t=1}^{T} (k_{Pit} \cdot x_{it} + k_{Lit} \cdot y_{it})$$

$$+ \sum_{t=1}^{T} (k_{Nt} \cdot n_t + k_{Ut} \cdot u_t)$$

wobei:

k_{Pit} Produktionsstückkosten für Typ i in Teilperiode t ohne Personalkosten,

k_{Lit} Lagerkosten pro Einheit des Erzeugnistypes i in Teilperiode t,

k_{Nt} Kosten pro ZE der Normalarbeitszeit,

k_{Ut} Kosten pro ZE der Mehrarbeitszeit (Überstunden),

n_t Normalarbeitszeit in Teilperiode t,

u_t Mehrarbeitszeit in Teilperiode t,

---

[33] Vgl. Bitran and Hax (1977), S. 30.

x_{it} Produktionsmenge von Typ i in Teilperiode t,

y_{it} Lagerendbestand von Typ i in Teilperiode t.

b) Nebenbedingungen

(1) Mengenkontinuitätsbedingungen

Eine der Voraussetzungen des Ansatzes nach Hax et al. besteht darin, die Nachfrage komplett zu befriedigen, was die folgenden Nebenbedingungen sicherstellen. Hierbei ist zu beachten, daß in der Periode t aufgelegte Produktionsmengen x_{it} der Typen erst nach Ablauf der Durchlaufzeit L in der Periode t+L zur Deckung des Bedarfes zur Verfügung stehen. Bei $h_{i(t+L)}$ handelt es sich um effektive Bedarfe in der Teilperiode t+L. Wie unter Gliederungspunkt 2.2. nachgewiesen wird, ist deren Bestimmung ziemlich umfangreich. Um hier Arbeit einzusparen, ist es vorteilhaft, nur für die erste absatzrelevante Teilperiode (L+1) effektive Bedarfe der Erzeugnistypen zu berechnen, da nur für diese eine Disaggregation auf Familien- und Einzelerzeugnisebene erfolgt. Für spätere Teilperioden reicht es aus Nettobedarfe anzusetzen. Die Mengenausgleichsrestriktionen weisen somit folgende Form auf:

$$x_{it} + y_{i(t+L-1)} - y_{i(t+L)} = h_{i(t+L)} \qquad \begin{array}{l}(i = 1,\ldots,I) \\ (t = 1,\ldots,T)\end{array}$$

wobei:

h_{it} effektiver Bedarf an Erzeugnistyp i in der Teilperiode t.

(2) Zeitausgleichsrestriktionen

Die für die Fertigung aller Produkte benötigte Zeit darf in keiner Teilperiode die Normalarbeitszeit zuzüglich der Mehrarbeitszeit überschreiten, so daß gilt:

$$\sum_{i=1}^{I} m_i \cdot x_{it} \leq n_t + u_t \qquad (t = 1,\ldots,T)$$

wobei:

m_i Vorgabezeit (reziproker Wert der Produktionsrate) [ZE/ME].

(3) Zeitrestriktionen

Sowohl Normalarbeitszeit als auch Mehrarbeitszeit dürfen, wie unter (31) und (32) aufgeführt, eine vorgegebene Stundenzahl pro Periode nicht überschreiten. Gründe hierfür sind z.B. in tariflichen Regelungen zu sehen oder in natürlichen Begrenzungen, da pro Tag maximal 24 Stunden zur Disposition stehen.

$$(31) \quad n_t \leq N_t$$

$$(32) \quad u_t \leq U_t \qquad\qquad\qquad \text{jeweils} \quad (t = 1, \ldots, T)$$

N_t bzw. U_t geben die maximal verfügbare produktive Normalarbeitszeit bzw. Mehrarbeitszeit an. Unter der produktiven Arbeitszeit ist die gesamte verfügbare Zeit abzüglich der nicht produktiven Zeit, also insbesondere der Rüstzeiten, zu verstehen. Werden diese nicht abgezogen, so bleiben u.U. keine Kapazitäten für Rüstprozesse mehr frei, das gefundene Produktionsprogramm ist unzulässig. Dieser Tatsache wird in der Literatur keine Rechnung getragen. Die Anzahl der Rüstprozesse und somit auch die benötigten Rüstzeiten erscheinen erst auf der Ebene II als Entscheidungsvariablen und sind hier dementsprechend noch nicht festgelegt. Daher können auf Ebene I nur Schätzwerte für die benötigten Rüstzeiten zur Anwendung kommen.

(4) Lageranfangsbestände

Die Lagerendbestände in t = L entsprechen den Sicherheitsbeständen, da eventuell darüber hinaus bestehende Bestände bei der Ermittlung der effektiven Bedarfe Berücksichtigung finden. Dies bedeutet:

$$y_{iL} = S_i \qquad\qquad\qquad (i = 1, \ldots, I)$$

wobei:

S_i Sicherheitsbestand des Erzeugnistyps i.

Theoretisch denkbar ist der Fall, daß die Lageranfangsbestände in der Teilperiode 1 höher sind als die Summe der Bedarfe im gesamten Planungszeitraum. Doch dürfte dieser Fall
rein hypothetischer Natur sein und in der praktischen Anwendung bei sinnvoller Lagerwirtschaft nicht vorkommen.

(5) Nichtnegativitätsbedingungen

In Abweichung zum Ansatz von Bitran und Hax läuft hier für
y_{it} der Index t von 1 bis T+L (bei Bitran und Hax nur bis T).
Die Nichtnegativitätsbedingungen sind:

(51) $\mathbf{x_{it}} \geq 0$ $(i = 1,\ldots,I)$
                                                        $(t = 1,\ldots,T)$

(52) $\mathbf{y_{it}} \geq 0$ $(i = 1,\ldots,I)$
                                                        $(t = 1,\ldots,T+L)$

(53) $\mathbf{n_t},\ \mathbf{u_t} \geq 0$ $(t = 1,\ldots,T)$

(6) Lagerrestriktionen

Auf der Ebene II erscheinen Lagerhöchstmengen und Sicherheitsbestände (Vgl. Gliederungspunkt 2.4.3.). Daher ist es
sinnvoll, diese auch auf Ebene I zu berücksichtigen. Somit
ergeben sich folgende Nebenbedingungen:

(61) $\mathbf{y_{it}} \geq S_i$ $(i = 1,\ldots,I)$
                                                        $(t = 1,\ldots,T+L)$

(62) $\mathbf{y_{it}} \leq H_i$ $(i = 1,\ldots,I)$
                                                        $(t = 1,\ldots,T+L).$

wobei:

H_i Lagerhöchstbestand des Erzeugnistyps i.

S_i und H_i entsprechen den Sicherheitsbeständen S_k und den Höchstbeständen H_k summiert über alle Einzelerzeugnisse k, die zu Typ i gehören.

c) Zusammenfassende Modelldarstellung

$$\min \sum_{i=1}^{I} \sum_{t=1}^{T} (k_{Pit} \cdot x_{it} + k_{Lit} \cdot y_{it})$$

$$+ \sum_{t=1}^{T} (k_{Nt} \cdot n_t + k_{Ut} \cdot u_t)$$

u.d.N.

$$x_{it} + y_{i(t+L-1)} - y_{i(t+L)} = h_{i(t+L)} \qquad \begin{array}{l}(i = 1,\ldots,I)\\(t = 1,\ldots,T)\end{array}$$

$$\sum_{i=1}^{I} m_i \cdot x_{it} \leq n_t + u_t \qquad (t = 1,\ldots,T)$$

$$y_{it} \geq S_i \qquad \begin{array}{l}(i = 1,\ldots,I)\\(t = 1,\ldots,T+L)\end{array}$$

$$y_{it} \leq H_i \qquad \begin{array}{l}(i = 1,\ldots,I)\\(t = 1,\ldots,T+L)\end{array}$$

$$n_t \leq N_t \qquad (t = 1,\ldots,T)$$

$$u_t \leq U_t \qquad (t = 1,\ldots,T)$$

$$x_{it} \geq 0 \qquad \begin{array}{l}(i = 1,\ldots,I)\\(t = 1,\ldots,T)\end{array}$$

$$y_{it} \geq 0 \qquad \begin{array}{l}(i = 1,\ldots,I)\\(t = 1,\ldots,T+L)\end{array}$$

$$n_t, u_t \geq 0 \qquad (t = 1,\ldots,T)$$

Die Variablen x_{it} geben an, für welche Mengen von Erzeugnistyp i in der Periode t Kapazitätsreservierungen vorgenommen
werden. Die y_{it} lösen die entsprechenden Reservierungen im
Lagerbereich aus. Die benötigte Normalarbeitszeit in Periode
t entspricht dem Wert von n_t, die einzusetzende Mehrarbeitszeit dem von u_t. Da alle Einzelerzeugnisse innerhalb des Typs
ähnliche Produktionsraten aufweisen, werden durch eine Disaggregation diese Zeiten nicht mehr wesentlich verändert.

Diese Produktions- und Lagermengen sind in den Ebenen II und
III auf Erzeugnisfamilien und Einzelerzeugnisse zu verteilen,
wobei allerdings nur die Produktionsmengen der Erzeugnistypen
restriktiv wirken.

2.4.2.2. Modell von Hax und Meal 1975 [34)]

Dieses Modell stellt eine Vereinfachung des Modells nach
Bitran und Hax dar, weshalb hier ausnahmsweise die Erläuterung des älteren nach der des neueren Modells erfolgt.

a) Zielfunktion

Sind für den gesamten Planungszeitraum die Produktionskosten
konstant, keine Fehlmengen erlaubt und die Kosten der Normalarbeitszeit nicht veränderlich, so kann die Zielfunktion auf
die beiden Komponenten Kosten der Mehrarbeitszeit und Lagerkosten gekürzt werden, da die Kosten für Normalarbeitszeit
und die Kosten der Fertigung (ohne Arbeitskosten) nach Aussage von Hax und Golovin nicht beeinflußbar und somit entscheidungsirrelevant sind [35)]. Unter diesen Voraussetzungen
wird es möglich, die Mehrarbeitszeiten u_{it} (und die Normalarbeitszeiten n_{it}) direkt den entsprechenden Erzeugnistypen i
zuzuordnen, so daß die Zielfunktion folgende Form aufweist:

[34)] Vgl. Hax and Meal (1975), S. 60 f.

[35)] Vgl. Hax and Golovin (1978), S. 405.

$$\min \sum_{i=1}^{I} \sum_{t=1}^{T} k_{Uit} \cdot u_{it} + \sum_{i=1}^{I} \sum_{t=1}^{T} k_{Lit} \cdot y_{it}$$

wobei:

k_{Uit} Personalkosten pro Zeiteinheit der Mehrarbeitszeit in Teilperiode t, wenn Erzeugnistyp i produziert wird,

u_{it} Mehrarbeitszeit in Teilperiode t um Erzeugnistyp i zu produzieren.

Die beschriebene Zielfunktion nach Hax und Meal umfaßt die gesamten Kosten der Mehrarbeitszeit. Ihr liegt der Fehler zugrunde, daß angenommen wird, die einzusetzende Normalarbeitszeit der jeweiligen Teilperioden sei vorab als konstante Größe gegeben. Dem ist jedoch im allgemeinen nicht so. Es kann im Modell durchaus der Fall auftreten, daß in einer Teilperiode die Normalarbeitszeit nicht voll ausgeschöpft wird und in einer späteren, kapazitativ überlasteten Teilperiode Überstunden erforderlich sind, wenn diese Lösung geringere Kosten aufweist als eine Produktion in der nicht ausgelasteten Teilperiode mit entsprechend langer Lagerung. Daher ist eine zweite Möglichkeit vorzuziehen, die darin besteht, nur die Kosten der Mehrarbeitszeit anzusetzen, welche über die Kosten der Normalarbeitszeit hinausgehen. Die Kosten in der Normalarbeitszeit k_{Ni} bilden multipliziert mit der Vorgabezeit m_i bezüglich des betrachteten Erzeugnistypes für die Produktion einer Mengeneinheit des Erzeugnistypes die Kostenuntergrenze. Ist die Kapazität der Fertigung in einer Teilperiode ausgeschöpft, ohne daß der Bedarf dieser Teilperiode gedeckt ist, so bestehen zwei Alternativen: der Bedarf kann durch Einsatz von Mehrarbeitszeit gedeckt werden, wodurch Mehrkosten in Höhe von $k_{Ui} - k_{Ni}$ für jede zusätzliche Einheit der Mehrarbeitszeit entstehen, oder der Bedarf kann durch die Produktion in früheren, kapazitätsmäßig nicht ausgelasteten Teilperioden gedeckt werden, was jedoch eine entsprechend lange Lagerung dieser Produkte erfordert, wodurch zusätzlich zu den Produktionskosten Lagerstückkosten in Höhe von k_{Lit} pro Teilperiode anfallen. Die genaue Herleitung der reduzierten Zielfunktion ist im Anhang 2 dargestellt. Die Zielfunktion lautet dann:

$$\min \sum_{i=1}^{I} \sum_{t=1}^{T} (k_{Ui} - k_{Ni}) \cdot u_{it} + \sum_{i=1}^{I} \sum_{t=1}^{T} k_{Lit} \cdot y_{it}$$

wobei:

k_{Ni} Personalkosten pro Zeiteinheit der Normalarbeitszeit, wenn Erzeugnistyp i produziert wird,

k_{Ui} Personalkosten pro Zeiteinheit der Mehrarbeitszeit, wenn Erzeugnistyp i produziert wird.

Der Index i an den Koeffizienten k_{Ui} taucht nur bei Hax und Meal auf, die sogar noch einen Index t berücksichtigen: k_{Uit}. Da die Kosten der Normalarbeitszeit im Planungszeitraum konstant sind und die Kosten der Mehrarbeitszeit i.d.R. aus einem prozentualen Zuschlag zu den Kosten der Normalarbeitszeit resultieren, ist die Indizierung mit t inkonsequent.[36]

Die Indizierung der Variablen u_{it} mit i ist notwendig, wenn keine Variablen für die Produktionsmengen mitgeführt werden. Sollen diese explizit erscheinen, ist das Modell leicht in eine entsprechende Form transformierbar. Hierdurch ändert sich weder der Modellumfang noch die optimale Lösung.

b) Nebenbedingungen

(1) Mengenkontinuitätsbedingungen

Der jeweils erste Summand der im folgenden dargestellten Mengenkontinuitätsbedingungen gibt die Produktionsmenge des Erzeugnistyps an. Ansonsten gelten die gleichen Aussagen wie bezüglich der entsprechenden Nebenbedingungen im Modell von Bitran und Hax. Von einer Vorlaufzeit wird abgesehen, so daß die gefertigten Produkte sofort zu Verfügung stehen.

---

[36] Vgl. Hax and Golovin (1978), S. 405; Hax and Meal (1975), S. 61.

$$r_i \cdot (n_{it} + u_{it}) + Y_{i(t-1)} - Y_{it} = h_{it} \qquad \begin{matrix}(i = 1,\ldots,I)\\(t = 1,\ldots,T)\end{matrix}$$

wobei:

n_{it} Normalarbeitszeit in Teilperiode t um Erzeugnistyp i zu produzieren,

r_i Produktionsrate des Types i [ME/ZE].

(2) Lagerrestriktionen

Bei den hier aufgeführten Lagerrestriktionen handelt es sich um Nebenbedingungen, die sicherstellen, daß ein vorgegebener Sicherheitsbestand S_{it} nicht unterschritten wird. Im Modell von Bitran und Hax fehlen diese Nebenbedingungen (vgl. Gliederungspunkt 2.4.2.1.).

$$Y_{it} \geq S_{it} \qquad \begin{matrix}(i = 1,\ldots,I)\\(t = 1,\ldots,T)\end{matrix}$$

wobei:

S_{it} Sicherheitsbestand des Erzeugnistyps i in Teilperiode t.

Auch in diesem Ansatz ist es sinnvoll, wie im Ansatz von Bitran und Hax, zusätzlich die Lagerhöchstmengen als restriktive Komponenten zu integrieren.

(3) Zeitrestriktionen

Über alle Erzeugnistypen summiert dürfen die Reservierungen für Normalarbeitszeit und Mehrarbeitszeit vorgegebene Schranken in keiner Periode überschreiten, wobei nur die produktiven Zeiten zu berücksichtigen sind. Es gilt:

$$(31) \qquad \sum_{i=1}^{I} n_{it} \leq N_t$$

$$(32) \qquad \sum_{i=1}^{I} u_{it} \leq U_t \qquad \text{jeweils} \quad \begin{matrix}(i = 1,\ldots,I)\\(t = 1,\ldots,T).\end{matrix}$$

(4) Lageranfangsbestände

Die Lageranfangsbestände entsprechen analog zum Ansatz von
Bitran und Hax den Sicherheitsbeständen:

$$Y_{i0} = S_{i0} \qquad\qquad (i = 1, \ldots, I).$$

(5) Nichtnegativitätsbedingungen

$$(51) \quad n_{it} \geq 0$$

$$(52) \quad u_{it} \geq 0 \qquad\qquad \text{jeweils } \begin{array}{l}(i = 1, \ldots, I) \\ (t = 1, \ldots, T)\end{array}$$

c) Zusammenfassende Modelldarstellung

$$\min \sum_{i=1}^{I} \sum_{t=1}^{T} k_{Uit} \cdot u_{it} + \sum_{i=1}^{I} \sum_{t=1}^{T} k_{Lit} \cdot Y_{it}$$

u.d.N.

$$r_i \cdot (n_{it} + u_{it}) + Y_{i(t-1)} - Y_{it} = h_{it} \qquad \begin{array}{l}(i = 1, \ldots, I) \\ (t = 1, \ldots, T)\end{array}$$

$$Y_{it} \geq S_{it} \qquad \begin{array}{l}(i = 1, \ldots, I) \\ (t = 1, \ldots, T)\end{array}$$

$$\sum_{i=1}^{I} n_{it} \leq N_t \qquad \begin{array}{l}(i = 1, \ldots, I) \\ (t = 1, \ldots, T)\end{array}$$

$$\sum_{i=1}^{I} u_{it} \leq U_t \qquad \begin{array}{l}(i = 1, \ldots, I) \\ (t = 1, \ldots, T)\end{array}$$

$$n_{it} \geq 0 \qquad \begin{array}{l}(i = 1, \ldots, I) \\ (t = 1, \ldots, T)\end{array}$$

$$u_{it} \geq 0 \qquad \begin{array}{l}(i = 1, \ldots, I) \\ (t = 1, \ldots, T)\end{array}$$

Auch in diesem Ansatz sind die Lagermengen pro Erzeugnistyp und Teilperiode durch die Variablen y_{it} bestimmt. Die Lagermengen werden in den folgenden Ebenen II und III nicht mehr explizit betrachtet. Die Lagerkosten stehen unabhängig von der Disaggregation fest, da alle Items eines Types gleiche Lagerkosten pro Einheit der Produktionszeit aufweisen.

Die Ermittlung von Normalarbeitszeit und Mehrarbeitszeit erfolgt bei Hax und Meal differenziert nach Erzeugnistypen. Erst eine Umrechnung ergibt die Produktionsmengen x_{it}, die als Vorgabewerte in die nachfolgenden Planungsschritte eingehen:

$$x_{it} = r_i \cdot (n_{it} + u_{it}) \qquad\qquad \begin{array}{l} (i = 1,\ldots,I) \\ (t = 1). \end{array}$$

Die Produktionsraten r_i sind als im Zeitablauf konstant unterstellt.

2.4.2.3. Ergebnisse der Ebene I

Beide Modellvarianten auf Ebene I bewirken für die betrachtete Fabrik die Festlegung optimaler Produktions- und Lagermengen der Erzeugnistypen sowie der im Produktionsbereich einzusetzenden Normal- und Mehrarbeitszeiten. Anhand dieser Ergebnisse sind Kapazitäten im Produktions- und Lagerbereich zu reservieren. Die Aufgabe der folgenden Hierarchiestufen der Planung besteht darin, die Produktionsmengen der Erzeugnistypen und die damit verbundenen Kapazitätsreservierungen auf Erzeugnisfamilien und Einzelerzeugnisse zu verteilen. Diese Disaggregation erfolgt anhand der Produktionsmengen. Die Lagerbestandsveränderungen ergeben sich jeweils als Differenz aus Absatzmengen und Produktionsmengen der disaggregierten Erzeugnisfamilien und Einzelerzeugnisse. Die auf Ebene I festgelegten Kapazitätsbedarfe sowie die auf Ebene I betrachteten Kosten werden durch die Disaggregation nicht mehr verändert.

2.4.3. Disaggregation zu Erzeugnisfamilien (Ebene II)

2.4.3.1. Modell von Hax und Meal 1975 [37]

Die Zielsetzung dieses heuristischen Ansatzes stellt die Minimierung der Rüstkosten der Familien des betrachteten Types
dar, indem die optimalen bzw., wenn dies nicht möglich ist,
die maximalen Losgrößen bestimmt werden. Das Modell ist für
alle Erzeugnistypen durchzurechnen, deren Auflegung in der
ersten Teilperiode geplant ist, d.h., die in der optimalen
Lösung des Entscheidungsmodells der Ebene I ein $x_{i(t=1)} > 0$
aufweisen.

a) Auswahl der Erzeugnisfamilien

Im ersten Schritt erfolgt die Bestimmung der Erzeugnisfamilien eines Erzeugnistypes, die zwingend aufzulegen sind, also
aller Familien des betrachteten Erzeugnistyps, bezüglich de-
rer vor Ablauf der betrachteten Periode der Bedarf nicht mehr
gedeckt werden kann. Die Menge der aufzulegenden Erzeugnisfamilien ist gegeben durch:

$$T_a(i) = \{ \ j \ | \ \underset{k\varepsilon F(j)}{Min} \ [(L_k - S_k) \ / \ h_k] < 1 \ \}$$

wobei:

    h_k prognostizierter Bedarf an Einzelerzeugnis k.

Hax et al. bezeichnen den Wert $(L_k - S_k)/h_k$ als Run Out Time
(ROT) des Einzelerzeugnisses k.

b) Losgrößenbestimmung

Im zweiten Schritt wird ohne Beachtung von Kapazitäten eine
vorläufige Losgröße bestimmt. Es handelt sich entweder um die
(kosten-)optimale oder die maximale Losgröße:

---

[37] Vgl. Hax and Golovin (1978), S. 410 ff; Hax and Meal
(1975), S. 62 ff.

$$x_j^V = \sum_{k \varepsilon F(j)} \text{Min } \{ x_k^* , (H_k - L_k) \} \qquad\qquad (j \ \varepsilon \ T_a(i))$$

wobei:

H_k Lagerhöchstmenge des Erzeugnisses k,

x_j^V vorläufige Losgröße der Familie j,

x_k^* Basislosgröße (optimale Losgröße) des Einzelerzeugnisses k.

c) Losgrößenanpassung falls $\sum_{j \varepsilon T_a(i)} x_j^V < \bar{x}_i$

Falls die Summe aller vorläufigen Produktionsmengen der Familien eines Types kleiner ist als der Vorgabewert aus Ebene I,
erfordert dies eine Erhöhung der Losgrößen. Eine Erhöhung ist
nur für die Familien möglich, deren Einzelerzeugnisse nicht
alle mit der maximalen Losgröße aufgelegt werden sollten. Die
im folgenden aufgeführten x_j geben die endgültigen Losgrößen
der Erzeugnisfamilien j (j ε $T_a(i)$) an.

$$x_j = \text{Min} \left[\sum_{k \varepsilon F(j)} (H_k - L_k); \ x_j^V + [\bar{x}_i - \sum_{j \varepsilon T_a(i)} x_j^V] \right.$$

$$\left. \cdot \ \frac{\sum_{k \varepsilon F(j)} (H_k - L_k)}{\sum_{j \varepsilon T_a(i)} \sum_{k \varepsilon F(j)} (H_k - L_k)} \right] \qquad\qquad (j \ \varepsilon \ T_a(i))$$

wobei:

$\bar{x}_i$ vorgegebene Produktionsmenge des Erzeugnistyps i
(Ergebnis der Planungsebene I).

Die Losgrößenanpassung ist eventuell mehrmals zu wiederholen.
Werden bereits alle Familien mit ihrer maximalen Losgröße
aufgelegt, sind weitere, zu diesem Typ gehörende Familien in
$T_a(i)$ aufzunehmen, auch wenn die Bedarfe an Einzelerzeugnis-

sen dieser Familien in der betrachteten Periode durch Lagerbestände gedeckt sind. Dann müssen Losgrößenbestimmung und
Losgrößenanpassung von neuem durchgeführt werden.[38]

d) Losgrößenanpassung falls $\sum_{j \varepsilon T_a(i)} x_j^v > \bar{x}_i$

Ist die Summe der vorläufigen Losgrößen zu hoch, erfordert
dies eine Reduzierung der Losgrößen aller aufzulegenden Familien des betrachteten Types, so daß gilt:

$$x_j = \bar{x}_i \cdot \frac{x_j^v}{\sum_{j \varepsilon T_a(i)} x_j^v} \qquad (j \ \varepsilon \ T_a(i)).$$

Es ist darauf zu achten, daß die reduzierten Losgrößen nicht
unter eventuell zu beachtende Mindestlosgrößen absinken, die
aus technischen Vorgaben resultieren können.

2.4.3.2. Rucksackmodell 1977 [39]

Das von Bitran und Hax als Rucksackmodell bezeichnete Modell
ist für jeden Erzeugnistyp durchzurechnen, der auf Ebene I
ein $x_{i(t=1)} > 0$ aufweist. Der Planungszeitraum umfaßt die erste Teilperiode des Planungszeitraumes der Ebene I.

a) Auswahl der Erzeugnisfamilien

Die im folgenden dargestellte Auswahl der aufzulegenden Erzeugnisfamilien eines Erzeugnistypes nach Bitran und Hax
stellt eine Vereinfachung der Vorgehensweise von Hax und Meal
dar.

---

[38] Vgl. Hax and Meal (1975), S. 64.

[39] Vgl. Bitran and Hax (1977), S. 33 f.

$$T_a(i) = \{ \; j \; | \; ROT_j = \frac{L_j - S_j}{\sum\limits_{t=1}^{L+1} h_{jt}} < 1 \; \}$$

wobei:

h_{jt} prognostizierter Bedarf an Familie j in Teilperiode t,

L_j Lageranfangsbestand der Erzeugnisfamilie j zu Beginn des Planungszeitraumes,

ROT_j Run Out Time der Erzeugnisfamilie j,

S_j Sicherheitsbestand der Erzeugnisfamilie j.

Da nicht bis auf die Ebene der Einzelerzeugnisse disaggregiert wird, können Fehler entstehen, wenn zwar die ROT der Familie größer oder gleich eins, aber die ROT einzelner Items innerhalb dieser Familie kleiner eins sind. Somit ist die Formel nach Hax und Meal aus 2.4.3.1. auch in diesem Ansatz vorzuziehen.[40]

Eine besondere Problematik ergibt sich bezüglich der Lageranfangsbestände L_j. Im Laufe der Vorlaufzeit, die sich über die Teilperiode 1 bis L erstreckt, kommt es zu Lagerzugängen aufgrund von Produktionsmengen, die in früheren Planungsläufen für die Teilperioden -L bis 0 festgelegt wurden und nun in den Teilperioden 1 bis L zur Deckung von Bedarfen zur Verfügung stehen. Diese Produktionsmengen zuzüglich der realen Lagerbestände zu Beginn der Teilperiode 1 bilden den rechnerischen Wert des Lageranfangsbestandes L_j zur Bestimmung der Run Out Time der Erzeugnisfamilien. Hierbei handelt es sich um fiktive Werte, die lediglich angeben, welche Mengen der einzelnen Erzeugnisfamilien in den Teilperioden 1 bis L zur Deckung der Bedarfe zur Verfügung stehen. Über die zeitliche Verfügbarkeit innerhalb dieses Zeitraumes wird keine Aussage getroffen. Erschwerend wirkt bei der Bestimmung der L_j, daß eventuell in den früheren Planungsläufen Produktionsmengen festgelegt wurden, die zur Deckung von Bedarfen bestimmt waren, die erst in der aktuellen Planungsperiode (L+1) oder

---

[40] Vgl. Hax and Golovin (1978), S. 415.

später auftreten (Lagerproduktion). Die Mengen, die zur Deckung eines Bedarfes in der Teilperiode L+1 geplant waren, sind in den Werten der L_j aufzunehmen. Die Mengen zur Deckung von Bedarfe späterer Teilperioden (ab Teilperiode L+2) sind aus den Werten der L_j zu eliminieren.

b) Zielfunktion

$$\min \sum_{j \varepsilon T_a(i)} \frac{k_{Rj} \cdot h_j^?}{x_j}$$

wobei:

$\quad k_{Rj}$ Kosten eines Rüstvorganges für Familie j.

Die Zielfunktion minimiert die Rüstkosten in Abhängigkeit von der Familienlosgröße x_j. Hierbei treten einige Probleme auf. Hax et al. definieren nicht genau, was sie unter dem angesetzten Bedarf $h_j^?$ verstehen. Sie schreiben, daß es sich um einen Prognosewert des Bedarfes handelt, normalerweise berechnet für ein Jahr. Dies entspricht nicht dem effektiven Bedarf. Somit werden Rüstkosten für Teile berechnet, die fertiggestellt auf Lager liegen. Genauer ist es, die effektiven Bedarfe an Erzeugnisfamilie j aufsummiert über alle Perioden (t = L+1,...,T+L) als $h_j^?$ zu wählen:

$$h_j^? := h_j = \sum_{t=L+1}^{T+L} h_{jt} \qquad\qquad (j \; \varepsilon \; T_a(i)).$$

Das Problem dieser Berechnung besteht darin, daß sie auf disaggregierten Prognosewerten der Itemebene zur Berechnung der effektiven Bedarfe basiert. Dies erfordert bei hohen Lagerbeständen die Prognose detaillierter Daten, unter Umständen für mehrere Teilperioden. Allerdings ist gerade in diesem Fall der Fehler besonders schwerwiegend, wenn nicht die effektiven Bedarfe sondern die Gesamtbedarfe Verwendung finden. Als Kompromiß können Nettobedarfe angesetzt werden, die sich auf Erzeugnisfamilien beziehen. Da die Produktionsmengen der Familien durch Ober- und Untergrenzen eingeschränkt sind (vgl.

Nebenbedingungen) dürften daraus keine signifikanten Fehler erwachsen:

$$h_j^? = \sum_{t=1}^{T+L} h_{jt} - L_j + S_j \qquad\qquad \begin{array}{l}(t = 1,\ldots,T+L) \\ (j \in T_a(i)).\end{array}$$

Als zweiter Kritikpunkt ist herauszustellen, daß mittels der Zielfunktion unter Beachtung der Nebenbedingungen eine Minimierung der Rüstkosten für den gesamten Planungszeitraum (bis T+L) erfolgt. Hierbei ist unterstellt, daß eine für die erste Teilperiode bestimmte Losgröße auch im folgenden stets optimal bleibt. Unter Umständen kann jedoch in einer späteren Teilperiode eine andere Losgröße zu einem besseren Ergebnis führen, wenn sich die Bedarfe ab dieser Periode verändern. Insbesondere bei starken Schwankungen der saisonalen Nachfrage ist es ratsam, in der Hochsaison zur Deckung der aktuellen Bedarfe größere Losgrößen aufzulegen. Somit kommen auf dieser Ebene unrealistische Rüstkosten zum Ansatz. Um diesen Kritikpunkt zu vermeiden, empfehlen Hax und Candea, die Bedarfe an den Familien aufsummiert über die Run Out Time des übergeordneten Types zu verwenden [41].

c) Nebenbedingungen

(1) Abstimmung mit Ebene I

Die folgenden Kapazitätsrestriktion stellt die Einhaltung der Vorgaben aus Ebene I sicher.

$$\sum_{j \in T_a(i)} x_j \overset{(\leq)}{=} \bar{x}_i$$

Genaugenommen ist das Gleichheitszeichen anzusetzen. Bitran und Hax behaupten jedoch, daß sich die optimale Lösung nicht ändert, wenn "≤" steht.[42]

---

[41] Vgl. Hax and Candea (1984), S. 419.

[42] Vgl. Bitran and Hax (1977), S. 34.

(2) Zulässigkeitsbereiche

$$x_{Minj} \leq x_j \leq x_{Maxj}$$

$$\text{mit } x_{Minj} = \text{Max } \{ 0; h_{j1} + h_{j2} + \ldots + h_{j(L+1)} - L_j + S_j \}$$

$$x_{Maxj} = H_j - L_j \qquad\qquad \text{jeweils } (j \, \varepsilon \, T_a(i))$$

Die unteren Grenzen der Losgrößen entsprechen den Bedarfen in den Teilperioden 1 bis L+1 abzüglich der verfügbaren Lagerbestände. Da eine Vorlaufzeit zu berücksichtigen ist, umfassen die Parameter L_j die Lageranfangsbestände der Teilperiode 1 zuzüglich der zur Deckung von Bedarfen der Teilperioden 1 bis L+1 erwarteten Lagerzugänge während der Teilperioden 1 bis L. Weiterhin ist anzumerken, daß die Bedarfe nicht die effektiven Nachfragen darstellen, da keine Disaggregation bis auf die Einzelerzeugnisebene erfolgt. Für $j \, \varepsilon \, T_a(i)$ nimmt x_{Minj} stets einen positiven Wert an, wenn $T_a(i)$ nur solche Familien enthält, deren ROT kleiner als eins sind. Da jedoch zur Bestimmung der Familien-ROT bereits auf effektive Bedarfe zurückgegriffen wird, erscheint es auch in dieser Restriktion sinnvoll, zur Ermittlung der Mindestproduktionsmengen die effektiven Bedarfe der Teilperiode L+1 (hj) heranzuziehen. Die entsprechenden Bedingungen lauten dann:

$$x_{Minj} = h_j \qquad\qquad (j \, \varepsilon \, T_a(i)).$$

Die jeweilige obere Grenze ergibt sich durch die Aufnahmefähigkeit des Lagers. Dabei wird unterstellt, daß die gesamte Produktionsmenge geschlossen am Lagerort eintrifft und somit die Lagermenge gleich der Produktionsmenge ist. Eine realistischere Annahme besteht darin, zu unterstellen, daß einerseits aus dem Produktionsbereich Fertigprodukte eingelagert werden, andererseits zur gleichen Zeit aus dem Lager Bestände entnommen werden, um Nachfragen zu decken. Der maximale Lagerbestand wird für jede Erzeugnisfamilie in der ersten Teilperiode erreicht, da nur in dieser Teilperiode eine Produktion vorgesehen ist. Er entspricht:

$$Y_{Maxj} = x_{Maxj} - \frac{x_{Maxj}}{r_i} \cdot \frac{h_{j(L+1)}}{TL} \qquad\qquad (j \ \varepsilon \ T_a(i)).$$

wobei:

  TL Teilperiodenlänge [ZE],

  Y_{Maxj} maximaler Lagerendbestand der Erzeugnisfamilie j

    in der Teilperiode 1.

In diesen Gleichungen beschreibt x_{Maxj}/r_i die Taktzeit, mit der - nach Ablauf der Durchlaufzeit L, bei der Produktion des Loses der Größe x_{Maxj} - die Erzeugnisse fertiggestellt werden. $h_{j(L+1)}/TL$ entspricht der Absatzrate [ME/ZE], wenn eine konstante Absatzgeschwindigkeit innerhalb der Teilperiode L+1 vorliegt. Somit gilt für die maximalen Losgrößen der Erzeugnisfamilien:

$$Y_{Maxj} = x_{Maxj} - \frac{x_{Maxj}}{r_i} \cdot \frac{h_{j(L+1)}}{TL} = H_j - L_j \text{ bzw.}$$

$$x_{Maxj} = (1 - \frac{h_{j(L+1)}}{r_i \cdot TL})^{-1} \cdot (H_j - L_j) \qquad\qquad (j \ \varepsilon \ T_a(i)).$$

d) Zusammenfassende Modelldarstellung

$$\min \sum_{j \varepsilon T_a(i)} \frac{k_{Rj} \cdot h_j^?}{x_j}$$

u.d.N.

$$\sum_{j \varepsilon T_a(i)} x_j \overset{(<)}{=} \bar{x}_i$$

$$x_{Minj} \le x_j \le x_{Maxj} \qquad\qquad (j \ \varepsilon \ T_a(i))$$

$$\text{mit } x_{Minj} = \text{Max } \{ \ 0; \ h_{j1} + h_{j2} + \ldots + h_{j(L+1)} - L_j + S_j \ \}$$

82

$$x_{\text{Max}j} = H_j - L_j \qquad\qquad \text{jeweils} \quad (j \; \varepsilon \; T_a(i))$$

e) Lösbarkeit des Modells

Bei dem Ansatz handelt es sich um ein konvexes Rucksackmodell, für welches Bitran und Hax einen Lösungsalgorithmus vorschlagen.[43] Durch Anwendung des Lagrange-Ansatzes auf die Zielfunktion und die Nebenbedingung (1) erhalten sie folgende Definitionsgleichungen (zur Herleitung vgl. Anhang 3):

$$x_j = \bar{x}_{i(t=1)} \cdot \frac{\sqrt{k_{Rj} \cdot h_j^2}}{\displaystyle\sum_{j\varepsilon T_a(i)} \sqrt{k_{Rj} \cdot h_j^2}} \qquad (j \; \varepsilon \; T_a(i)).$$

Diese Gleichungen definieren ein vorläufiges Produktionsprogramm. Ist dieses Produktionsprogramm gemäß den Nebenbedingungen unter (2) nicht zulässig, sind verschiedene Anpassungsmaßnahmen durchzuführen.

Ein weiteres Problem ergibt sich im Hinblick auf die Berechnung von $T_a(i)$. $T_a(i)$ beinhaltet nur die Familien eines Types, für die gilt $ROT_j < 1$. Wird in Nebenbedingung (1) ein Gleichheitszeichen unterstellt, so existiert keine zulässige Lösung, wenn alle Familien aus $T_a(i)$ bereits mit ihren maximalen Mengen eingeplant sind. Hier ist dann $T_a(i)$ mit der vollständigen Indexmenge $T(i)$ gleichzusetzen. Eine Regulierung findet mit Hilfe der Nebenbedingungen (2) statt, da dort die Mindestmengen die Bedarfe repräsentieren. Dieser Ansatz realisiert somit größere Freiheitsgrade und erfüllt ebenfalls die Vorgaben aus Ebene I. Daher sollte allgemein die Möglichkeit bestehen, alle Familien des Types, $T(i)$, dem Modell zur Verfügung zu stellen. In diesem Fall kann das "=" in Nebenbedingung (1) durch das "≤" ersetzt werden, ohne daß sich die optimale Lösung ändert. Wird lediglich die Menge $T_a(i)$ als Basis der Losgrößenplanung zugelassen, ist eine Produktion

---

[43] Vgl. Bitran and Hax (1977), S. 35 f; Bitran and Hax (1981), S. 433 ff.

auf Lager für Familien, deren Auslaufzeit nicht in der Planungsperiode liegt, nicht möglich, auch wenn auf Ebene I hierfür Kapazitäten reserviert werden. Somit ist das Modell auf Ebene II nicht lösbar. Steht die komplette Menge $T(i)$ zur Verfügung, ist zu beachten, daß in der Zielfunktion die Entscheidungsvariablen jeweils im Nenner stehen. Daher muß gelten $x_j > 0$ $(j \in T(i))$ um eine zulässige Zielfunktion zu erhalten. Das bedeutet, daß alle Erzeugnisfamilien zwingend aufzulegen sind. Um dies zu vermeiden, sind die Entscheidungsvariablen im Nenner mit einem konstanten Wert zu addieren, um auch die Möglichkeit zu erhalten, daß Entscheidungsvariablen den Wert Null annehmen. Dieser konstante Wert sollte gegen Null streben, um den Zielfunktionswert möglichst wenig zu verfälschen.

2.4.3.3. Modell nach Hax und Golovin in Anlehnung an Winters

Hax und Golovin orientieren sich bei diesem Ansatz an einem Vorschlag von Winters zur Disaggregation von Produktgruppen.[44]

a) Losgrößenvorbestimmung

Im ersten Schritt wird für jede Erzeugnisfamilie eine vorläufige Basislosgröße bestimmt, die der optimalen Losgröße x_j^* oder der maximal lagerbaren Losgröße $(H_j - L_j)$ entspricht:

$$x_j^v = \text{Min} \{ x_j^*;\ H_j - L_j \} \qquad (j \in T(i)).$$

b) Run Out Time

Im zweiten Schritt erfolgt die Bestimmung der Auslaufzeit (ROT) jeder Familie:

---

[44] Vgl. Hax and Golovin (1978), S. 414 f; Winters (1962), S. 478.

$$ROT_j = \min_{k\varepsilon F(j)} \frac{L_k - S_k}{h_k} \qquad\qquad (j \; \varepsilon \; T(i)).$$

c) Indexmenge O der geordneten Familien

Der dritte Schritt bewirkt eine Ordnung der Familien nach den Auslaufzeiten in ansteigender Reihenfolge:

$$O = \{\; g = 1,\ldots,G \;|\; ROT_{jg} \leq ROT_{j'(g+1)} \quad V \; g = 1,\ldots,G-1;$$

$$\text{mit } G = J \text{ und } ROT_{jg} = ROT_j; \; j' \neq j \;\}$$

wobei:

$\quad g \qquad$ Index zur Kennzeichnung der Reihenfolge,

$\quad ROT_{jg}$ Run Out Time der Familie j, die an der Ordnungs-
$\qquad\qquad$ stelle g steht.

d) Akkumulation

Die vorläufigen Losgrößen werden über g solange kumuliert, bis erstmalig die Vorgabemenge aus Ebene I erreicht oder überschritten ist. Die Randfamilie $\hat{g}$ kann bei Überschreitung der Vorgabe nur mit einem Teil der vorläufigen Losgröße aufgelegt werden. Diese ist noch daraufhin zu überprüfen, ob sie größer als die minimale Losgröße ist. Somit gilt:

$$\sum_{g=1}^{\hat{g}} x_{jg}^V \geq \bar{x}_{i(t=1)} \qquad\qquad \text{und}$$

$$\sum_{g=1}^{\hat{g}-1} x_{jg}^V < \bar{x}_{i(t=1)} \qquad\qquad \text{mit } x_{jg}^V = x_j^V$$

wobei:

$\quad x_{jg}^V \qquad$ vorläufige Losgröße der Familie j, die in der
$\qquad\qquad$ Reihenfolge an Stelle g steht.

e) Losgrößenermittlung

$$
x_j = x_{jg} = \begin{cases} x^v_{jg} & \text{für } g < \hat{g} \\[2ex] \bar{x}_{i(t=1)} - \sum\limits_{g=1}^{\hat{g}-1} x^v_{jg} & \text{für } g = \hat{g} \\[2ex] 0 & \text{für } g > \hat{g} \end{cases}
$$

wobei:

x_{jg} Losgröße der Familie j, die in der Reihenfolge an Stelle g steht.

$$\Rightarrow T_a(i) = \{\, j \mid x_{jg} > 0, \; g = 1,\ldots,\hat{g} \,\}$$

In diesem Ansatz bleiben im Gegensatz zu den vorangehenden Modellen die Losgrößen für alle Familien konstant (außer für $\hat{g}$), nur die Anzahl der aufzulegenden Familien ist variierbar. Für den Fall, daß $\hat{g} = G = J$ ist und die Bedingungen unter d) noch nicht erfüllt sind, muß jedoch auch eine Erhöhung der Losgrößen in Erwägung gezogen werden.

Wenn nicht alle Erzeugnisfamilien, die eine ROT < 1 aufweisen, unter den ersten $\hat{g}$ Familien sind, müßten die Losgrößen verringert werden, um Fehlmengen zu vermeiden. Dies ist jedoch nicht vorgesehen und sollte bei funktionierender Aggregation auch nicht auftreten.

2.4.3.4. Ergebnisse der Ebene II

Das erste Ergebnis dieses Planungsschrittes bildet die Menge der unbedingt aufzulegenden Erzeugnisfamilien $T_a(i)$ für jeden Typ.

Weiterhin geben die x_j die Losgrößen der Erzeugnisfamilien an, welche einem Erzeugnistyp angehören, der gemäß der Ergebnisse der Planungsebene I zu produzieren ist. Für die x_j werden wiederum vorläufige Kapazitätsreservierungen durchgeführt. Auf Ebene III sind diese reservierten Kapazitäten familienweise auf die Einzelerzeugnisse zu verteilen.

2.4.3.5. Zusammenfassung der Ebenen II und III

Hax und Golovin schlagen als Alternative vor, die Ebene II zu überspringen und die Erzeugnistypen gleich zu Einzelerzeugnissen zu disaggregieren.[45] Die Vorgehensweise entspricht der auf Ebene III gezeigten (vgl. Gliederungspunkt 2.4.4.).

Der Vorteil dieses Ansatzes liegt in dem höheren Synchronisationsgrad, da die Ungenauigkeiten, welche bei der Aggregation und Hierarchisierung auftreten, für eine Stufe entfallen. Auch die Implementierung ist einfacher, da ein Modell ganz entfällt und somit auch die entsprechenden Schritte der Aggregation und Disaggregation.

Ein schwerwiegender Nachteil ist darin zu sehen, daß keine kostenorientierte Planung der Losgrößen erfolgt. Angestrebt wird lediglich ein Ausgleich der ROT's für alle Einzelerzeugnisse eines Typs.

Dieser Ansatz ist nur in Ausnahmefällen anwendbar, z.B. wenn eine geringe Breite des Produktionsprogrammes vorliegt und deshalb eine weitere Differenzierung in Erzeugnisfamilien nicht nötig ist oder wenn die Rüstkosten vernachlässigbar sind.

Denkbar ist auch die umgekehrte Vorgehensweise. Schon die Modelle auf Ebene II werden differenziert für Einzelerzeugnisse aufgestellt. Dies hat den Vorteil, daß eine kostenorientierte Planung der Losgrößen im Rahmen der Vorgaben aus Ebene I stattfindet. Als Nachteil ist jedoch aufzuführen, daß keine Losgrößenangleichung erfolgt, was zu höheren Kosten in späteren Perioden führen kann.

---

[45] Vgl. Hax and Golovin (1978), S. 415 f.

2.4.4. Disaggregation zu Einzelerzeugnissen (Ebene III)

2.4.4.1. Modell von Hax und Meal 1975 [46]

Zielsetzung auf Ebene III ist der Ausgleich der ROT's innerhalb jeder Erzeugnisfamilie, um zukünftige Rüstkosten zu spa-
ren, indem dann möglichst viele Items pro Familie zusammen
gefertigt werden. Alle anderen Kosten sind bereits durch die
Ebenen I und II festgelegt.

a) Berechnung der Run Out Times der Einzelerzeugnisse (ROT_k)
   und der Erzeugnisfamilie (ROT_j)

$$ROT_k = \frac{x_k + L_k - S_k}{h_k} \qquad (k \in F(j))$$

$$ROT_j = \frac{x_j + \sum_{k \in F(j)} (L_{kj} - S_{kj})}{\sum_{k \in F(j)} h_{kj}}$$

wobei:

h_{kj} Bedarf an Einzelerzeugnis k, das zur Erzeugnisfamilie j gehört,

L_{kj} Lageranfangsbestand des Einzelerzeugnisses k, das
zu j gehört,

S_{kj} Sicherheitsbestand des Einzelerzeugnisses k, das
zu j gehört,

x_k Produktionsmenge des Einzelerzeugnisses k.

b) Ausrichten der ROT's der Einzelerzeugnisse an der ROT der
   übergeordneten Familie

$$ROT_k \overset{!}{=} ROT_j \qquad (k \in F(j))$$

---

[46] Vgl. Hax and Meal (1975), S. 65.

Aus der Auflösung der Gleichungen nach den Produktionsmengen der Einzelerzeugnisse resultieren Definitionsgleichungen für die vorläufigen Produktionsmengen:

$$x_k^v = h_k \cdot \frac{\bar{x}_j + \sum_{k \varepsilon F(j)} (L_k - S_k)}{\sum_{k \varepsilon F(j)} h_k} + S_k - L_k \qquad (k \ \varepsilon \ F(j))$$

wobei:

$\bar{x}_j$ aus Ebene II vorgegebene Losgröße der Familie j,

x_k^v vorläufige Produktionsmenge des Einzelerzeugnisses k.

Summiert über alle k ε F(j) ergibt sich daraus:

$$\sum_{k \varepsilon F(j)} x_k^v = \bar{x}_j .$$

c) Test von x_k^v auf Zulässigkeit

Die gefundenen x_k^v sind auf Nichtnegativität und Zulässigkeit bezüglich der Lagerhöchstmengen zu überprüfen. Treten negative Produktionsmengen auf, werden die entsprechenden Variablen gleich Null gesetzt. Bei Überschreitung der Lagerhöchstmenge sind die kapazitätsmäßig maximal zulässigen Mengen zu produzieren.

c1) $x_k = 0,$ für $x_k^v < 0$

c2) $x_k = H_k - L_k,$ für $x_k^v > x_{Maxk}$

                                      jeweils (k ε F(j))

Durch diese Änderungen ist auch für die restlichen Einzelerzeugnisse eine Anpassung erforderlich. Hierzu sind im Faktor

$$\frac{\bar{x}_j + \sum_{k\varepsilon F(j)} (L_k - S_k)}{\sum_{k\varepsilon F(j)} h_k}$$

die korrigierten Items zu eliminieren.

- Von $\bar{x}_j$ werden alle x_k abgezogen, die mit ihrer Höchstmenge x_{Maxk} produziert werden.
- Aus den Summen in Zähler und Nenner sind die Items zu entfernen, die auf Null gesetzt werden oder mit ihrer Höchstmenge eingeplant sind.

Mit den revidierten Daten startet ein neuer Planungslauf auf Ebene III. Unter Umständen ist es erforderlich, diese Schritte mehrmals zu wiederholen.

2.4.4.2. Modell von Bitran und Hax 1977 [47]

Der im folgenden beschriebene Ansatz stellt ein streng konvexes Entscheidungsmodell dar. Er ist für jede aufzulegende Erzeugnisfamilie aufzustellen.

a) Zielfunktion

In der Zielfunktion wird die Summe der Abstände zwischen den Auslaufzeiten der Erzeugnisfamilie und der Einzelerzeugnisse minimiert. Die Quadratur ist erforderlich, um Vorzeicheneinflüsse bei der Summenbildung zu vermeiden. Der Faktor 1/2 bewirkt laut Hax et al. eine rechentechnische Vereinfachung. Diese Vereinfachung kommt jedoch nur zum Tragen, wenn das Modell mittels eines Lagrange-Ansatzes gelöst wird, da in diesem Fall bei der Differenzierung der Lagrange-Funktion nach x_k durch das 1/2 der Faktor 2 aufgehoben wird. Die entsprechende Zielfunktion ist im folgenden angegeben.

---

[47] Vgl. Bitran and Hax (1977), S. 36 f.

$$\min \frac{1}{2} \sum_{k \varepsilon F(j)} \left[\frac{\bar{x}_j + \sum\limits_{k \varepsilon F(j)} (L_k - S_k)}{\sum\limits_{k \varepsilon F(j)} \sum\limits_{t=1}^{L+1} h_{kt}} - \frac{x_k + L_k - S_k}{\sum\limits_{t=1}^{L+1} h_{kt}} \right]^2$$

wobei:

L_k Lageranfangsbestand des Erzeugnisses k.

Den ersten Block der Zielfunktion bildet eine ROT auf Basis
der Erzeugnisfamilie. Hierbei ist nicht etwa die minimale ROT
innerhalb der Erzeugnisfamilie heranzuziehen, sondern es erfolgt eine Verrechnung von Lagerbeständen unterschiedlicher
Erzeugnisse, d.h., Lagerbestände eines Erzeugnisses decken
Bedarfe anderer Erzeugnisse. Daher stellt dieser Wert keine
echte ROT dar, sondern nur einen Richtwert zur Berechnung der
ROT's der Einzelerzeugnisse.

Wie bereits an früherer Stelle erwähnt, entspricht die ROT
nur dann der Reichweite der Lagerbestände, wenn die Bedarfsrate konstant ist. Somit bewirkt die vorliegende Zielfunktion
nur dann eine Angleichung der Reichweiten der Einzelerzeugnisse, wenn die Einzelerzeugnisse innerhalb der betrachteten
Erzeugnisfamilie eine annähernd gleiche Entwicklung der Teil-
periodenbedarfe aufweisen. Da laut Voraussetzung alle Einzelerzeugnisse einer Erzeugnisfamilie dem gleichen Erzeugnistyp angehören und die Einzelerzeugnisse eines Erzeugnistyps
ähnliche Saisonschwankungen der Nachfragen aufweisen, ist
diese Bedingung erfüllt.

Besondere Beachtung ist der Ermittlung der L_k zu widmen. Wie
bereits unter Gliederungspunkt 2.4.3. bezüglich der Lageranfangsbestände für Erzeugnisfamilien erläutert, ist wegen der
Vorlaufzeit L, der Lageranfangsbestand unter Beachtung der
Lagerzugänge während der Vorlaufzeit zu berechnen.

Das wegen der Zielfunktion nichtlineare Entscheidungsmodell
kann mittels Goal Programming in ein lineares Modell umgeformt werden.

b) Nebenbedingungen

(1) Abstimmung mit Ebene II

Die folgenden Nebenbedingung stellt die Verbindung zur Fami-
lien-Ebene her.

$$\sum_{k \varepsilon F(j)} x_k = \bar{x}_j$$

(2) Lagerrestriktionen

Die jeweilige Aufnahmefähigkeit des Lagers definiert die maximale Losgröße des Erzeugnisses, so daß gilt:

$$x_k \leq H_k - L_k \qquad\qquad (k \varepsilon F(j)).$$

Wie bereits unter Gliederungspunkt 2.4.3.2. für das Rucksackmodell der Ebene II hergeleitet, stellt

$$x_k \cdot (1 - \frac{h_{k(L+1)}}{r_i \cdot TL}) \leq H_k - L_k \qquad\qquad (k \varepsilon F(j))$$

die genauere Formulierung dieser Nebenbedingungen dar, wobei
$h_{k(L+1)}$ den Bedarf an Einzelerzeugnis k in der Teilperiode
L+1 angibt.

(3) Bedarfsrestriktionen

Die Mengen, die erforderlich sind, um die Lieferbereitschaft
bis zur Planungsperiode (L+1) zu erhalten, bestimmen die Mindestlosgrößen:

$$x_k \geq Max \{ 0; \sum_{t=1}^{L+1} h_{kt} - L_k + S_k \} \qquad\qquad (k \varepsilon F(j)).$$

Die Parameter L_k enthalten die Lageranfangsbestände der ersten Teilperiode und die Lagerzugänge der Teilperioden 1 bis L.

Anscheinend hat sich dieser Ansatz bewährt, während das Modell von 1975 in den späteren Veröffentlichungen von Hax et al. nicht mehr erscheint. Dies könnte daran liegen, daß der im Ansatz von 1975 geforderte totale Ausgleich der Auslaufzeiten aller Einzelerzeugnisse einer Familie in der Praxis kaum realisierbar ist. Selbst wenn er gelingt, wird der Ausgleich durch notwendige Anpassungsänderungen wieder zerstört. Der Ansatz von 1977 stellt somit die bessere Lösung des Problemes dar, weil er für alle Einzelerzeugnisse der betrachteten Familie simultan die endgültige Losgröße bestimmt.

2.4.4.3. Ergebnisse der Ebene III

Das Ergebnis der Ebene III umfaßt für alle Erzeugnisfamilien die Mengen der Einzelerzeugnisse, die in der betrachteten Teilperiode aufzulegen sind. Die Variablen x_k geben die endgültigen Produktionsmengen der Einzelerzeugnisse an. Diese bilden die Vorgaben für die Fertigungssteuerung.

2.5. Zusammenfassende Würdigung

2.5.1. Festlegung der Aktionsparameter

a) Normalarbeitszeit und Mehrarbeitszeit

Ausgehend von den Ergebnissen der Planungsebene I werden in jeder Teilperiode für jeden Erzeugnistyp Reservierungen von Normalarbeitszeit und Mehrarbeitszeit vorgenommen. Über alle Erzeugnistypen summiert ergibt sich die Gesamtzahl der einzusetzenden Stunden der Normalarbeitszeit und der Mehrarbeitszeit. In der Praxis können verschiedene Stufen von Mehrarbeitszeiten auftreten, die verschiedene Kosten aufweisen [48]. Eine Berücksichtigung dieser Stufen ist durch Erweiterungen des Grundmodells möglich.

In welchem Zeitablauf die Erzeugnisfamilien und Einzelerzeugnisse zu produzieren sind, wird durch die Ansätze von Hax et al. nicht festgelegt. Voraussetzung ist, daß sich durch diese Aufteilung der reservierten Zeiten die Kosten des Arbeitseinsatzes nicht mehr verändern.

Die Modelle nach Hax und dessen Mitarbeitern beruhen auf der Annahme, daß der Umfang des Einsatzes von Normalarbeitszeit und Mehrarbeitszeit frei variierbar ist. In der Praxis ist jedoch davon auszugehen, daß immer nur Blöcke von Arbeitszeiten disponierbar sind. Dabei kann es sich z.B. um die Einführung von Zusatzschichten bzw. von Kurzarbeit handeln. Eine Integration dieser Problematik in das Modell erfordert den Einsatz von Binärvariablen.

b) Produktionsmengen

Die Festlegung der Produktionsmengen erfolgt sukzessiv.

Ebene 0: Um eine kostenoptimale Verteilung der Produktion auf die Fabriken zu ermitteln, werden Produktionsmengen für Familien bestimmt. Diese sind jedoch nur für diese Ebene relevant und bilden keine Vorgaben für die Ebenen I bis III.

Ebene I: Hier erfolgt eine simultane Produktions- und Lagerplanung mit dem Ziel der Kostenminimierung (Absatzmengen fest vorgegeben). Das Ergebnis bilden Vorgabemengen für Erzeugnistypen.

Auf den **Ebenen II und III** sind die Vorgabemengen der Ebene I auf Erzeugnisfamilien und Einzelerzeugnisse zu verteilen. Ebene III liefert die endgültigen Mengenangaben für die Realisierungsphase.

---

[48] Vgl. Kilger (1973), S. 206.

c) Lagermengen

Eine Ermittlung der Lagermengen findet explizit nur auf Ebene
I für Erzeugnistypen statt. Die Verteilung auf Familien und
Einzelerzeugnisse wird nicht detailliert untersucht, da für
diese nur eine einperiodige Betrachtung vorliegt. Die ein-
zelerzeugnisgenauen Werte sind aus den Produktionsmengen, den
Lageranfangsbeständen und den Bedarfen der Einzelerzeugnisse
abzuleiten.

d) Absatzmengen

Die Absatzmengen entsprechen den Bedarfsprognosen. Der Ansatz
beruht darauf, daß keine Fehlmengen auftreten. Daher gelten
die Absatzmengen als festgelegt, sobald die Prognosen erstellt sind. Die Prognosedaten beziehen sich zumindest für
die erste Periode detailliert auf Einzelerzeugnisse. Bezüglich späterer Perioden reicht es aus, Absatzmengen der Erzeugnistypen zu ermitteln.

e) Bestellaufträge

Die hierarchische Produktionsplanung nach Hax et al. sieht
keine Festlegung von Bestellaufträgen vor. Zu bestellende
Rohstoffe oder Fremdbezugsteile sind nachträglich aus den
Produktionsmengen abzuleiten.

f) Auftrags- und Arbeitsgangtermine

Die Feinterminierung der Fertigungsaufträge wird nicht durch
das vorliegende Grundkonzept der hierarchischen Produktionsplanung unterstützt, da nur auf einen Monat (bzw. 4 Wochen)
genau eine Zuordnung stattfindet. Die Ermittlung exakter
Start- und Endtermine erfordert die Integration einer nachge-
schalteten Ablaufplanung.

2.5.2. Einordnung in das PPS-Konzept

Die traditionelle computergestützte Produktionsplanung und -steuerung wird in folgende Stufen eingeteilt, die sukzessiv zu durchlaufen sind:

(1) Primärbedarfsplanung,
(2) Materialdisposition,
(3) Termindisposition.

Die hierarchische Produktionsplanung nach Hax et al. betrifft in erster Linie die Produktionsprogrammplanung und die Losgrößenplanung. Vorausgesetzt ist eine einteilige Erzeugnisstruktur. Daher ist eine Materialdisposition nur für evtl. benötigte Rohstoffe durchzuführen. Eine Aufteilung der reservierten Kapazitätsbelegungszeiten auf einzelne Betriebsmittelgruppen ist separat zu ermitteln. Sie kann im Rahmen der Feinterminierung (Fertigungssteuerung) erfolgen, wodurch jedoch die Gefahr wächst, daß Schwierigkeiten bei den konkreten Zuweisungen auftreten. Die Fertigungssteuerung wird von der hierarchischen Produktionsplanung nicht unterstützt. Eine Erweiterung des Ansatzes zur Festlegung der Feinterminierung ist denkbar.

In der bisherigen Form stellt die hierarchische Produktionsplanung nach Hax et al. keine Alternative zu computergestützten Produktionsplanungs- und -steuerungssystemen dar, sondern lediglich eine Erweiterung (bzw. Verbesserung) des betreffenden Planungskomplexes, um für bestimmte Anwendungen (Reifenproduktion) bessere Ergebnisse zu erzielen.

2.5.3. Kritik

2.5.3.1. Positive Kritik

Der Aufbau der einzelnen Entscheidungsmodelle ist anschaulich und leicht nachvollziehbar. Die Ansätze können mit Hilfe von Standardsoftware des Operations Research gelöst werden. Durch die geringen Modellumfänge ist die Lösbarkeit gesichert. Auch sind kürzere Rechenzeiten als bei vergleichbaren gemischt-ganzzahligen Simultanmodellen nachweisbar.[49]

Die Entscheidungsebenen der hierarchischen Produktionsplanung orientieren sich an der Organisationshierarchie der Unternehmung. Die Planungsautonomie der einzelnen Unternehmungsbereiche bleibt erhalten, weil eine Schaffung neuer Zuständigkeiten unterbleibt. Somit treten Akzeptanzprobleme nur in geringem Umfang auf und die Motivation in den einzelnen Unternehmungsbereichen wird durch diese Selbstverantwortung für die Planung und Realisierung gesteigert. Bestehende Informationsflußkanäle zwischen den Entscheidungsebenen sind weiterhin nutzbar. Die oberen Entscheidungsebenen bleiben von entscheidungsirrelevanten Detailinformationen verschont und arbeiten mit aussagekräftigen, aggregierten Daten.[50]

Die Abstimmung der einzelnen Entscheidungsebenen ist - wenn auch nur von oben nach unten - gewährleistet. Die Modelle sind so konstruiert, daß bei funktionierender Aggregation und Disaggregation hieraus keine Unzulässigkeiten entstehen.

Durch die Aggregation der Daten treten im Vergleich zu Simultanmodellen einige Reduktionseffekte auf:[51]

(1) Die Gesamtmenge der zu beschaffenden Daten wird vermindert.
(2) Die Vorhersage der aggregierten Werte ist einfacher und insbesondere sicherer durchführbar.
(3) Die Ansätze weisen geringere Umfänge auf, was die Berechnung der optimalen Modellösungen erleichtert. Im Ver-

---

[49] Vgl. Hax (1977), S. 116; Switalski (1987), S. 450; Zäpfel und Gfrerer (1984), S. 237.

[50] Vgl. Rieper (1981), S. 1200; Switalski (1987), S. 448 ff; Switalski (1988), S. 382 f; Zäpfel (1982), S. 312; Zäpfel und Gfrerer (1984), S. 237.

[51] Vgl. Hax (1977), S. 116; Hax and Golovin (1978), S. 406 f; Switalski (1987), S. 450.

gleich zu komplexen Simultanmodellen ermöglicht dies erst die Lösbarkeit in vertretbarer Zeit.

Durch die rollierende Planung erfolgt eine schrittweise Reduzierung der Unsicherheit der Daten, da bei jedem Planungslauf die Daten zeitlich näher rücken und aktualisiert werden. Im Zeitablauf unterschiedliche Detaillierungsgrade der Daten werden ebenfalls erfaßt.[52]

Das lineare Programm auf Ebene I bietet die Möglichkeit diverser Analysemöglichkeiten. So kann der Anwender im Tableau der optimalen Lösung (ermittelt durch das Simplex-Verfahren) Schattenpreise ablesen. Sie liefern z.B. Informationen über die Notwendigkeit von Kapazitätsveränderungen [53]. Weiterhin besteht die Möglichkeit Sensitivitätsanalysen durchzuführen und somit den Einfluß stochasticher Schwankungen ausgewählter Einflußgrößen, wie z.B. der Absatzmengen, zu analysieren.

Das Konzept von Hax et al. beruht zwar auf einstufiger Produktion, ist jedoch durchaus für zweistufige Produktionsprozesse ausbaufähig, wie Bitran, Haas und Hax zeigen.[54]

Simulationsrechnungen für Planungsprobleme mit kleinem Umfang haben ergeben, daß die hierarchische Produktionsplanung nach Hax et al. mit relativ geringem Rechenaufwand Ergebnisse liefert, die nahe der optimalen Lösung eines Simultanansatzes liegen.[55]

---

[52] Vgl. Zäpfel (1982), S. 321.

[53] Vgl. Hax (1977), S. 116.

[54] Vgl. Bitran, Haas and Hax (1982), S. 235 ff sowie Gliederungspunkt 3..

[55] Vgl. Bitran and Hax (1977), S. 42 ff; Hax (1977), S. 122 ff.

2.5.3.2. Negative Kritik

Bei der hierarchischen Produktionsplanung nach Hax et al. handelt es sich um ein heuristisch entwickeltes Sukzessivplanungskonzept. Wie jede Sukzessivplanung kann sie nicht das Auffinden der optimalen Lösung des Problemes gewährleisten, da Interdependenzen zwischen den Teilplanungsmodulen verloren gehen. Als Heuristik fehlt ihr auch ein theoretischer, wissenschaftlich fundierter Background. Daher ist eine Bestimmung der Güte einer Lösung bei umfangreichen Planungssituationen nicht möglich.[56]

Interdependenzen werden nur von oben nach unten berücksichtigt. Es kann jedoch häufig nicht abgeschätzt werden, wie sich Entscheidungen der höheren Ebenen später auf Entscheidungen untergeordneter Ebenen auswirken. Andererseits gehen auf oberen Entscheidungsebenen Parameter ein, deren eigentliche Ausprägung erst in unteren Ebenen festgelegt wird. Als Beispiel seien die Produktionsstückkosten k_{Pit} in Ebene I genannt, für die dort nur Schätzwerte zur Verfügung stehen. Die tatsächlichen Werte ergeben sich erst im Rahmen der Ablaufplanung, genaugenommen erst während der Produktionsdurchführung. Auswirkungen von Schwankungen der Produktionsstückkosten können auf der Planungsebene I ebenfalls mittels Sensitivitätsanalysen abgeschätzt werden. Rückkopplungen von untergeordneten zu übergeordneten Ebenen sind im Grundmodell nicht vorgesehen [57]. Verbesserungsvorschläge hierzu liefern Kistner und Switalski sowie Bitran und Hax [58]. Die Notwendigkeit der Berücksichtigung von Interdependenzen in allen Richtungen wird auch von Koch und Kramer sowie Zäpfel und Tobisch herausgestellt, wobei jedoch nur die letzteren einen konkreten Vorschlag zur Lösung dieses Problemes aufzei-

---

[56] Vgl. Zäpfel und Gfrerer (1984), S. 241.

[57] Vgl. Switalski (1987), S. 450 ff; Zäpfel (1982), S. 321; Zäpfel und Gfrerer (1984), S. 237, S. 241.

[58] Vgl. Bitran and Hax (1977), S. 48 ff; Kistner and Switalski (1989a), S. 209.

gen [59]. Koch und Kramer stellen die Rückkopplungen geradezu als Charakteristikum der hierarchischen Unternehmungsplanung heraus.

Als weiterer schwerwiegender Nachteil der betrachteten Modelle ist die Behandlung der Rüstkosten zu sehen.[60] Auf Ebene I erfolgt eine Ermittlung des Produktionsprogrammes ohne Beachtung von Rüstkosten. Erst bei der Disaggregation zu Familien tauchen diese als Entscheidungskriterium auf, doch sind hier die Variationsmöglichkeiten nur noch gering. Aus der optimalen Lösung nach Hax et al. resultieren unter Umständen beträchtlich höhere Kosten als aus der gesamtoptimalen (simultan bestimmten) Lösung, wenn die Rüstkosten gegenüber den übrigen anfallenden Kosten relativ hoch sind.[61] Der beschriebene Ansatz liefert gute Ergebnisse, wenn die Rüstkosten 15% der totalen Produktionskosten nicht überschreiten. Für höhere Anteile schlagen Bitran, Haas und Hax einen modifizierten Algorithmus vor.[62]

Ein weiterer Kritikpunkt betrifft die Berücksichtigung von Produktionsvorlaufzeiten. Eine Teilperiode hat eine Länge von mindestens 4 Wochen oder einem Monat [63]. Die Vorlaufzeit L beträgt evtl. mehrere Teilperioden [64]. Nun ist es aber fraglich, ob für Produkte wie Autoreifen Durchlaufzeiten von mehreren Monaten auftreten. Daher wäre es nach meiner Ansicht in vielen Fällen durchaus sinnvoll L = 0 anzusetzen.

---

[59] Vgl. Koch und Kramer (1983), S. 3; Zäpfel und Tobisch (1980), S. 7.

[60] Vgl. u.a. Hax (1977), S. 116; Hax and Golovin (1978), S. 423; Zäpfel und Gfrerer (1984), S. 239.

[61] Vgl. u.a. Hax (1977), S. 125, S. 127; Zäpfel und Gfrerer (1984), S. 239.

[62] Vgl. Bitran, Haas and Hax (1981), S. 729 ff.

[63] Vgl. Hax and Meal (1975), S. 56 f.

[64] Vgl. Bitran and Hax (1977), S. 32.

Hax und Meal orientierten sich bei der Entwicklung des Grundmodells an dem Fallbeispiel einer Autoreifenproduktion [65]. Diese bietet nahezu optimale Voraussetzungen für die Anwendung der hierarchischen Planung: ausgeprägtes Saisonverhalten der Nachfrage (Sommer- und Winterreifen) und leicht zu aggregierende, einteilige Produkte. Von daher ist eine Übertragbarkeit des Ansatzes von Hax et al. auf andere Produktionsplanungsprobleme nicht ohne weiteres möglich. Er stellt somit keinen Versuch eines allgemeingültigen Standardansatzes dar, auch wenn es in der Literatur oft so erscheint. Gerade die Forderung nach einstufiger Fertigung erfüllen nur die wenigsten Produktionsprozesse.

Schwierigkeiten bereitet die Aggregation der Erzeugnisse. Hierzu sind eine große Erfahrung und der Überblick über die betriebliche Situation nötig.[66]

Die hierarchische Produktionsprogrammplanung nach Hax et al. enthält keine explizite Absatzplanung. Vielmehr sind durch Prognoseverfahren Bedarfe (= Absatzmengen) zu ermitteln, von denen im folgenden angenommen wird, daß sie auch realisiert werden. D.h., alle folgenden Planungsschritte hängen von der Genauigkeit dieser Prognosen ab. Somit ist hier der Einsatz aufwendiger Prognoseverfahren gerechtfertigt, um möglichst genaue Werte zu erhalten. Da größtenteils nur Vorhersagen über aggregierte Werte zu treffen sind, die keine Disaggregation erfordern, erwarten jedoch die Befürworter der hierarchischen Produktionsplanung relativ gute Resultate.[67]

Eine hohe Sensitivität weist der Ansatz bezüglich Kapazitätsänderungen auf, was den Vorteil hat, daß mittels Sensitivitätsanalysen Vorschläge zu Kapazitätserweiterungen abgeleitet werden können.[68] Hax et al. berücksichtigen in ihrer Konzep-

---

[65] Vgl. Bitran and Hax (1977), S. 42 ff.

[66] Vgl. Switalski (1988), S. 391.

[67] Vgl. Bitran and Hax (1977), S. 44 f; Hax (1977), S. 123 ff.

[68] Vgl. Bitran and Hax (1977), S. 46.

tion nicht explizit Maschinenkapazitäten. Es wird nur die verfügbare Arbeitszeit (Normal- und Mehrarbeitszeit) restriktiv wirksam. Hax äußert sich nicht darüber, inwieweit die Maschinenkapazitäten dabei beachtet sind.

Als Mangel kann angeführt werden, daß eine Ablaufplanung zur Festlegung der Reihenfolge und der Anfangs- bzw. Endzeitpunkte der Fertigungslose nicht integriert ist.[69]

Auch ist zu beachten, daß der Gesamtplanungsaufwand einer hierarchischen Produktionsplanung im allgemeinen höher einzuschätzen ist als der einer zentralen Planung (z.B. aufgrund des Abstimmungsaufwandes). Da er jedoch auf viele Abteilungen verteilt anfällt, erscheint er für die einzelnen Abteilungen geringer und insgesamt gesehen schneller zu bewältigen. Ebenso ist die Aktualisierung der Daten und Prognosen, die monatlich erfolgt, recht aufwendig, da möglichst genaue Werte zu ermitteln sind.

Hax und seine Mitarbeiter beachten in ihren Ansätzen nicht, daß in Modellen zur Planung einer Stückgüterproduktion Ganzzahligkeitsbedingungen für die Produktions- und Lagervariablen zu berücksichtigen sind. In einer konkreten Anwendung kann auf diese jedoch nicht verzichtet werden. Eine einfache Abrundung der gefundenen Planungsergebnisse auf die nächstkleinere ganze Zahl führt häufig zu einer Lösung, die von der modelloptimalen ganzzahligen Lösung abweicht. Auch können durch eine solche Rundung Unzulässigkeiten auftreten, indem beispielsweise die vorgegebenen Bedarfsmengen nicht mehr gedeckt werden. Eine Aufrundung zur nächsten ganzen Zahl kommt nicht in Frage, da diese Werte unter Umständen Kapazitätsrestriktionen verletzen. Daher ist für Produktions- und Absatzmengen von Stückgütern zumindest auf den Ebenen I bis III eine Erweiterung der Nichtnegativitätsbedingungen zu Ganzzahligkeitsbedingungen zwingend notwendig.[70]

---

[69] Vgl. Kistner und Switalski (1989b), S. 494; Zäpfel (1982), S. 321.

[70] Vgl. Dinkelbach und Hax (1962), S. 180 f.

3. Planung zweistufiger Produktionssysteme nach Bitran, Haas und Hax

3.1. Voraussetzungen

Zu untersuchen ist die Eignung der hierarchischen Produktionsplanung für zweistufige Fertigungsprozesse, d.h., neben den Enderzeugnissen sind zusätzlich direkt in diese Enderzeugnisse eingehende Vorprodukte, im folgenden als Teile bezeichnet, zu betrachten.

Dies erfordert eine neue Definition der zugrunde liegenden Produkthierarchie: [71]

Enderzeugnisitems stellen an Kunden oder unternehmensinterne Abnehmer auslieferbare Enderzeugnisse dar. **Enderzeugnisfamilien** umfassen solche Enderzeugnisse, die gleiche Rüstkosten aufweisen, zusammen gefertigt werden und eine gleiche Anzahl gleicher Teile benötigen. Zu **Enderzeugnistypen** werden Enderzeugnisse aggregiert, die ähnliche Herstellkosten (ohne Arbeitskosten), ähnliche Lagerkosten, ähnliche Produktionsraten [ME/ZE] und ähnliche saisonale Verteilungen der Nachfrage aufweisen. Bitran, Haas und Hax beziehen die Herstell- und Lagerkosten nicht ausdrücklich auf die Einheit der Produktionszeit. Im folgenden ist trotzdem davon auszugehen, daß Herstell- und Lagerkosten jeweils pro Einheit der Produktionszeit ähnlich sein müssen. Nur so kann eine sinnvolle Disaggregation auf Ebene II erfolgen (vgl. unter Gliederungspunkt 2.1.).

Für die Vorprodukte (Teile) unterscheiden die Autoren nur zwei Hierarchieebenen, mit der Begründung, daß im Rahmen der praktischen Anwendung, die dem Ansatz zugrunde liegt, keine zwei Teileitems die gleichen Rüstkosten aufweisen und somit keine Aggregation in Teilefamilien möglich ist.

---

[71] Vgl. Bitran, Haas and Hax (1982), S. 235.

Teileitems sind Einzelteile, die als Komponenten in Enderzeugnisse eingehen. **Teiletypen** bezeichnen Gruppen von Teileitems mit ähnlichen Herstellkosten, Lagerkosten und Produktionsraten (analog zu Enderzeugnistypen). Die Teileitems eines Types werden mit den gleichen Produktionsverfahren hergestellt.

Bitran, Haas und Hax lassen auch Teileitems zu, die als Ersatzteile einen Primärbedarf aufweisen. Im formalen Modell berücksichtigen sie diese Möglichkeit jedoch nicht mehr. Ein Vorschlag hierzu wäre, diese Items als Enderzeugnisitems und als Teileitems zu definieren und die Verbindung durch Einsatzkoeffizienten von 1 herzustellen.

Die weiteren Voraussetzungen gelten analog zu denen der einstufigen Ansätzen, wie unter Gliederungspunkt 2.3. aufgeführt.

3.2. Produktionsplanung für Typen (Ebene I)

3.2.1. Modellentwicklung [72]

a) Zielfunktion

Die Zielsetzung auf dieser Ebene besteht in der Minimierung der Lagerkosten, der Kosten für Normalarbeitszeit und der Kosten für Mehrarbeitszeit, summiert über alle relevanten Teilperioden jeweils für Enderzeugnistypen und für Vorprodukttypen. Da analog zum einstufigen Ansatz Fehlmengen ausgeschlossen sind, werden die Herstellkosten (ohne Arbeitskosten) in der Zielfunktion als unbeeinflußbare Kosten vernachlässigt. Die Zielfunktion weist folgende Form auf:

---

[72] Vgl. Bitran, Haas and Hax (1982), S. 236 f.

$$\min \sum_{t=1}^{T} \sum_{i=1}^{I} (k_{Lit} \cdot y_{it} + k_{Nt} \cdot n_{it} + k_{Ut} \cdot u_{it})$$

$$+ \sum_{t=1}^{T-L} \sum_{i^\circ=1}^{I^\circ} (k^\circ_{Li^\circ t} \cdot y^\circ_{i^\circ t} + k^\circ_{Ni^\circ t} \cdot n^\circ_{i^\circ t} + k^\circ_{Ui^\circ t} \cdot u^\circ_{i^\circ t})$$

wobei:

$\quad\circ\quad$ Kennzeichen für Vorprodukte.

Der Zeitindex t im zweiten Bestandteil der Zielfunktion, welcher die Vorprodukttypen betrifft, läuft nur von 1 bis T-L. L kennzeichnet hierbei die Durchlaufzeit des Vorproduktes, d.h., ein Vorprodukt, welches in der Teilperiode T-L aufgelegt wird, steht erst L Teilperioden später zur Verfügung, also in der Periode T. Dies ist die späteste Periode, in der dieses Vorprodukt zur Herstellung von Enderzeugnissen verwendet werden kann. Bitran, Haas und Hax berücksichtigen für Endprodukte keine Vorlaufzeit.

Im Gegensatz zu den Arbeitskosten der Endprodukte, untergliedern die Autoren die Arbeitskosten der Vorprodukte nach Typen.

b) Nebenbedingungen

(1) Lagerkontinuitätsbedingungen für Enderzeugnistypen

$$y_{i(t-1)} + r_i \cdot (n_{it} + u_{it}) - y_{it} = h_{it} \qquad \begin{matrix} (i = 1,\ldots,I) \\ (t = 1,\ldots,T) \end{matrix}$$

Die Variablen $y_{i(t-1)}$ entsprechen für t = 1 den Sicherheitsbeständen, da eventuell vorhandene Lageranfangsbestände bei der Berechnung der effektiven Bedarfe berücksichtigt werden.

(2) Lagerkontinuitätsbedingungen für Teiletypen

Die im folgenden aufgeführten Lagerkontinuitätsbedingungen für Teiletypen gleichen den Restriktionen unter (1). Die

Nachfragemengen resultieren aus den Bedarfen für die Produktion der Enderzeugnisgruppen unter Berücksichtigung der Vorlaufzeit L der Teile, wodurch die Verbindungen zwischen Erzeugnistypen und Teiletypen hergestellt werden. Durch den Ausweis der Vorlaufzeit sind die Lagerbestände und Bedarfe erst ab der Periode L+1 definiert.

$$Y^{\circ}_{i^{\circ}(t+L-1)} + r^{\circ}_{i^{\circ}} \cdot (n^{\circ}_{i^{\circ}t} + u^{\circ}_{i^{\circ}t}) - Y^{\circ}_{i^{\circ}(t+L)}$$

$$= \sum_{i=1}^{I} b_{ii^{\circ}} \cdot r_i \cdot (n_{i(t+L)} + u_{i(t+L)})$$

$$(i^{\circ} = 1,\ldots,I^{\circ})$$
$$(t = 1,\ldots,T-L)$$

wobei:

$b_{ii^{\circ}}$ Produktionskoeffizient - Menge des Teiletyps i°, die zur Erstellung einer Mengeneinheit des Enderzeugnistyps i benötigt wird.

(3) Lagerkontinuitätsbedingungen für Teilegruppen in der Vorlaufzeit

In der Vorlaufzeit der Teile auftretende Bedarfe sind durch Lagerbestände zu decken, so daß gilt:

$$Y^{\circ}_{i^{\circ}(t-1)} - Y^{\circ}_{i^{\circ}t} = \sum_{i=1}^{I} b_{ii^{\circ}} \cdot r_i \cdot (n_{it} + u_{it})$$

$$(t = 1,\ldots,L).$$

Die Entscheidungen über die Höhe der Bestände sind Gegenstand früherer Planungsläufe und stellen somit keine beeinflußbaren Größen mehr dar. Bitran, Haas und Hax berücksichtigen diese Nebenbedingungen nicht.

(4)-(7) Zeitrestriktionen

Die Normalarbeitszeiten und Mehrarbeitszeiten sind begrenzt. Ihr Einsatz erfolgt gemäß den unten formulierten Nebenbedingungen differenziert nach Vorprodukt- und Enderzeugnistypen. Dies ist möglich, wenn die Herstellung der Enderzeugnisse und der Vorprodukte organisatorisch getrennt in zwei verschie-

denen Fertigungsstellen abläuft. Bei gemeinsamer Produktion
sind die Nebenbedingungen (4) und (6) sowie (5) und (7) zusammenzufassen.

$$(4) \quad \sum_{i=1}^{I} n_{it} \leq N_t \qquad\qquad (t = 1,\ldots,T)$$

$$(5) \quad \sum_{i=1}^{I} u_{it} \leq U_t \qquad\qquad (t = 1,\ldots,T)$$

$$(6) \quad \sum_{i°=1}^{I°} n_{i°t}° \leq N_t° \qquad\qquad (t = 1,\ldots,T-L)$$

$$(7) \quad \sum_{i°=1}^{I°} u_{i°t}° \leq U_t° \qquad\qquad (t = 1,\ldots,T-L)$$

(8) und (9) Lagerrestriktionen

Im Modell sind - wie folgt - Sicherheitsbestände (Mindestbe-
stände) und Höchstbestände für jeden Enderzeugnis- und Teile-
typ zu berücksichtigen.

$$(8) \quad S_{it} \leq Y_{it} \leq H_{it} \qquad\qquad \begin{array}{l}(i = 1,\ldots,I)\\(t = 1,\ldots,T)\end{array}$$

$$(9) \quad S_{i°t}° \leq Y_{i°t}° \leq H_{i°t}° \qquad\qquad \begin{array}{l}(i° = 1,\ldots,I°)\\(t = L+1,\ldots,T)\end{array}$$

(10) Nichtnegativitätsbedingungen bzgl. der Enderzeugnisse

$$n_{it},\ u_{it},\ Y_{it} \geq 0 \qquad\qquad \begin{array}{l}(i = 1,\ldots,I)\\(t = 1,\ldots,T)\end{array}$$

(11) Nichtnegativitätsbedingungen bzgl. der Vorprodukte

$$n_{i°t}°,\ u_{i°t}°,\ Y_{i°t}° \geq 0 \qquad\qquad \begin{array}{l}(i° = 1,\ldots,I°)\\(t = 1,\ldots,T)\end{array}$$

(12) Lageranfangsbestände

Lageranfangsbestände über die Sicherheitsbestände hinaus existieren für die Enderzeugnistypen nicht, da eine Verrechnung eventueller realer Anfangsbestände bei der Bestimmung effektiver Bedarfe erfolgt. Daher gilt:

$$Y_{i(t=0)} = S_{i(t=0)} \qquad\qquad (i = 1, \ldots, I).$$

c) Nebenrechnung

Die Produktionskoeffizienten der aggregierten Typen sind auf der Basis disaggregierter Teileitems zu berechnen. Sie beziehen sich auf die Nachfragemengen der Erzeugnisfamilien, da laut Voraussetzung (vgl. Gliederungspunkt 3.1.) die Enderzeugnisitems einer Familie jeweils eine gleiche Anzahl der gleichen Teile benötigen:

$$b_{ii°} = \frac{\sum_{j \varepsilon T_a(i)} \sum_{k° \varepsilon T°(i°)} h_j \cdot b_{iji°k°}}{\sum_{j \varepsilon T_a(i)} h_j}$$

wobei:

$b_{iji°k°}$ Produktionskoeffizient - Menge des Vorproduktes k° (das zu Typ i° gehört), welche in eine Mengeneinheit der Enderzeugnisfamilie j eingeht (die zum Typ i gehört).

Bei den h_j handelt es sich um die realen (nicht um die effektiven) Jahresbedarfe.[73]

---

[73] Vgl. Bitran, Haas and Hax (1982), S. 237.

d) Zusammenfassende Modelldarstellung

$$\min \sum_{t=1}^{T} \sum_{i=1}^{I} (k_{Lit} \cdot y_{it} + k_{Nt} \cdot n_{it} + k_{Ut} \cdot u_{it})$$

$$+ \sum_{t=1}^{T-L} \sum_{i^\circ=1}^{I^\circ} (k_{Li^\circ t}^\circ \cdot y_{i^\circ t}^\circ + k_{Ni^\circ t}^\circ \cdot n_{i^\circ t}^\circ + k_{Ui^\circ t}^\circ \cdot u_{i^\circ t}^\circ)$$

u.d.N.

$$y_{i(t-1)} + r_i \cdot (n_{it} + u_{it}) - y_{it} = h_{it} \qquad \begin{array}{l} (i = 1,\ldots,I) \\ (t = 1,\ldots,T) \end{array}$$

$$y_{i^\circ(t+L-1)}^\circ + r_{i^\circ}^\circ \cdot (n_{i^\circ t}^\circ + u_{i^\circ t}^\circ) - y_{i^\circ(t+L)}^\circ$$

$$= \sum_{i=1}^{I} b_{ii^\circ} \cdot r_i \cdot (n_{i(t+L)} + u_{i(t+L)}) \qquad \begin{array}{l} (i^\circ = 1,\ldots,I^\circ) \\ (t = 1,\ldots,T-L) \end{array}$$

$$y_{i^\circ(t-1)}^\circ - y_{i^\circ t}^\circ = \sum_{i=1}^{I} b_{ii^\circ} \cdot r_i \cdot (n_{it} + u_{it}) \qquad (t = 1,\ldots,L)$$

$$\sum_{i=1}^{I} n_{it} \leq N_t \qquad (t = 1,\ldots,T)$$

$$\sum_{i=1}^{I} u_{it} \leq U_t \qquad (t = 1,\ldots,T)$$

$$\sum_{i^\circ=1}^{I^\circ} n_{i^\circ t}^\circ \leq N_t^\circ \qquad (t = 1,\ldots,T-L)$$

$$\sum_{i^\circ=1}^{I^\circ} u_{i^\circ t}^\circ \leq U_t^\circ \qquad (t = 1,\ldots,T-L)$$

$$S_{it} \leq Y_{it} \leq H_{it} \qquad \begin{array}{l}(i = 1,\ldots,I) \\ (t = 1,\ldots,T)\end{array}$$

$$S_{i^\circ t}^\circ \leq Y_{i^\circ t}^\circ \leq H_{i^\circ t}^\circ \qquad \begin{array}{l}(i^\circ = 1,\ldots,I^\circ) \\ (t = L+1,\ldots,T)\end{array}$$

$$n_{it},\ u_{it},\ Y_{it} \geq 0 \qquad \begin{array}{l}(i = 1,\ldots,I) \\ (t = 1,\ldots,T)\end{array}$$

$$n_{i^\circ t}^\circ,\ u_{i^\circ t}^\circ,\ Y_{i^\circ t}^\circ \geq 0 \qquad \begin{array}{l}(i^\circ = 1,\ldots,I^\circ) \\ (t = 1,\ldots,T)\end{array}$$

3.2.2. Ergebnisse der Ebene I

Arbeitszeiten werden differenziert für jeden Typ (Enderzeugnisse und Teile) und für jede Periode ermittelt, wobei zwischen Normal- und Mehrarbeitszeiten zu unterscheiden ist.

Produktionsmengen für Enderzeugnistypen und Teiletypen sind aus den Produktionsraten und den Arbeitszeiten zu errechnen.

Lagermengen werden für Enderzeugnis- und Teiletypen berechnet.

Nur bezüglich der aggregierten Produktionsmengen erfolgt auf den darauffolgenden Entscheidungsebenen eine Disaggregation.

3.3. Erste Disaggregationsstufe (Ebene II)

3.3.1. Modellentwicklung [74]

Der Ansatz stellt eine Erweiterung des einstufigen Rucksackmodells von Bitran und Hax dar (vgl. Gliederungspunkt 2.4.3.2.). Betrachtet werden alle aufzulegenden Enderzeugnis-

---

[74] Vgl. Bitran, Haas and Hax (1982), S. 240.

typen, untergliedert nach Enderzeugnisfamilien, und Vorprodukttypen, differenziert nach Vorproduktitems.

a) Zielfunktion

$$\min \sum_{t=1}^{L+1} \sum_{i=1}^{I} \sum_{j \varepsilon T_a(i,t)} \frac{k_{Rj} \cdot \tilde{h}_{jt}}{x_{jt}} + \sum_{i^\circ=1}^{I^\circ} \sum_{k^\circ \varepsilon T_a^\circ(i^\circ)} \frac{k_{Rk^\circ}^\circ \cdot \tilde{h}_{k^\circ}^\circ}{x_{k^\circ}^\circ}$$

wobei:

k_{Rk} Kosten eines Rüstvorganges für das Einzelerzeugnis k,

$T_a(i,t)$ Indexmenge aller in Teilperiode t aufzulegenden Erzeugnisfamilien j, die dem Erzeugnistyp i angehören,

x_{jt} Produktionsmenge der Erzeugnisfamilie j in Teilperiode t.

Der erste Summand der Zielfunktion bewirkt eine Minimierung der Rüstkosten aller Enderzeugnisfamilien über die Durchlaufzeit der Vorprodukte und die darauffolgende Teilperiode, da erst in Teilperiode L+1 die in der ersten Teilperiode aufgelegten Vorprodukte zur Verfügung stehen. Der zweite Summand minimiert die Rüstkosten der Einzelteile in der ersten Teilperiode.

Im Gegensatz zum einstufigen Modell unter Gliederungspunkt 2.4.3.2. werden hier die Rüstkosten nicht auf der Basis der summierten Bedarfswerte des gesamten Planungszeitraumes berechnet. Zur Berechnung der Rüstkosten der Enderzeugnisfamilien werden die Bedarfswerte summiert über die Teilperioden 1 bis L+1, also über die Vorlaufzeit und die darauffolgende Teilperiode, herangezogen. Bitran, Haas und Hax definieren $\tilde{h}_{jt}$ bzw. $\tilde{h}_{k^\circ}^\circ$ als die Bedarfe, welche in der Run Out Time der zugehörigen Typen auftreten. Es handelt sich dementsprechend nicht um effektive Bedarfe. Der Rüstkostensatz der Vorprodukte $k_{Rk^\circ}^\circ$ ist indiziert mit dem Typenindex i°, da keine zwei Vorproduktitems mit gleichen Rüstkosten existieren (vgl. unter Gliederungspunkt 3.1.).

b) Nebenbedingungen

(1) Bedarfsrestriktionen in der Vorlaufzeit

$$\sum_{i=1}^{I} \sum_{j \varepsilon T_a(i,t)} b_{iji°k°} \cdot x_{jt} \leq L_{k°t}^{°} - S_{k°t}^{°} \qquad \begin{array}{l} (i° = 1,\ldots,I°) \\ (k° \ \varepsilon \ T_a^{°}(i°)) \\ (t = 1,\ldots,L) \end{array}$$

Diese Nebenbedingungen stellen sicher, daß während der Durchlaufzeit L der Vorprodukte, deren Auflegung in der ersten Periode geplant ist, die Herstellung der Enderzeugnisfamilien aus Lagerbeständen der Vorprodukte erfolgt. Die Lagerbestände weisen für die Teilperioden 1 bis L verschiedene Höhen auf, da in früheren Planungsläufen die Produktion von Vorprodukten beschlossen wurde, so daß diese nach Ablauf ihrer Durchlaufzeit im Lager zur Verfügung stehen. Die Losgrößen dieser früheren Dispositionen gelten für den laufenden Planungsprozeß als unveränderliche Vorgaben.

(2) Bedarfsrestriktionen in der Folgeperiode

$$\sum_{i=1}^{I} \sum_{j \varepsilon T_a(i,L+1)} b_{iji°k°} \cdot x_{j(L+1)}$$

$$\leq L_{k°(L+1)}^{°} - S_{k°(L+1)}^{°} + x_{k°}^{°} \qquad \begin{array}{l} (i° = 1,\ldots,I°) \\ (k° \ \varepsilon \ T_a^{°}(i°)) \end{array}$$

wobei:

$L_{k(L+1)}$ Lageranfangsbestand des Erzeugnisses k in Teilperiode t,

$S_{k(L+1)}$ Sicherheitsbestand des Erzeugnisses k in Teilperiode t.

In der Periode t = L+1 stehen schließlich neben dem Lagerbestand auch die in der Periode t = 1 aufgelegten Mengen des betrachteten Vorproduktes zur Verfügung.

(3) Abstimmung mit Ebene I bzgl. der Enderzeugnisfamilien

$$\sum_{j \varepsilon T_a(i,t)} x_{jt} = \bar{x}_{it} \qquad\qquad \begin{array}{l}(i = 1,\ldots,I)\\(t = 1,\ldots,L+1)\end{array}$$

(4) Abstimmung mit Ebene I bzgl. der Vorprodukte

$$\sum_{k^\circ \varepsilon T_a^\circ(i^\circ)} x_{k^\circ}^\circ = \bar{x}_{i^\circ}^\circ{}_{(t=1)} \qquad\qquad (i^\circ = 1,\ldots,I^\circ)$$

Die Gleichungen (3) und (4) gewährleisten die Erfüllung der Vorgaben aus Ebene I. Die reservierten Kapazitäten zur Fertigung der übergeordneten Enderzeugnis- und Vorprodukttypen werden Enderzeugnisfamilien und Vorproduktitems zugeteilt.

(5) Zulässigkeitsbereiche der Losgrößen für Enderzeugnisfamilien

$$x_{Minjt} \leq x_{jt} \leq x_{Maxjt} \qquad\qquad \begin{array}{l}(j \varepsilon T_a(i,t))\\(t = 1,\ldots,L+1)\end{array}$$

mit $x_{Minjt} = \text{Max } \{\ 0;\ h_{jt} - L_{jt} + S_{jt}\ \}$,

$$x_{Maxjt} = H_{jt} - L_{jt} \qquad\qquad \text{jeweils } \begin{array}{l}(j \varepsilon T_a(i,t))\\(t = 1,\ldots,L+1)\end{array}$$

Auch in diesem Ansatz gelten die für das einstufige Modell unter Gliederungspunkt 2.4.3.2. getroffenen Aussagen, daß die maximale Losgröße um die während der Produktionszeit abgesetzten Mengeneinheiten zu korrigieren ist. Es gilt dann für jede Teilperiode t und jede Enderzeugnisfamilie j:

$$x_{Maxjt} = (1 - \frac{h_{jt}}{r_i \cdot TL})^{-1} \cdot (H_{jt} - L_{jt}) \qquad\qquad \begin{array}{l}(j \varepsilon T_a(i))\\(t = 1,\ldots,T).\end{array}$$

(6) Zulässigkeitsbereiche der Losgrößen für Vorproduktitems

$$x^\circ_{Mink^\circ} \leq x^\circ_{k^\circ} \leq x^\circ_{Maxk^\circ} \qquad\qquad (k^\circ \ \varepsilon \ T^\circ_a(i^\circ))$$

(5) und (6) zeigen die Definitionsbereiche der Variablen an. Für Enderzeugnisfamilien sind die Berechnungswege der Ober- und Untergrenzen angegeben. Bitran, Haas und Hax ermitteln die Grenzen auf der Basis der Bedarfe und Lagerbestände, welche in der betrachteten Periode auftreten. Für die Teile geben Bitran, Haas und Hax keine Hinweise bezüglich der Berechnung von Grenzen. Untergrenzen sind leicht aus den Nebenbedingungen unter (2) abzuleiten:

$$x^\circ_{Mink^\circ} = \text{Max} \left\{ 0; \ \sum_{i=1}^{I} \ \sum_{j\varepsilon T(i,L+1)} \ b_{iji^\circ k^\circ} \cdot x_{j(L+1)} \right.$$

$$\left. - L^\circ_{k^\circ(L+1)} + S^\circ_{k^\circ(L+1)} \right\} \qquad (k^\circ \ \varepsilon \ T^\circ_a(i^\circ)).$$

Die Obergrenzen lassen sich wie bei den Enderzeugnissen angeben:

$$x^\circ_{Maxk^\circ} = H^\circ_{k^\circ(L+1)} - L^\circ_{k^\circ(L+1)}, \ \text{bzw.}$$

$$x^\circ_{Maxk^\circ} = \left(1 - \frac{b_{iji^\circ k^\circ} \cdot x_{j(L+1)}}{r^\circ_{i^\circ} \cdot TL}\right)^{-1} \cdot \left(H^\circ_{k^\circ(L+1)} - L^\circ_{k^\circ(L+1)}\right)$$

$$\text{jeweils} \ (k^\circ \ \varepsilon \ T^\circ_a(i^\circ)).$$

Allgemein reicht es aus, $x^\circ_{Mink^\circ} = 0$ anzusetzen, da die Nebenbedingungen unter (2) bereits restriktiv bezüglich der Untergrenzen wirken.

Zu beachten ist, daß in den angeführten Definitionsgleichungen die Produktionsmengen der Enderzeugnisfamilien Variablen sind.

c) Zusammenfassende Modelldarstellung

$$\min \sum_{t=1}^{L+1} \sum_{i=1}^{I} \sum_{j \in T_a(i,t)} \frac{k_{Rj} \cdot \tilde{h}_{jt}}{x_{jt}} + \sum_{i^\circ=1}^{I^\circ} \sum_{k^\circ \in T_a^\circ(i^\circ)} \frac{k_{Rk^\circ}^\circ \cdot \tilde{h}_{k^\circ}^\circ}{x_{k^\circ}^\circ}$$

u.d.N.

$$\sum_{i=1}^{I} \sum_{j \in T_a(i,t)} b_{iji^\circ k^\circ} \cdot x_{jt} \leq L_{k^\circ t}^\circ - S_{k^\circ t}^\circ \qquad \begin{array}{l}(i^\circ = 1,\ldots,I^\circ) \\ (k^\circ \in T_a^\circ(i^\circ)) \\ (t = 1,\ldots,L)\end{array}$$

$$\sum_{i=1}^{I} \sum_{j \in T_a(i,L+1)} b_{iji^\circ k^\circ} \cdot x_{j(L+1)}$$

$$\leq L_{k^\circ(L+1)}^\circ - S_{k^\circ(L+1)}^\circ + x_{k^\circ}^\circ \qquad \begin{array}{l}(i^\circ = 1,\ldots,I^\circ) \\ (k^\circ \in T_a^\circ(i^\circ))\end{array}$$

$$\sum_{j \in T_a(i,t)} x_{jt} = \bar{x}_{it} \qquad \begin{array}{l}(i = 1,\ldots,I) \\ (t = 1,\ldots,L+1)\end{array}$$

$$\sum_{k^\circ \in T_a^\circ(i^\circ)} x_{k^\circ}^\circ = \bar{x}_{i^\circ(t=1)}^\circ \qquad (i^\circ = 1,\ldots,I^\circ)$$

$$x_{Minjt} \leq x_{jt} \leq x_{Maxjt} \qquad \begin{array}{l}(j \in T_a(i,t)) \\ (t = 1,\ldots,L+1)\end{array}$$

$$\text{mit } x_{Minjt} = \text{Max} \{ 0; h_{jt} - L_{jt} + S_{jt} \},$$

$$x_{Maxjt} = H_{jt} - L_{jt} \qquad \text{jeweils } \begin{array}{l}(j \in T_a(i,t)) \\ (t = 1,\ldots,L+1)\end{array}$$

3.3.2. Ergebnisse der Ebene II

Für alle Enderzeugnisfamilien werden Losgrößen bestimmt. In den Perioden 1 bis L (Vorlaufzeit) sind diese Enderzeugnisse aus den Lagerbeständen der Vorprodukte herzustellen. In der (L+1)-ten Periode stehen auch die in der ersten Teilperiode aufgelegten Mengen der Vorprodukte zur Verfügung. Die Losgrößen der Vorprodukte werden auf dieser Ebene Item-genau berechnet und stellen somit das Endergebnis dar. In einer zweiten Disaggregationsstufe hat noch eine Zerlegung der Losgrößen der Enderzeugnisfamilien in der ersten Teilperiode in Produktionsmengen der Enderzeugnisitems stattzufinden.

3.4. Zweite Disaggregationsstufe (Ebene III)

3.4.1. Modellentwicklung [75]

Dieses Modell ist für alle aufzulegenden Enderzeugnisfamilien anzuwenden. Es entspricht im Aufbau dem von Bitran und Hax aus Gliederungspunkt 2.4.4.2..

a) Zielfunktion

In der unten aufgeführten Zielfunktion erfolgt für die betrachtete Enderzeugnisfamilie in der ersten Teilperiode eine Minimierung der Summe aller quadrierten Abstände zwischen der Familien-ROT und den jeweiligen Einzelerzeugnis-ROT's.

$$\min_{k \varepsilon F(j)} \sum \left[\frac{\bar{x}_j + \sum\limits_{k \varepsilon F(j)} (L_k - S_k)}{\sum\limits_{k \varepsilon F(j)} h_k} - \frac{x_k + L_k - S_k}{h_k} \right]^2$$

---

[75] Vgl. Bitran, Haas and Hax (1982), S. 241.

b) Nebenbedingungen

(1) Abstimmung mit Ebene I

Die vorgegebene Familienlosgröße der ersten Periode wird auf
Einzelerzeugnisse verteilt:

$$\sum_{k \varepsilon F(j)} x_k = \bar{x}_j .$$

(2) Zulässigkeitsbereiche

$$x_{Mink} \leq x_k \leq x_{Maxk} \qquad\qquad (k \ \varepsilon \ F(j))$$

Die Ermittlung der Grenzen erfolgt analog zu den Berechnungen
auf Ebene II.

c) Zusammenfassende Modelldarstellung

$$\min_{k \varepsilon F(j)} \sum \left[\frac{\bar{x}_j + \sum_{k \varepsilon F(j)} (L_k - S_k)}{\sum_{k \varepsilon F(j)} h_k} - \frac{x_k + L_k - S_k}{h_k} \right]^2$$

u.d.N.

$$\sum_{k \varepsilon F(j)} x_k = \bar{x}_j$$

$$x_{Mink} \leq x_k \leq x_{Maxk} \qquad\qquad (k \ \varepsilon \ F(j))$$

3.4.2. Ergebnisse der Ebene III

Allen aufzulegenden Enderzeugnissen sind nun für die Planungsperiode Produktionsmengen zugewiesen, die bezüglich jeder Enderzeugnisfamilie möglichst einheitliche Wiederauflegungszeitpunkte gewährleisten.

3.5. Kritik

Auch bei diesem zweistufigen Ansatz ist zu beachten, daß in realistischen Planungsansätzen die Variablen für die Produktions- und Lagermengen ganzzahlig sein müssen, was die Berechnung der optimalen Lösung erheblich erschwert.

Durch die Zweistufigkeit erhöht sich zudem die Modellkomplexität. Eine große Bedeutung kommt hierbei der Aggregation und Disaggregation zu. Die Abstimmung der Aggregation hat jetzt auf und zwischen zwei Fertigungsstufen stattzufinden, der Enderzeugnisstufe und der Vorproduktstufe. Bei sehr komplexen Enderzeugnissen wird eine sinnvolle Aggregation häufig nicht möglich sein, da die Vorprodukte in zu unterschiedlichen Variationen in die Enderzeugnisse eingehen, und somit eine Zusammenfassung zu einer Enderzeugnisfamilie nicht durchführbar ist.

Bei einstufiger Produktion umfaßt der Ansatz auf Ebene II mehrere Rucksackmodelle jeweils mit einem Enderzeugnistyp inklusive seiner Familien. Bei zweistufiger Produktion ist der Ansatz derart zu erweitern, daß in einem Modell die Abstimmung aller aufzulegenden End- und Vorprodukttypen mit ihren jeweiligen Familien simultan erfolgt, wodurch sich ein sehr komplexes Modell ergibt.

Ebenso wie unter Gliederungspunkt 2.5.3.2. aufgeführt, ist es auch in diesem Ansatz fraglich, ob Vorlaufzeiten auf Monatsbasis einen Sinn ergeben. Weiterhin erscheint es inkonsequent, für Vorprodukte eine Vorlaufzeit zu berücksichtigen, aber bezüglich der Enderzeugnisse eine sofortige Verfügbarkeit der aufgelegten Mengen zu unterstellen.

Die Mengen zur Deckung der Bedarfe an Enderzeugnissen, die sich aus den Absatzprognosen ergeben, sind ohne Fehlmengen zu produzieren. Daher sind auch die Bedarfe an Vorprodukten durch diese Prognosewerte und die Stücklistenauflösung festgeschrieben. Unter diesen Umständen ist es einfacher, für jede Fertigungsstufe isoliert ein einstufiges Modell anzuwenden. Somit eröffnet sich die Möglichkeit, Produktionsprozesse von mehr als zwei Fertigungsstufen durch einfache hierarchische Ansätze zu planen. Dies ist zulässig, wenn in einer Produktionsstelle nur Erzeugnisse einer Dispositionsstufe hergestellt werden. Durch die Auflösung des mehrstufigen Ansatzes in mehrere einstufige Modelle geht der zeitliche Integrationseffekt der simultanen Planung von Vorprodukten und Enderzeugnissen verloren. Es kann nun leichter vorkommen, daß - wie dies in herkömmlichen computergestützten Systemen der Produktionsplanung und -steuerung zu beobachten ist - Unstimmigkeiten bei der Terminfestlegung auftreten. Eine große Gefahr besteht darin, daß Bedarfe an Vorprodukten in den ersten Perioden nicht zu decken sind, weil die Fertigungsaufträge zu vieler Enderzeugnisse von späteren (Engpaß-)Perioden auf frühere, nicht ausgelastete Perioden vorverlegt werden, ohne die Versorgung mit der Fertigungsstellen mit Vorprodukten zu sichern. Daher ist in solchen einstufigen Ansätzen im Rahmen einer mehrstufigen Produktion auch eine Verfügbarkeitsprüfung für Vorprodukte durchzuführen, zumindest in den ersten Perioden, deren Bedarfe durch Lagerbestände abzudecken sind.

Eine weitere Lösungsmöglichkeit besteht darin, auf Ebene I eine simultane Planung von Vorprodukt- und Enderzeugnistypen durchzuführen, und die Disaggregation auf den folgenden Ebenen isoliert für Vorprodukte und Enderzeugnisse durchzuführen. Dies entlastet zwar die Ebene II, aber der Aufwand für Ebene I wäre unverändert groß.

Eine Ausdehnung der beschriebenen Planungssituation um weitere Fertigungsstufen ist theoretisch ohne weiteres denkbar. Der praktischen Anwendung dürften jedoch enge Grenzen gesetzt sein. Insbesondere wegen der Komplexität des Entscheidungsmodells auf der Ebene II erscheint eine Anwendung mehrstufiger hierarchischer Ansätze der beschriebenen Form nicht sinnvoll.

Bitran und von Ellenrieder veröffentlichten 1979 die Konzeption einer hierarchischen Produktionsplanung bezogen auf den speziellen Praxisfall einer Gießerei [76]. Diese Gießerei weist einen Fertigungsprozeß auf, der in acht Fertigungsstufen abläuft. In ihren Modellen reduzieren Bitran und von Ellenrieder diese acht Fertigungsstufen auf drei Stufen, indem sie eine Aggregation der Produktionsprozesse vornehmen, welche organisatorisch und ablauftechnisch für die Produktionsplanung ohne nennenswerten Informationsverlust zusammengefaßt werden können. Die Erzeugnisse werden analog zu den oben dargestellten Ansätzen in zwei Stufen zu Erzeugnisfamilien und Erzeugnistypen aggregiert. In drei Planungsebenen erfolgt die hierarchische Produktionsplanung, die in ihrem Aufbau weitgehend der Struktur der hierarchischen Produktionsplanung zweistufiger Fertigungsprozesse nach Bitran, Haas und Hax entspricht. Die erste Ebene umfaßt eine aggregierte Optimierung über alle Fertigungsstufen und über alle Erzeugnistypen mittels linearer Programmierung. Die beiden folgenden Planungsebenen dienen der Disaggregation der Planungsergebnisse der ersten Ebene. Die hervorstechendsten Eigenschaften dieser Konzeption sind in der Fehlerhaftigkeit und Unvollständigkeit der formalen Darstellung zu sehen. Daher, und weil der Ansatz im Vergleich zur hierarchischen Produktionsplanung zweistufiger Fertigungsprozesse keine wesentlichen neuen Erkenntnisse bietet, wird an dieser Stelle auf eine detaillierte Analyse der Entscheidungsmodelle nach Bitran und von Ellenrieder verzichtet.

Ein neuerer Ansatz stammt von Tsubone, Matsuura und Tsutsu. Für einen zweistufigen Produktionsprozeß stellen sie einen hierarchischen Planungsansatz auf. Die Struktur der Planungsmodelle entspricht dem Aufbau der Modelle nach Bitran, Haas und Hax.[77]

Eine ausführliche Analyse hierarchischer Ansätze zur Planung mehrstufiger Produktionsprozesse ist bei Stadtler zu fin-

---

[76] Vgl. Bitran and von Ellenrieder (1979), S. 107 ff.

[77] Vgl. Tsubone, Matsuura and Tsutsu (1991), S.770 ff.

den [78]. Daher sei hier lediglich auf die Entwicklungen von Andersson, Axsäter und Jönsson hingewiesen, die ein Material Requirements Planning System in eine hierarchische Sukzessivplanung integrieren.[79]

Die oft als mehrstufige hierarchische Produktionsplanungssysteme dargestellten Ansätze von Sutter sowie von Zäpfel und Tobisch werden an dieser Stelle nicht betrachtet, da diese Autoren keine Aggregation und Disaggregation der Daten und Entscheidungsvariablen vorsehen. Damit sind die Ansätze eher den Sukzessivplanungsansätzen zuzurechnen als den hierarchischen Ansätzen.[80]

---

[78] Vgl. Stadtler (1988), S. 36 ff.

[79] Vgl. Andersson, Jönsson and Axsäter (1980), S. 79 ff; Andersson, Axsäter and Jönsson (1981), S. 46 ff; Axsäter and Jönsson (1984), S. 341 ff.
Zur Einbindung von MRP in eine hierarchische Unternehmungsplanung vgl. auch Meal, Wachter and Whybank (1987), S. 949 ff.

[80] Vgl. Sutter (1976), S. 207 ff; Zäpfel und Tobisch (1980), S. 5 ff.

Teil III:

KANBAN

als Informationssystem

zur Steuerung einer

Just-In-Time-Produktion

**Teil III: KANBAN als Informationssystem zur Steuerung einer
Just-In-Time-Produktion**

1. Grundlagen des KANBAN-Konzeptes

Als Erfinder des KANBAN-Konzeptes gilt der ehemalige Vizepräsident der Toyota Motor Company, Taiichi Ohno. In der Zeit zwischen 1948 und 1978 entwickelte er ein neues Produktionssystem zur Just-In-Time-Fertigung und führte es mit großem Erfolg bei Toyota ein.[1]

Um die Philosophie des Toyota-Produktionssystems verständlich zu machen, werden im folgenden die in Japan vorzufindenden Umweltbedingungen erläutert.[2]

(1) Beschränkte Landfläche

In Japan leben über 123 Millionen Menschen auf einer Landfläche von 377.801 km^2. Somit kommen auf einen km^2 durchschnittlich 326 Menschen.[3] Dies hat zur Folge, daß gegenüber anderen Staaten das Landangebot knapp und der Erwerb sowie die Pacht der Bodenfläche teuer sind. Überhöhte Lagerbestände benötigen aber kostspielige Lagerflächen und stellen somit eine Verschwendung knapper Ressourcen dar. Fabrikanlagen müssen daher in Japan bereits im Planungsstadium möglichst effizient gestaltet werden, um weitestgehend lagerbestandsarme Materialflüsse zu erlauben. Jede Zwischenlagerung von Halbfertigerzeugnissen im Fertigungsablauf verursacht im Vergleich zu europäischen Verhältnissen sehr hohe Lagerkosten. Aus diesem Grund liegt ein effizienter Materialfluß vor, wenn die Zwischenlagerbestände auf ein Minimum reduziert sind.

---

[1] Vgl. Ohno (1988a), Inneneinband.

[2] Vgl. Hall (1981), S. 7 ff; Sugimori et al. (1986), S. 53.

[3] In der Bundesrepublik Deutschland leben ca. 78 Millionen Menschen auf etwa 360.000 km^2, was einer Bevölkerungsdichte von 217 Menschen je km^2 entspricht.
Vgl. Statistisches Bundesamt (1990), S. 696 ff.

(2) Wenig Rohstoffe

Japans Wirtschaft ist auf die Einfuhr von Rohstoffen angewiesen. Diese Importe müssen durch Exporte finanziert werden. Da Japan selbst kaum über eigene Bodenschätze verfügt, sind nur Exporte hochwertiger Erzeugnisse der einheimischen Wirtschaft sinnvoll. Daraus resultiert das japanische Streben durch die Herstellung qualitativ hochwertiger Produkte den Weltmarkt zu erobern. Auch ist zu beachten, daß Ausschuß eine Verschwendung teurer Rohstoffe bedeutet und demgemäß zu vermeiden ist.

(3) Unternehmungsverbundenheit

Japaner sehen ihre Arbeit nicht losgelöst vom restlichen Leben, als Mittel zum Zweck, sondern eher als Erweiterung des Familienlebens. Daher arbeiten oft alle Familienmitglieder seit Generationen in der gleichen Firma, mit der sie sich auch privat identifizieren. Als Gegenleistung bietet die Firma einen sicheren Arbeitsplatz auf Lebenszeit. Nur schwerwiegende Verfehlungen des Angestellten bewirken eine Kündigung. Diese Aussagen sind jedoch zu relativieren. Sie gelten i.d.R. nur für die fest angestellten Mitarbeiter der Großbetriebe. Etwa ein Drittel der Gesamtbevölkerung Japans gehört zu der Stammbelegschaft dieser Unternehmungen, wobei der Anteil eine steigende Tendenz aufweist, da der Bedarf an Experten und hochqualifizierten Mitarbeitern, welche die Stammbelegschaft bilden, zunimmt.[4]

Bei Toyota wird auf sinkende Absatzzahlen unter Umständen dadurch reagiert, daß Arbeiter mit Zeitvertägen entlassen werden, was der hire-and-fire-Mentalität westlicher Prägung entspricht. Ebenfalls starker Fluktuation sind die Mitarbeiter kleinerer und mittlerer Unternehmungen ausgesetzt, da der Personalbestand dieser als Zulieferer der Großunternehmungen tätigen Unternehmungen stark von der Beschäftigungslage ab-

---

[4] Vgl. Odrich (1990), S. 12; Schneidewind (1991a), S. 292 f.

hängt, die wiederum in direkter Korrelation zur Beschäftigungslage der belieferten Großunternehmungen steht.[5]

(4) Gruppendenken

In Japan erfolgt die Lösung eines Problems primär mittels Teamarbeit. Möglichst alle von der Entscheidung betroffenen Stellen und Mitarbeiter sind an der Entscheidungsfindung zu beteiligen. Dies hat zur Folge, daß ein Entscheidungsprozeß viel Zeit benötigt, aber danach in der Regel die Entscheidung auf breitere Akzeptanz stößt als die Entscheidung einer Einzelperson. Die beteiligten Entscheidungsträger treiben die Realisation der beschlossenen Maßnahmen zudem zügig voran. Übertragen auf den Fertigungsbereich bedeutet dies, daß nicht versucht wird durch Steigerung der eigenen Leistung ein persönliches Optimum anzustreben, sondern, daß alle Mitarbeiter zusammen versuchen das Optimum für ihren Bereich zu erreichen.[6]

Zusammenfassend bleibt hervorzuheben, daß in Japan die mitarbeiterorientierte Teamarbeit in einer als Familie und Lebensaufgabe angesehenen Firma dominiert. In westlichen Ländern, insbesondere in der Bundesrepublik Deutschland, überwiegt hingegen das technische, systembezogene Denken bei vollständiger Trennung zwischen Arbeitszeit und Freizeit. Die Firma wird als reiner Arbeitgeber gesehen und weniger als Gemeinschaft von Kollegen.

Aus dieser Situation heraus leitete Taiichi Ohno ein neues Produktionssystem für Toyota ab. Die Bestandteile dieser als Toyota-Produktionssystem bekannten Konzeption sind in Abbildung 3.01 dargestellt.

Den Beginn der Überlegungen bildet die Erkenntnis, daß die traditionelle Formel zur Kalkulation, nach der sich - wie in

---

[5] Vgl. Monden (1983), S. 58 f; Schneidewind (1991b), S. 258.

[6] Vgl. Schneidewind (1991a), S. 300 ff.

Abbildung 3.02 skizziert - aus den gegebenen Kosten und einem gewünschten Deckungsbeitrag der Absatzpreis errechnet, für ein unter Konkurrenzdruck stehendes Unternehmen nicht sinnvoll ist. Ohno leitet aus der traditionellen Kalkulationsformel die in Abbildung 3.03 dargestellte Formel ab.

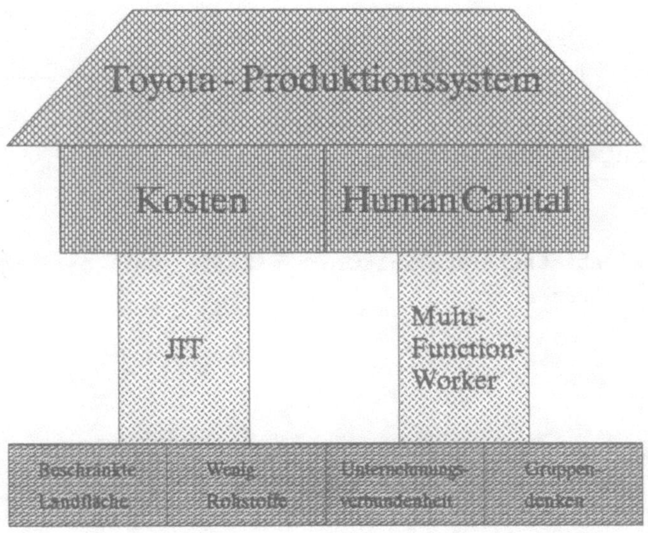

Abb. 3.01: Die zwei Säulen des Toyota-Produktionssystems [7]

Nicht die traditionelle Formel

 Verkaufspreis =
  gegebene Kosten + gewünschter Deckungsbeitrag [8]

ist für einen Anbieter unter Konkurrenzdruck relevant, sondern die Formel

---

[7] Vgl. Japan Management Association (1989), S. 25.

[8] Vgl. Kilger (1987), S. 394 ff.

    erlaubte Kosten =
        gegebener Marktpreis - gewünschter Deckungsbeitrag.[9]

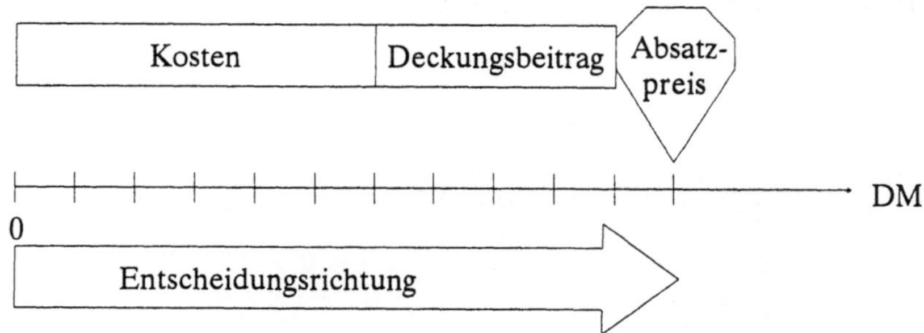

Abb. 3.02: Absatzpreiskalkulation mittels Soll-Deckungsbeiträgen

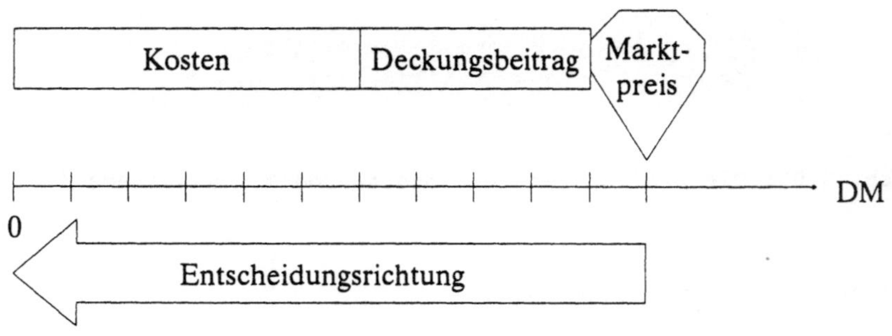

Abb. 3.03: Kostenkalkulation unter Konkurrenzdruck

Somit ist ersichtlich, daß der Verkaufspreis nicht vom Produzenten abhängt, sondern vielmehr von der Situation auf dem
Absatzmarkt, also letztlich von den Konsumenten. Daher ist
der gewünschte Deckungsbeitrag nur über die Reduzierung der
Kosten zu erreichen. Umgekehrt bedeutet dies auch, daß eine

---

[9] Vgl. Ohno (1988a), S. 8 f; Ohno (1988b), S. 21 ff.

Reduzierung der Kosten bei vorgegebenem konstantem Verkaufspreis den Deckungsbeitrag erhöht.

Als eine Zielsetzung bei der Entwicklung des Toyota-Produktionssystems ist demnach die Reduzierung der Kosten anzusehen. Kostensenkungspotentiale treten überall dort auf, wo eine Verschwendung knapper Ressourcen vorliegt. Wie oben aufgezeigt, handelt es sich in Japan bei den knappen Ressourcen in erster Linie um Lagerkapazitäten. Daher geht eine Lagerbestandsminimierung mit einer signifikanten Kostenreduzierung einher.

Die Minimierung der Lagerbestände, insbesondere der Lagerbestände an Halbfertigerzeugnissen, wird bei Toyota durch die Just-In-Time-Produktion erreicht. Der Begriff "Just-In-Time" ist hierbei nicht als "genau zum richtigen Zeitpunkt" zu verstehen, sondern im Sinne von "nicht zu spät, aber auch nicht zu früh". Wenn Teile über einen längeren Zeitraum ohne Nutzung im Lager liegen, dann wurden sie zu früh gefertigt. Dieses "zu früh" ist immer relativ zu sehen und hängt von der zugrundeliegenden Situation ab. Eine allgemeine Definition des Zeitraumes für eine sinnvolle Anlieferung ist nicht möglich. Die häufig benutzte Übersetzung "Gerade-noch-rechtzeitig-Fertigung" [10] für "Just-In-Time-Production" entspricht daher nicht der bei Toyota gebräuchlichen Definition, obwohl dies der anzustrebende Zustand ist.[11]

In einem Just-In-Time-gesteuerten System entspricht die Produktionsmenge einer untergeordneten Fertigungseinheit der(den) Verbrauchsmenge(n) der übergeordneten Fertigungseinheit(en). Defekte Teile können nicht durch auf Lager liegende Teile ersetzt werden. Daher ist im Rahmen einer Just-In-Time-Produktion auf ein hohes Qualitätsniveau zu achten. In der Literatur wird gefordert, daß keine defekten Teile zur näch-

---

[10] Vgl. Lee (1987), S. 1429; Philipoom et al. (1987), S. 472.

[11] Vgl. Ohno (1988b), S. 59 ff.

sten Verarbeitungsstufe weiterzureichen sind.[12]

Die Maßnahmen zur Qualitätssicherung bewirken auch einen sparsamen Umgang mit den knappen Rohstoffen, da eine Verschrottung qualitativ mangelhafter Fertigprodukte inklusive aller darin enthaltenen Rohstoffe weitgehend vermieden wird.

Eine zweite Zielsetzung, neben der Kostenminimierung, besteht bei Toyota darin, das in der Unternehmung vorhandene Human-Kapital zu nutzen. Bedingt durch die langfristige Verbundenheit der fest angestellten Mitarbeiter mit Toyota lohnt sich für die Unternehmung eine umfangreiche Ausbildung der Mitarbeiter. Weiterhin kann die japanische Charaktereigenschaft des Gruppendenkens und des Arbeitens in einem Team genutzt werden. Toyota bildet dementsprechend sogenannte Multi-Function-Worker aus, die in der Lage sind mehrere, auch funktionsverschiedene Maschinen zu bedienen. Dadurch wird es möglich, daß ein Arbeiter einem Kollegen, der in Zeitdruck geraten ist, an dessen Arbeitsplatz aushilft. Weiterhin übernehmen die Arbeiter selbst die Qualitätskontrolle bezüglich der von ihnen gefertigten Erzeugnisse. Beide Maßnahmen führen zu einer Ausweitung der Arbeitsaufgaben der einzelnen Arbeiter, ihre Handlungsautonomie und ihre Einsatzflexibilität steigen.[13]

2. KANBAN versus Synchronfertigung

Der Materialfluß wird bei Toyota durch den Einsatz sogenannter Kanbans gesteuert. Das japanische Wort "Kanban" bedeutet ins Deutsche übersetzt "Zettel" oder "Karte".[14]

---

[12] Vgl. Hay (1988), S. 137 ff; Shingo (1989), S. 117 ff; Schonberger (1982), S. 15 ff.

[13] Vgl. Monden (1981a), S. 39.

[14] Im folgenden wird "Kanban" im Sinne einer Karte verwendet und für das Steuerungssystem die Bezeichnung "KANBAN" verwendet.

KANBAN stellt neben dem Steuerungskonzept der Synchronfertigung eine Möglichkeit dar, eine Just-In-Time-Fertigung zu steuern. Die Philosophie von KANBAN besteht darin, "heute" das zu produzieren, was "gestern" verbraucht wurde. Die Synchronfertigung beruht auf dem Prinzip "heute" das herzustellen, was "morgen" gebraucht wird. Gemeinsam ist beiden Methoden, daß sie eine ablauforientierte Fertigung und absolute Qualität voraussetzen, um einen korrekten Materialfluß zu gewährleisten.[15]

Der Unterschied liegt in der Art der Materialbeschaffung. In nach KANBAN-Prinzipien organisierten Produktionssystemen ist die verbrauchende Stelle für die Materialbeschaffung selbst verantwortlich. Der betroffene Arbeiter muß sich die benötigten Materialien beim Produzenten abholen oder zumindest anfordern (Hol-Prinzip, Supermarktprinzip). Eine zentrale Produktionssteuerung erfolgt, wie in Abbildung 3.04 dargestellt, lediglich insofern, als der Endmontage die Bedarfe an Enderzeugnissen vorzugeben sind.

KANBAN ist kein Produktionsplanungs- und -steuerungssystem, das die Funktionen der computergestützten Verfahren der PPS übernimmt, sondern ein Kontroll- und Informationssystem, welches den ordnungsgemäßen Ablauf der Just-In-Time-Produktion steuert und überwacht. KANBAN stellt bei Toyota also lediglich einen von mehreren Bestandteilen des Produktionssystems dar.[16]

Bei der Synchronfertigung werden der verbrauchenden Stelle die benötigten Materialien genau zum Bedarfszeitpunkt bereitgestellt (Bring-Prinzip). Der Transport der Materialien von der produzierenden zur verbrauchenden Stelle erfolgt auf Veranlassung der produzierenden Stelle zu einem durch eine Zentralinstanz vorgegebenen Zeitpunkt. Das Bring-Prinzip entspricht dem Vorgehen in zentral gesteuerten Systemen der Produktionsplanung und -steuerung. Der Ablauf einer solchen zen-

---

[15] Vgl. Soom (1986a), S. 363; Soom (1986b), S. 446 f.

[16] Vgl. Hirano (1988), S. 166; Monden (1983), S. 4, S. 168.

tral gesteuerten Synchronfertigung ist in Abbildung 3.05 für zwei Fertigungsstellen skizziert, wobei Stelle 2 die Endmontage darstellt.

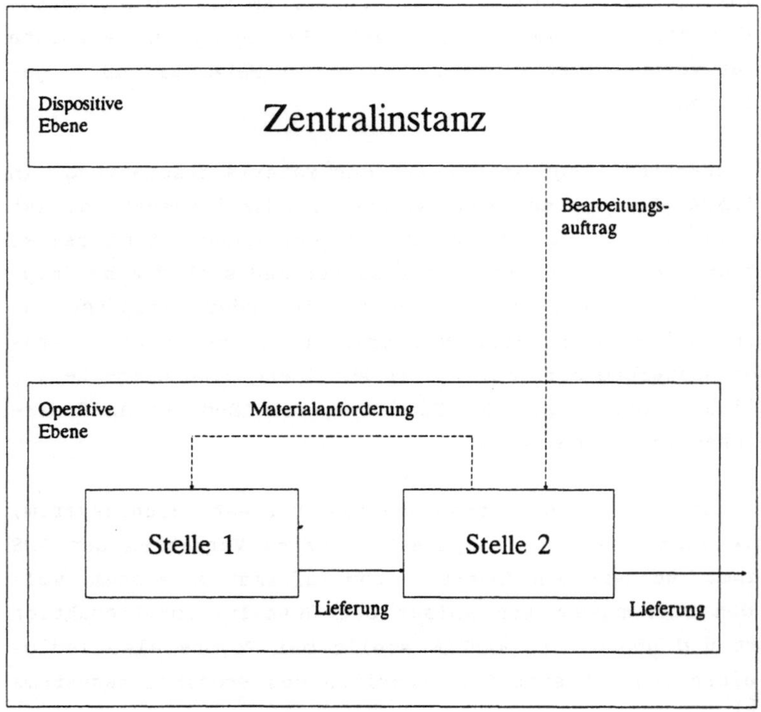

Abb. 3.04: Dezentrale Fertigungssteuerung mit KANBAN [17]

---

[17] Vgl. Lackes (1990), S. 24.

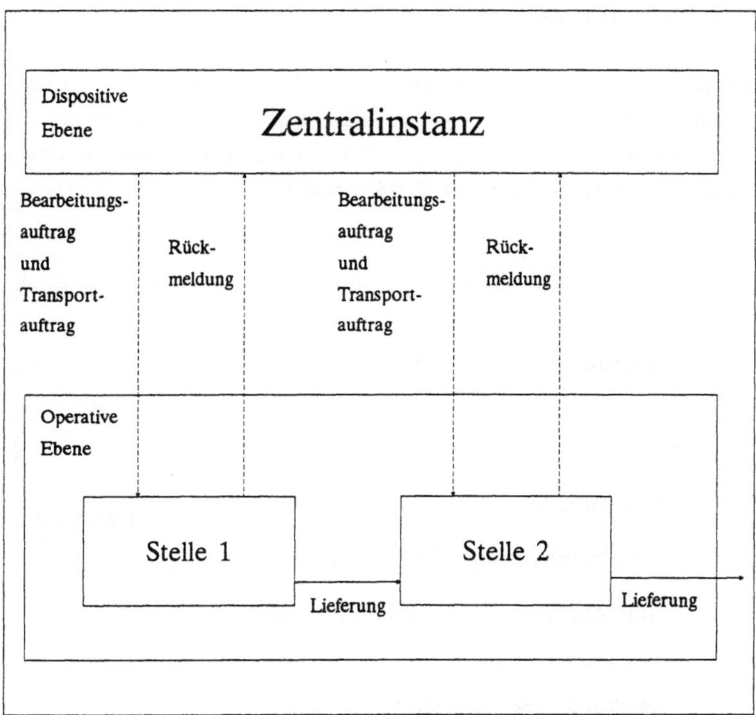

Abb. 3.05: Synchronfertigung [18]

3. Konzeptionelle Gestaltung des KANBAN-Informationssystems

3.1. Informations- und Materialfluß

3.1.1. Zwei-Karten-System

Grundsätzlich sind zwei Arten von Kanbans zu unterscheiden, die als Träger unterschiedlicher Informationen fungieren: [19]

---

[18] Vgl. Lackes (1990), S. 24.

[19] Vgl. Fandel and François (1988), S. 54 ff; Monden (1981b), S. 29 ff.

(1) Produktionskanbans

Produktionskanbans lösen in der produzierenden Stelle (Quelle) einen Fertigungsauftrag für die beschriebenen Teile in den angegebenen Mengen aus. Ein Beispiel für einen Produktionskanban ist in Abbildung 3.06 gegeben.

<table>
<tr><td rowspan="3" style="font-size:2em">P</td><td colspan="2">Lagernummer   F 26 - 18</td><td rowspan="2">Fertigungsstelle
———————
Maschine
SB - 8</td></tr>
<tr><td colspan="2">Teilenummer   56790 - 321
Teilebezeichnung   Kurbelwelle
Fahrzeugtyp   SX 50 BC - 150</td></tr>
<tr><td colspan="3">
<table>
<tr><td>Behältertyp</td><td>Behälterkapazität</td><td>Kartennummer</td></tr>
<tr><td>C</td><td>20</td><td>4 / 8</td></tr>
</table>
</td></tr>
</table>

Abb. 3.06: Produktionskanban [20]

Der Produktionskanban besagt, daß 20 Kurbelwellen mit der Teilenummer 56790-321, die im Fahrzeugtyp SX50BC-150 Verwendung finden, auf der Maschine SB-8 zu produzieren sind. Die 20 Kurbelwellen werden in einen Behälter des Typs C (Container) verstaut und im Lager F26-18 abgestellt. Weiterhin ist dem Kanban zu entnehmen, daß es sich um den vierten von acht identischen, im Umlauf befindlichen Produktionskanbans handelt.

---

[20] Vgl. Glaser, Geiger und Rohde (1991), S. 256; Monden (1981b), S. 30; Suzaki (1989), S. 151.

(2) Transportkanbans

Die Beschaffungsaktivitäten der verbrauchenden Stelle (Senke)
werden mittels Transportkanbans gesteuert. Abbildung 3.07
zeigt exemplarisch einen Transportkanban.

<table>
<tr><td rowspan="3">T</td><td colspan="3">Lagernummer   F 26 - 18</td><td>Fertigungsstelle</td></tr>
<tr><td colspan="3">Teilenummer   56790 - 321

Teilebezeichnung   Kurbelwelle

Fahrzeugtyp   SX 50 BC - 150</td><td>Maschine
SB - 8

Verbrauchsstelle</td></tr>
<tr><td><table><tr><td>Behältertyp</td><td>Behälterkapazität</td><td>Kartennummer</td></tr><tr><td>C</td><td>20</td><td>3 / 8</td></tr></table></td><td></td><td></td><td>Montage-
linie 7</td></tr>
</table>

Abb. 3.07: Transportkanban [21]

Die Angaben auf dem Transportkanban sind analog zu denen auf
dem Produktionskanban der Abbildung 3.06 zu deuten. Die Kar-
tennummer 3 kennzeichnet jetzt den dritten von acht identischen, umlaufenden Transportkanbans. Der Transportkanban regelt den Materialfluß zwischen dem Pufferlager F26-18, welches zur Maschine SB-8 (Quelle der Kurbelwellen) gehört, und
der Montagelinie 7, welche als Verbrauchsstelle der Kurbelwellen die Senke darstellt. Die Nennung der produzierenden
Stelle auf dem Transportkanban ist nicht unbedingt erforder-

---

[21] Vgl. Glaser, Geiger und Rohde (1991), S. 257; Monden
(1981b), S. 30; Suzaki (1989), S. 154.

lich, da ein Transportkanban nur zwischen der verbrauchenden Stelle und dem Pufferlager zum Einsatz kommt. Sie bietet jedoch dem Verbraucher die Möglichkeit der direkten Kontaktaufnahme mit dem Produzenten, wenn Störungen im Materialfluß auftreten, beispielsweise, wenn Ausschußteile weitergereicht wurden oder wenn im Pufferlager das nachgefragte Teil nicht mehr vorrätig ist.

Jeder Produktionskanban sowie jeder Transportkanban ist genau einem Behälter zugeordnet. Die Kanbans stellen die Informationsträger dar, die Behälter die zugehörigen Materialträger. Der einem Behälter beiliegende Kanban definiert die Art und die Anzahl der Teile in diesem Behälter. Die in den Abbildungen 3.06 und 3.07 aufgeführten Kanbans gehören jeweils zu einem Standardbehälter des Typs C, der zur Aufnahme von 20 Kurbelwellen bestimmt ist.

Der Informations- und Materialfluß eines KANBAN-gesteuerten Produktionssystems ist in Abbildung 3.08 für zwei Fertigungsstellen skizziert. Die Angaben beziehen sich auf die in den Abbildungen 3.06 und 3.07 aufgeführten Kanbans.

Den Ausgangspunkt der Aktivitäten bildet gemäß dem Hol-Prinzip stets die verbrauchende Stelle, in diesem Fall die Montagelinie 7: [22]

(1) Ein Mitarbeiter der verbrauchenden Stelle entnimmt den in der Sammelbox befindlichen Transportkanban.
(2) Weiterhin wird ein leerer Behälter der auf dem Transportkanban geforderten Spezifikation benötigt.
(3) Der Transportkanban und der zugehörige leere Behälter sind in das Pufferlager F26-18 zu bringen, welches auf dem Kanban angegeben ist. Dort wird der Behälter im Leergutlager abgeliefert.

---

[22] Vgl. Fandel und François (1989), S. 532 ff; Monden (1981b), S. 29 f.

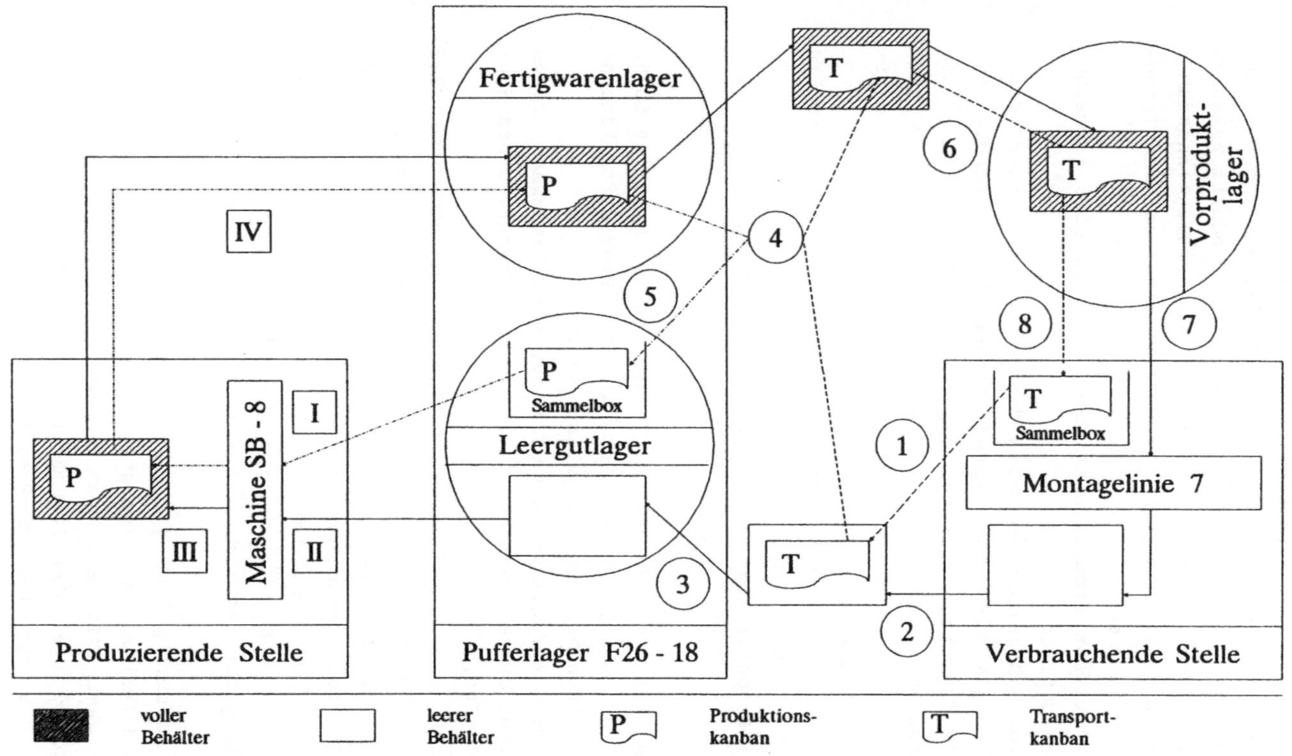

Abb. 3.08: Informations- und Behälterfluß zwischen zwei Fertigungsstellen in KANBAN-gesteuerten Produktionssystemen

(4) Im Fertigwarenlager der produzierenden Stelle werden die
benötigten Teile herausgesucht, indem ein Vergleich der
Angaben auf dem Transportkanban mit den Angaben auf dem
an dem gefüllten Behälter befestigten Produktionskanban
erfolgt. Bei Übereinstimmung wird der Produktionskanban
an dem gefüllten Behälter durch den mitgebrachten Transportkanban ersetzt.

(5) Der abgelöste Produktionskanban kommt in eine Sammelbox
im Leergutlager.

(6) Der volle Behälter inklusive des daran befestigten Transportkanbans wird im Vorproduktlager der verbrauchenden
Stelle deponiert. Dieses Vorproduktlager ist nicht notwendigerweise als abgetrennter Raum zu sehen. Es kann
sich auch um einen Stellplatz unmittelbar an der verar-
beitenden Maschine handeln.

(7) Werden die Teile zur Verarbeitung benötigt, entnimmt ein
Arbeiter den vollen Behälter dem Vorproduktlager.

(8) Den Transportkanban trennt er ab und legt ihn in die Sammelbox.

(I) Die Aktivitäten der produzierenden Stelle, Maschine SB-8,
beginnen damit, daß die Sammelbox für Produktionskanbans
durch einen Mitarbeiter geleert wird.

(II) Aus dem Leergutlager entnimmt der Arbeiter einen leeren
Behälter der auf dem Produktionskanban beschriebenen Spezifikation.

(III) Durch eine Produktionstätigkeit auf der Maschine SB-8
wird der Behälter mit der geforderten Menge, hier 20 Kurbelwellen, gefüllt. An dem vollen Behälter ist der zugehörige Produktionskanban zu befestigen.

(IV) Der gefüllte Behälter inklusive des Produktionskanbans
wird in das Fertigwarenlager F26-18 gebracht, wo er zur
Abholung für den Verbraucher bereitsteht.

Wie aus Abbildung 3.08 ersichtlich, weist das KANBAN-System
einen Behälterkreislauf (entspricht den durchgezogenen Pfei-
len) und zwei Informationskreisläufe auf. Die gestrichelten
Pfeile kennzeichen den Informationskreislauf der Transportkanbans, die Strich-Punkt-Pfeile den Informationskreislauf

der Produktionskanbans. Die beiden Informationszyklen berühren sich im Pufferlager, wo die beiden Kartenarten miteinander verglichen werden.

Der Behälterkreislauf betrifft sowohl die verbrauchende als auch die produzierende Stelle, während die Informationskreisläufe jeweils auf eine der beiden Stellen und das zwischen diesen Stellen liegende Pufferlager beschränkt sind.

Einem vollen Behälter liegt stets ein Kanban zur Identifizierung bei. Der Kanban ist abzulösen, sobald ein Teil aus dem Behälter entnommen wird. Kann der Inhalt der Behälter nicht ohne Hilfe eines Kanbans identifiziert werden, ist der Transportkanban in der verbrauchenden Stelle an dem Behälter zu belassen, bis das letzte Teil aus dem Behälter entnommen wurde.

Der in Abbildung 3.08 dargestellte Ablauf wird in Abbildung 3.09 als Regelkreismodell formuliert.

Wie hieraus ersichtlich ist, gehen alle Aktionen auf die Stellgröße der übergeordneten verbrauchenden Stelle zurück. KANBAN erfordert die Einteilung des zu steuernden Produktionsbereiches in ein System vermaschter selbststeuernder Regelkreise. Selbststeuernd deshalb, weil das System nach erfolgter Initialisierung keine Eingriffe der Zentralinstanz mehr erfordert. Diese Initialisierung erfolgt durch Vorgabe der in einer Planungsperiode zu erstellenden Enderzeugnismengen.

Abbildung 3.08 zeigt, daß ein KANBAN-System auf der Existenz eines Pufferlagers zwischen zwei Fertigungsstufen basiert. Übertragen auf eine mehrstufige Fertigung bedeutet dies, daß jeder Fertigungsstelle ein Pufferlager zugeordnet ist. KANBAN bewirkt dementsprechend keine lagerlose Fertigung.

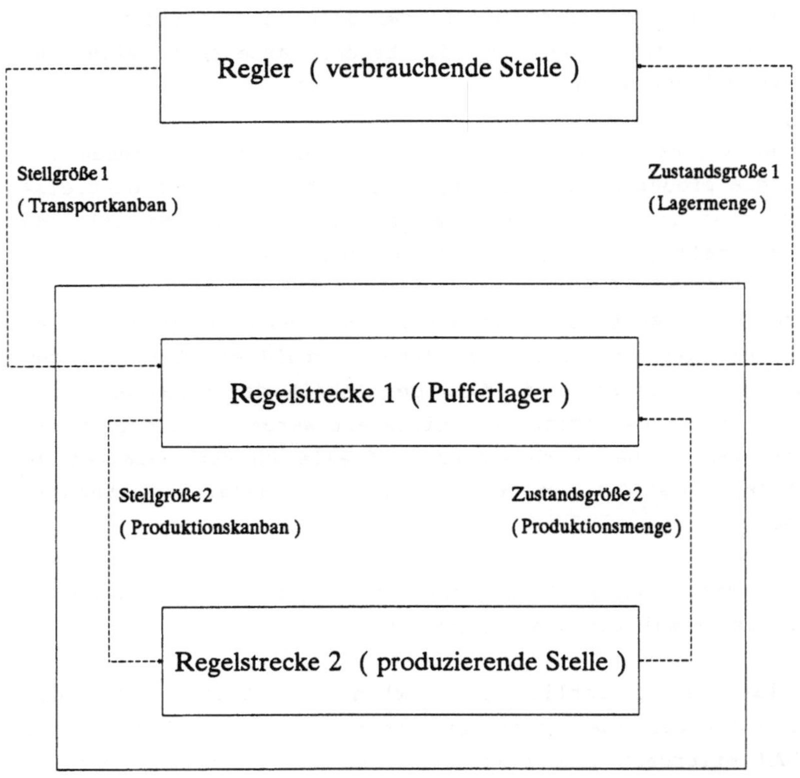

Abb. 3.09: Regelkreismodell zur KANBAN-Steuerung zwischen
zwei Fertigungsstellen

3.1.2. Ein-Karten-Systeme

3.1.2.1. Ein-Karten-System mittels Transportkanbans

Nach Aussage von Schonberger wendet ein Großteil der japanischen Unternehmungen Ein-Karten-Systeme an [23]. Hierbei verzichten sie auf den Einsatz der Produktionskanbans. Die Fertigung der Teile erfolgt gemäß zentral bestimmter Produktionspläne. Die Bedarfsdeckung der verbrauchenden Stelle fin-

---

[23] Vgl. Schonberger (1982), S. 227 ff; Schonberger (1983),
S. 61 ff.

det KANBAN-gesteuert statt. Dieses System bildet somit eine Verknüpfung zwischen Bring-Prinzip in der Produktion und Hol-Prinzip in der Beschaffung. Den Schwachpunkt des Systems stellt die zentrale Vorgabe der Produktionsmengen für alle Fertigungsstufen dar. Da diese Vorgabe nicht unmittelbar von dem Verbrauch in den Senken abhängt, werden die Regelkreise zur Informations- und Behälterflußsteuerung nach jeder Fertigungsstufe unterbrochen. Um die mangelnde Abstimmung der Produktionspläne mit den Transportaktivitäten auszugleichen, sind i.d.R. höhere Lagerbestände erforderlich. Daher ist die Erfolgsaussicht dieses Systems in Bezug auf die Erreichung des Zieles der Lagerkostenminimierung sehr skeptisch zu beurteilen. Der Einsatz eines solchen Ein-Karten-Systems erfolgt oft nur als Vorstufe zum Einsatz eines Zwei-Karten-Systems.

Sinnvoller erscheint es, ein System auf der Basis der Transportkanbans aufzubauen, bei dem der Anstoß zur Produktion erfolgt, wenn leere Behälter im Pufferlager stehen. Mit welcher Teilesorte der Behälter zu füllen ist, richtet sich nach den verfügbaren Lagerbeständen im Pufferlager. Die Produktionsmenge bzw. die Teileanzahl pro Behälter muß durch die zentrale Planungsinstanz vorgegeben sein.

3.1.2.2. Ein-Karten-System mittels Produktionskanbans

Während - wie in Abbildung 3.10 zu sehen - der Informations- und der Behälterkreislauf in Bezug auf die produzierende Stelle unverändert bleiben, ergibt sich für die verbrauchende Stelle ein veränderter Ablauf.[24]

(1) Ein Arbeiter der verbrauchenden Stelle begibt sich mit einem leeren Behälter zum Pufferlager der produzierenden Stelle, wo er den Behälter im Leergutlager abstellt.
(2) Aus dem Fertigwarenlager entnimmt er einen vollen Behälter. Den daran befestigten Produktionskanban legt er in die Sammelbox.

---

[24] Vgl. Glaser, Geiger und Rohde (1991), S. 260 ff.

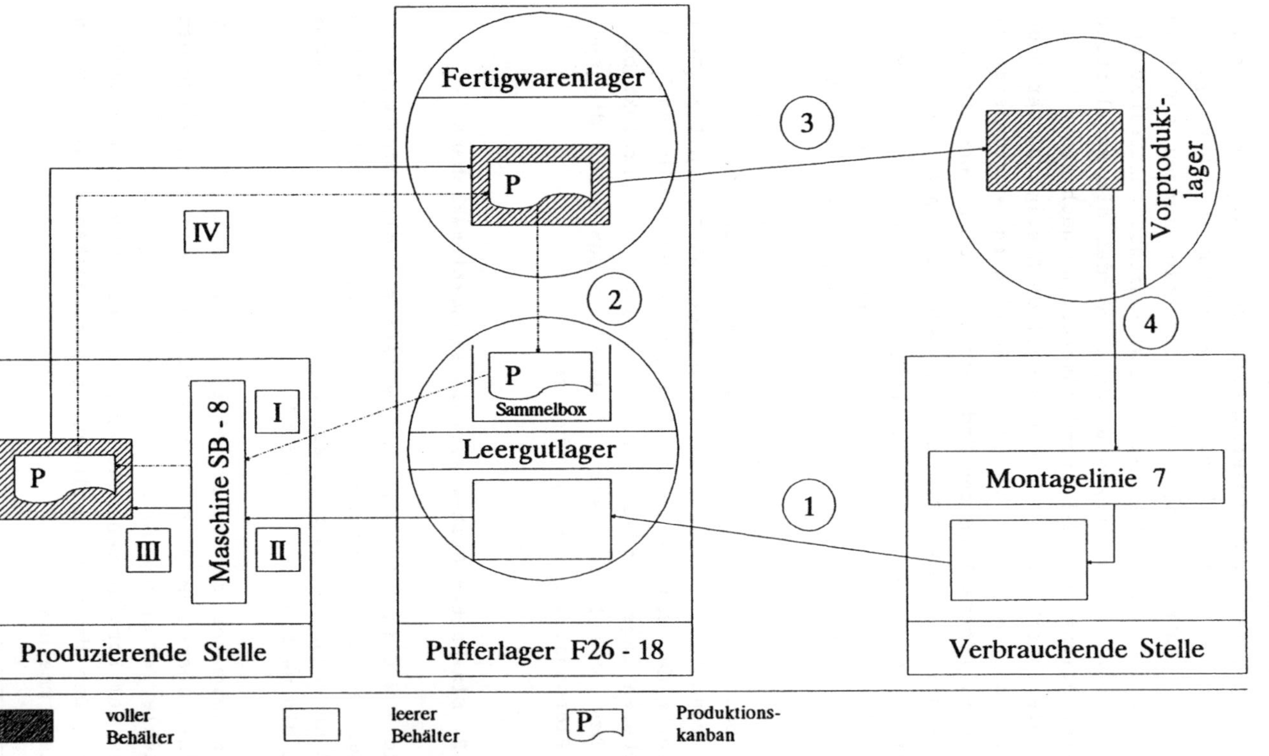

Abb. 3.10: Informations- und Behälterfluß zwischen zwei Fertigungsstellen in einem
Ein-Karten-System mit Produktionskanbans

(3) Den vollen Behälter bringt er in das Vorproduktlager der verbrauchenden Stelle.

(4) Werden die Teile zur Verarbeitung benötigt, so stehen sie im Vorproduktlager zur Verfügung.

Dieser Ablauf bedingt, daß der Informationsfluß zwischen der verbrauchenden Stelle und dem Pufferlager, der im Zwei-Karten-System durch die Transportkanbans erfolgt, hier ersatzlos wegfällt. Daher besagt eine wichtige Einsatzvoraussetzung dieses Systems, daß die Transportwege offensichtlich sein müssen. Das bedeutet, daß eine Fließfertigung vorliegen muß oder nur ein kleiner, überschaubarer Teilbereich der Produktion betroffen sein darf.

Zu beachten ist auch, daß innerhalb der verbrauchenden Stelle keine Identifikation der Behälterinhalte durch Kanbans erfolgt. Somit sind bei Verwendung von Standardbehältern, die keine visuelle Kontrolle der Inhalte erlauben, Ein-Karten-Systeme der beschriebenen Art nicht anwendbar, wenn mehrere sehr ähnliche Teile in der verbrauchenden Stelle benötigt werden.

Ein weiterer Nachteil besteht darin, daß eine Kontrolle der Entnahmemengen im Pufferlager nicht erfolgt. Prinzipiell kann der Arbeiter der verbrauchenden Stelle alle gelagerten Behälter entnehmen, da er keiner Bindung an Transportkanbans unterliegt. Eine sinnvolle Regelung ist, nur die Anzahl an Behältern zu entnehmen, die der Anzahl der abgegebenen leeren Behälter entspricht. Werden mehrere Teile mit gleichen Behältern in einer verbrauchenden Stelle verwendet, besteht die Gefahr, daß die Arbeiter Behälter einer weniger gebrauchten Teilesorte zum Aufbau von erhöhten Beständen einer häufiger gebrauchten Teilesorte heranziehen.

3.1.2.3. Ein-Karten-System mittels durchlaufender Kanbans

Die Funktionen der Produktionskanbans und der Transportkanbans können durch einheitliche Kanbans übernommen werden, wenn auf den Kanbans die verbrauchende Stelle, das Pufferlager und die produzierende Stelle angegeben sind. Der in Abbildung 3.07 dargestellte Transportkanban erfüllt diese Anforderung.

Im Vergleich zu den unter den vorangehenden Gliederungspunkten beschriebenen Ein-Karten-Systemen, die entweder auf den Einsatz der Produktionskanbans oder den der Transportkanbans völlig verzichten, beschränkt sich bei durchlaufenden Kanbans der Informationsfluß nicht nur auf eine Stelle und das Pufferlager. Die Informationsflüsse zwischen der produzierenden Stelle und dem Pufferlager werden mittels des gleichen Kanbantyps gesteuert wie die Informationsflüsse zwischen dem Pufferlager und der verbrauchenden Stelle. Ein konkreter Kanban kann - im Gegensatz zum Zwei-Karten-System - in der verbrauchenden Stelle einen Transportauftrag auslösen und zeitlich versetzt in der produzierenden Stelle einen Fertigungsauftrag auslösen. Im Vergleich zum Ein-Karten-System auf der Basis der Transportkanbans aus Gliederungspunkt 3.1.2.1. hat das System mit durchlaufenden Kanbans den Vorteil, daß keine zentralen Vorgaben über die zu produzierenden Produkte erforderlich sind. Die Probleme der Transportorganisation und der Teileidentifikation des Ein-Karten-Systems mittels Produktionskanbans aus Gliederungspunkt 3.1.2.2. entfallen hier.

Da jede Karte einem Behälter zugeordnet ist, kann das System dahingehend vereinfacht werden, daß die Kanbans unlösbar an den ihnen zugedachten Behältern befestigt werden, so daß der Informations- und der Behälterfluß stets parallel laufen.

Im Vergleich zum Zwei-Karten-System kann das Ein-Karten-System zu höheren Lagerbeständen führen, wenn mehrere Senken eine Materialart verarbeiten, da im Ein-Karten-System eine direkte Zuordnung eines Kanbans zu einem Verbraucher besteht. Dementsprechend sind im Pufferlager gefüllte Behälter für jeden einzelnen Verbraucher bereitzustellen. Im Zwei-Karten-System kann dieser Pufferbestand reduziert werden, da die Produktionskanbans an den gefüllten Behältern im Pufferlager keinem Verbraucher zugeordnet sind und somit Behälter, deren Wiederauffüllung durch die Entnahme eines Verbrauchers initiert wurde, zur Deckung des Bedarfes eines anderen Verbrauchers dienen können.

3.2. Regeln für eine KANBAN-gesteuerte Fertigung

Um eine funktionierende Just-In-Time-Fertigung mittels KANBAN zu realisieren bedarf es der Einhaltung folgender sieben Regeln: [25)

1. Regel: Die verbrauchende Stelle darf nie mehr Teile als benötigt dem Pufferlager der produzierenden Stelle entnehmen. Die Entnahme muß zum spätest möglichen Zeitpunkt stattfinden.

Eine Mißachtung dieser Regel hat zur Folge, daß im Vorproduktlager der verbrauchenden Stelle erhöhte Lagerbestände entstehen, da Materialien zu früh und/oder in zu großen Mengen beschafft werden und auf ihre Verarbeitung warten müssen. Analog dazu erzeugt die Quelle als Ersatz für die entnommenen Behälter wiederum neue Bestände, die im Pufferlager so lange liegen, bis die verbrauchende Stelle die Bestände in ihrem Vorproduktlager aufgebraucht hat.

In einem funktionierenden Zwei-Karten-System sollte diese Situation nicht vorkommen. Werden über einen längeren Zeitraum die Lagerbestände nicht abgebaut, bedeutet dies, daß sich zu viele Kanbans im Umlauf befinden. Durch Herausnahme eines Teiles der Karten und der zugehörigen Behälter kann der Bestand gesenkt werden.

[25)] Vgl. Monden (1981b), S. 36 ff; Soom (1986b), S. 447.

Dieser Regel zugeordnet werden kann auch die Forderung, daß in der produzierenden Stelle eine Entnahme aus einem neuen Behälter erst dann zulässig ist, wenn der vorhergehende Behälter vollständig geleert wurde.

2. Regel: Die Quelle darf erst produzieren, wenn ihr Produktionsbefehle in Form der Produktionskanbans vorliegen. Die Produktionsmenge eines Erzeugnisses ergibt sich aus der Anzahl der vorliegenden Produktionskanbans und der auf den Produktionskanbans vermerkten Standardmenge.

Diese Regel verhindert eine Vorratsfertigung über die als notwendig erachteten Pufferbestände hinaus. Es wird nur das nachproduziert, was die Senken vorher verbraucht haben. Der Lagerbestand eines Teiles in den Pufferlagern der produzierenden Stellen und in den Vorproduktlagern der verbrauchenden Stellen erreicht maximal die Menge, welche durch die Anzahl der im Umlauf befindlichen Produktions- sowie Transportkanbans und die auf den Kanbans angegebenen Standardmengen definiert ist.

3. Regel: Die Quelle darf nur qualitativ einwandfreie Erzeugnisse weitergeben.

Da Just-In-Time-Fertigung eine Wareneingangskontrolle weitestgehend verhindert, liegt die Verantwortung bezüglich der Lieferung qualitativ einwandfreier Teile beim Produzenten [26]. Jedes weitergegebene defekte Teil bewirkt eine Unterbrechung des Materialflusses, was sich bis zur Endprodukt-ebene durchzieht und dort das Auftreten von Fehlmengen zur Folge hat. Daher erfordert die Just-In-Time-Organisation eine erhöhte Aufmerksamkeit bezüglich der Qualität der Erzeugnisse. Wegen des dezentralen Charakters der KANBAN-Steuerung ist auch eine dezentrale Qualitätssicherung ratsam. An die Stelle eines zentral gesteuerten Qualitätsmanagements tritt die Selbstkontrolle durch den produzierenden Arbeiter. In der Einführungsphase eines KANBAN-Systems hält Wildemann

---

[26] Vgl. Hay (1988), S. 137 ff; Wildemann (1984), S. 45 ff.

auch eine zentral gesteuerte Qualitätsprüfung in den Pufferlagern für möglich [27].

4. Regel: Die durch KANBAN gesteuerte Produktion darf nur
Teile umfassen, die eine geringe Schwankung der Nachfrage
aufweisen.

Häufige Schwankungen der Bedarfsmengen erfordern eine regel-
mäßige Überprüfung der Anzahl an Kanbans, um zu verhindern,
daß während der Stoßzeiten Fehlmengen auftreten, weil zu wenige Behälter im Umlauf sind, bzw., daß in Perioden mit
schwacher Nachfrage unnötig viele gefüllte Behälter in den
Pufferlagern der Produzenten stehen.

5. Regel: Die Anzahl der Kanbans ist zu minimieren.

Eine große Anzahl an Produktions- und Transportkanbans ist
gleichbedeutend mit hohen Lagerbeständen. Eine Reduzierung
der Kartenanzahl und damit auch der Behälteranzahl führt zu
einer Verringerung des in Pufferbeständen gebundenen Kapitals.

Die Regeln Nr. 6 und Nr. 7 ergeben sich aus den Erläuterungen
unter Gliederungspunkt 3.1..

6. Regel: Jedem vollen Behälter ist genau ein Kanban (Produk-
tions- oder Transportkanban) zuzuordnen.

Sobald ein Behälter gefüllt ist, muß zur Identifikation der
darin enthaltenen Erzeugnisse ein Produktionskanban daran befestigt werden. Geht der Behälter in den Besitz der verbrauchenden Stelle über, wird der Produktionskanban gegen einen
entsprechenden Transportkanban der abholenden Stelle ausge-
tauscht. Dieser wiederum bleibt an dem Behälter haften bis
die erste Entnahme aus dem Behälter erfolgt bzw. bis der Behälter geleert ist. Eine Lagerung oder ein Transport der

---

[27] Vgl. Wildemann (1984), S. 58 ff.

Teile findet stets in Verbindung mit einem Kanban und in den vorgeschriebenen Behältern statt.

Regel 6 ist beim Einsatz der Ein-Karten-Systeme, die auf eine Kanbanart verzichten, nicht zu halten (Vgl. die Gliederungspunkte 3.1.2.1. und 3.1.2.2.).

7. Regel: Nur Standardbehälter dürfen im Umlauf sein.

Diese von Schonberger angeführte Regel ist unabdingbar, wenn auf den Produktionskanbans keine Angaben über die zu produzierende Menge stehen. Dann wird die Füllmenge der Behälter durch deren Kapazität bestimmt.[28]

3.3. Einsatzvoraussetzungen

3.3.1. Reduzierung der Rüstzeiten

Das KANBAN-System beruht darauf, möglichst schnell das nachzuproduzieren, was aus dem Pufferlager entnommen wird. Die realisierte Durchlaufzeit eines Loses besteht in Bezug auf eine Fertigungsstelle aus der Wartezeit vor Belegung, der Rüstzeit sowie dem Produkt aus Fertigungsstückzeit und Losgröße. Die Wartezeit vor Belegung wiederum hängt ab von den realisierten Durchlaufzeiten der in der Bearbeitungsreihenfolge vorangehenden Aufträge an der zugrundeliegenden Fertigungsstelle. Eine Reduzierung der Durchlaufzeit eines Fertigungsauftrages ist demnach gleichbedeutend mit einer Reduzierung der Belegungszeit des betrachteten Auftrages und mit einer Reduzierung der Wartezeiten der vor der Fertigungsstelle auf ihre Bearbeitung wartenden Aufträge.

Die Ansatzpunkte zur Reduzierung der Belegungszeit eines Auftrages bilden die Fertigungsstückzeit, die Losgröße und die Rüstzeit.

---

[28] Vgl. Schonberger (1983), S. 59.

Die Fertigungsstückzeit bei maschineller Fertigung entspricht dem reziproken Wert der gewählten Leistungsintensität. Eine Abweichung von der kostenoptimalen Leistungsintensität verursacht jedoch höhere Fertigungsstückkosten. Unter der Zielsetzung einer Kostenminimierung sollte daher möglichst auf eine Erhöhung der Intensität verzichtet werden.[29]

Eine auf manueller Arbeit beruhende Fertigungsstückzeit kann beim Einsatz qualifizierter Arbeitskräfte als relativ konstant angesehen werden, da deren hoher Ausbildungsstand einen optimierten Arbeitsablauf bewirkt.[30]

Wird ein Bedarfsverlauf ohne größere Schwankungen unterstellt, liefert die klassische Losgrößenformel nach Andler und Harris gute Ergebnisse. Die optimale Losgröße ergibt sich gemäß

$$x_{opt} = \sqrt{\frac{2 \cdot x_{ges} \cdot k_R}{k_L}}$$

wobei:

x_{opt} kostenoptimale Losgröße,

x_{ges} Gesamtbedarfsmenge im Planungszeitraum,

k_L Lagerstückkosten bezogen auf den Planungszeitraum,

k_R Kosten eines Rüstvorganges.

Unter der Voraussetzung, daß eine Erhöhung der Lagerstückkosten nicht erstrebenswert ist und keine Fehlmengen erlaubt sind, wird die kostenoptimale Losgröße durch die Höhe der Rüstkosten festgelegt. Gelingt eine Reduzierung der Rüstkosten, ist damit eine Verminderung der kostenoptimalen Losgröße verbunden.[31] Hierbei ist zu beachten, daß Verbundbe-

---

[29] Vgl. Kilger (1988), S. 568 ff.

[30] Vgl. Phillipoom et al. (1987), S. 458.

[31] Vgl. Kuba (1988), S. 34 ff.

ziehungen zu anderen Erzeugnissen der betrachteten Fertigungsstelle nicht berücksichtigt sind. Doch kann allgemein abgeleitet werden, daß eine Reduzierung der Losgrößen durch die Rüstkostenreduzierung kostengünstiger realisiert wird.

Rüstzeiten im Sinne der Einrichtezeiten maschineller Anlagen weisen im Gegensatz zur Bearbeitungszeit keinen Verbrauch an Materialien und meist auch keinen Energieverbrauch auf. Dann verhalten sich die Rüstkosten proportional zu den Rüstzeiten, eine Herabsetzung der Rüstkosten erfordert eine Verkürzung der Rüstzeiten.[32] Somit beeinflußt die reduzierte Rüstzeit eines Fertigungsauftrages auch dessen Bearbeitungszeit, da die kostenminimale Losgröße nach Andler bedingt durch die geringeren Rüstkosten verkleinert wird. Auch werden trotz der vermehrten Rüstvorgänge bei Realisierung der neuen wirtschaftlichen Losgröße im Vergleich zur Ausgangssituation freie Kapazitäten erzeugt. Da die Rüstzeitenverkürzung und die damit verbundene Rüstkostenreduzierung in der Andlerformel nicht voll, sondern durch die Wurzel abgeschwächt auf die optimale Losgröße einwirkt, wird nicht die gesamte infolge der Rüstzeitenreduzierung freigewordene Kapazität durch die häufigeren Rüstprozesse aufgebraucht. Die formale Herleitung dieser Aussage ist in Anhang 4 dargestellt.

Shingo zeigt, daß Rüstzeitenverkürzungen auf durchschnittlich 1/18 der ursprünglichen Werte realistisch sind.[33]

Neben der Durchlaufzeitenverkürzung und der Kostenreduzierung bewirkt die Rüstzeitenverminderung auch eine Erhöhung der Flexibilität in den produzierenden Stellen. Wenn kürzere Rüstzeiten und kleinere Lose auftreten, hat dies zur Folge, daß kurzfristige Änderungen der Maschinenbelegung einfacher durchzuführen sind. Die kleinen Losgrößen verhindern eine längerfristige Blockierung der Maschinen durch einen Auftrag,

---

[32] Vgl. Plaut (1976), S. 14.

[33] Vgl. Shingo (1985), S. 113 ff.

so daß diese nach kurzer Zeit wieder auf die Produktion eines anderen Erzeugnisses umgestellt werden können.[34]

3.3.2. Glättung des Materialflusses

Ausgehend von der Endmontage wird versucht, dem Materialfluß über einen längeren Zeitraum einen möglichst gleichmäßigen Rhythmus zu geben. Ziel hiebei ist es, zu verhindern, daß mit jeder Stufe der Fertigung die Sicherheitsbestände wachsen, um Bedarfsschwankungen der übergeordneten Fertigungsstellen auszugleichen. Daher sind auf der Endproduktebene möglichst kleine Losgrößen vorzugeben, um eine Losgrößenexplosion an den untergeordneten Fertigungsstellen zu verhindern. Den Idealfall stellt hierfür die i.d.R. fiktive Losgröße von einer Mengeneinheit dar.

Schwankungen der Bedarfe kann ein KANBAN-gesteuertes System in beschränktem Umfang durch zeitliche und kapazitätsmäßige Anpassungsprozesse abfangen. Daher muß ein solches System Kapazitäten bereithalten, um die Bedarfsspitzen abdecken zu können. Bei starken Schwankungen der Bedarfe ist dies gleichbedeutend mit einer Bereitstellung hoher Reservekapazitäten. Daraus leitet sich die Forderung ab, nur die Herstellung solcher Erzeugnisse über KANBAN zu steuern, für die geringe Schwankungen der Absatzmengen auftreten. Da Produktionskapazitäten jedoch nicht durch Absatzmengen beansprucht werden, sondern durch Produktionsmengen, ist zu überprüfen, ob es wirtschaftlich und technisch vorteilhaft ist, auf Lager zu produzieren, um Bedarfsspitzen des Absatzbereiches abzudecken.[35]

---

[34] Vgl. Monden (1981d), S. 22 ff.

[35] Vgl. Kaeseler (1987), S. 281 ff.

3.3.3. Multi-Function-Worker

Um auf Bedarfsschwankungen zurückzuführende Kapazitätsengpässe im Personalbereich auszugleichen, benötigt eine Unternehmung mit KANBAN-gesteuerter Produktion flexibel einsetz-
bare Arbeiter. Dann ist es möglich, Personalumbesetzungen
vorzunehmen, wenn eine Fertigungsstelle überlastet und andere
Fertigungsstellen unterbeschäftigt sind. Daher müssen die Arbeiter in der Lage sein, mehrere funktionsverschiedene Maschinen zu bedienen. Insbesondere ist es notwendig, daß ein
Arbeiter einem in Zeitnot geratenen Kollegen an einer benachbarten Maschine zu Hilfe kommt, um eine Unterbrechung des Materialflusses zu verhindern.

Kann ein Arbeiter mehrere Maschinen bedienen, ist es unter
Umständen möglich, funktionsverschiedene, in der Bearbeitungsreihenfolge aufeinanderfolgende Maschinen zu einer Fertigungsstelle zusammenzufassen, so daß ein Arbeiter mehrere
Arbeitsschritte betreut.

Die Arbeiter in den Fertigungsstellen müssen darüber hinaus
auch Funktionen der Qualitätssicherung ausüben. Dem produzierenden Arbeiter obliegt die Aufgabe, nur qualitativ einwandfreie Erzeugnisse weiterzugeben. Das heißt, er hat während
der Fertigung gleichzeitig eine Qualitätsprüfung der erstellten Teile durchzuführen.[36]

3.3.4. Materialflußorientierte Betriebsmittelanordnung

Häufig wird in der Literatur als wesentliche Voraussetzung
für den Einsatz eines KANBAN-Systems eine materialflußorientierte Anordnung kapazitätsmäßig aufeinander abgestimmter Betriebsmittel genannt, was der Forderung nach einer Fließfertigung ohne Zeitzwang entspricht.[37]

---

[36] Vgl. Monden (1981c), S. 49 f; Monden (1983), S. 100 ff.

[37] Vgl. Kistner und Steven (1991a), S. 16; Wildemann (1988),
S. 39.

Obiger Aussage kann nicht uneingeschränkt zugestimmt werden.

Eine materialflußorientierte Betriebsmittelanordnung ist für den Einsatz eines Zwei-Karten-Systems nicht unbedingt erforderlich, erleichtert jedoch die Just-In-Time-Fertigung, da wegen der kurzen Transportwege kurze Wiederbeschaffungszeiten und somit geringe Pufferbestände auftreten. Prinzipiell ist eine KANBAN-Steuerung auch dann möglich, wenn eine Werkstattfertigung vorliegt, so daß der Materialfluß nicht in eine Richtung erfolgt.

Die kapazitätsmäßige Abstimmung der eingesetzten Betriebsmittel stellt ebenfalls keine unabdingbare Voraussetzung für den Einsatz eines KANBAN-Systems dar. Insbesondere bei der Einführung der KANBAN-Steuerung muß aus Kostengründen häufig auf unabgestimmte Betriebsmittel zurückgegriffen werden, die bereits in der Unternehmung zur Verfügung stehen. Dies bedeutet, daß eventuell einige Maschinen nicht ausgelastet sind, an anderen Maschinen kapazitätserhöhende Maßnahmen angewendet werden. Langfristig gilt jedoch, daß eine kapazitätsmäßige Abstimmung der Betriebsmittel sinnvoll ist, um eine kostengünstige Fertigung zu gewährleisten.

4. Kritische Analyse

4.1. Aufgaben einer zentralen Planungsinstanz

Bezüglich der zentralen Planungsinstanz ist zwischen Maßnahmen zu unterscheiden, die vor Anlauf der KANBAN-Steuerung zu ergreifen sind, und solchen, welche den operativen Ablauf des Systems betreffen.

(1) Maßnahmen vor Anlauf des KANBAN-Systems

Wie bereits unter Gliederungspunkt 3.1. erläutert, beruht das KANBAN-System auf der Existenz der Pufferlager zwischen den Fertigungsstellen. Vor Anlauf der KANBAN-Steuerung ist durch die zentrale Planungsinstanz sicherzustellen, daß die Pufferlager Anfangsbestände aufweisen. Der Aufbau der Anfangsbestände wird von KANBAN nicht unterstützt.

Unmittelbar mit dem Aufbau der Pufferlager verbunden ist die zweite vorab zu erledigende Maßnahme einer zentralen Planungsinstanz. Diese betrifft die Ausgabe der Produktions- und Transportkanbans sowie der erforderlichen Behälter.

Der zentralen Planungsinstanz obliegt die Aufgabe, zu bestimmen, wieviele Kanbans der beiden Spezifikationen ausgegeben werden und welche Standardmengen diese Kanbans repräsentieren.

Simulationen haben gezeigt, daß die gewählten Standardmengen einen erheblichen Einfluß auf das System ausüben [38]. Die Festlegung der Standardmenge eines Erzeugnisses erfolgt unter Beachtung der Kapazitäten der verfügbaren Standardbehälter und der Produktionskoeffizienten bezüglich der direkt übergeordneten Erzeugnisse sowie deren Standardmengen. Die Behälterkapazität definiert hierbei die maximale Menge, die einem Transport- oder Produktionskanban zurechenbar ist. Der Just-In-Time-Philosophie entsprechend stellt eine Mengeneinheit pro Kanban die anzustrebende Größe dar. Aus Kostengründen (eventuell auch aus Kapazitätsgründen) ist dies in vielen Fällen nicht realisierbar. Die Standardmenge einer untergeordneten Komponente hängt ab von den Standardmengen der direkt übergeordneten Erzeugnisse. Existiert lediglich ein direkt übergeordnetes Teil, so ist als Standardmenge für das untergeordnete Teil die Menge zu wählen, die benötigt wird, um die Standardmenge des übergeordneten Teils herzustellen. Geht ein Teil in mehrere übergeordnete Erzeugnisse mit unterschiedlichen Mengen ein, stellt die Standardmenge des untergeordneten Teiles einen Kompromiß dar. Beispielsweise kann versucht werden, den kleinsten gemeinsamen Nenner aus den Bedarfen pro hergestellter Standardmenge der übergeordneten Teile als Standardmenge der untergeordneten Komponente zu benutzen. Die bisher aufgeführten Vorschläge streben an, daß

---

[38] Vgl. Gupta and Gupta (1989b), S. 327 ff; Kimura and Terada (1981), S. 248 ff.

kein angebrochener Behälter mit Vorprodukten in einer produzierenden Stelle steht, ohne daß ein aktueller Bedarf an dieser Komponente vorliegt. Ist eine kleine Losgröße der untergeordneten Komponente aus technischen oder wirtschaftlichen Gründen nicht realisierbar, bestehen zwei Möglichkeiten: In der produzierenden Stelle können Produktionskanbans gesammelt werden, bis eine hinreichende Losgröße vorliegt, oder die Standardmenge pro Kanban wird auf die erforderliche Größe erhöht. Die erste Möglichkeit erfordert eine hohe Anzahl an Produktionskanbans inklusive der dazugehörigen Behälter, um die Bedarfe, die während der Produktion eines neuen Loses auftreten, zu decken. Die zweite Möglichkeit realisiert eine geringere Anzahl an Kanbans und Behältern, aber es stehen i.d.R. angebrochene Behälter ohne Verbrauchsaktivitäten im Vorproduktlager der verbrauchenden Stelle. In diesem Fall sollte darauf geachtet werden, daß ein Behälterinhalt des untergeordneten Teils genau einem ganzzahligen Vielfachen des Behälterinhaltes der übergeordneten Erzeugnisse entspricht, um unnötige Lagerbestände zu vermeiden.[39]

Unter der Zielsetzung einer Lagerkostenminimierung ist eine große Anzahl Kanbans bei kleinen Standardmengen der Alternative weniger Kanbans mit großen Standardmengen vorzuziehen [40].

Steht die jedem Kanban zugeordnete Standardmenge fest, hat die zentrale Planungsinstanz die Aufgabe, die Anzahl der in Umlauf zu bringenden Transport- und Produktionskanbans zu bestimmen.

Bei Toyota kommen hierfür modifizierte Formeln zur Bestimmung der Meldebestände unter der Bedingung stochastisch schwankender Nachfrage bei verbrauchsgebundener Materialdisposition zur Anwendung.[41]

---

[39] Vgl. Bitran and Chang (1987), S. 436 ff.

[40] Vgl. Gupta and Gupta (1989a), S. 123 ff.

[41] Vgl. Sugimori et al. (1977), S. 561 f; Monden (1983), S. 169 ff.

Die Anzahl der in einer Fertigungsstelle benötigten Produktionskanbans eines Erzeugnisses ergibt sich als

$$PK \geq PDZ \cdot LAR$$

wobei:
  LAR   Lagerabgangsrate [Behälter/ZE],
  PDZ   Plandurchlaufzeit,
  PK   Anzahl an Produktionskanbans

und

$$PK < PDZ \cdot LAR + 1$$

mit

$$PK \; \varepsilon \; N_0.^{42)}$$

Die Durchlaufzeit entspricht der Zeitspanne zwischen dem Lösen eines Produktionskanbans von einem vollen Behälter im
Pufferlager bis zum Auffüllen der dadurch entstandenen Lücke
im Pufferlager durch die produzierende Stelle. Da die
tatsächlich realisierten Durchlaufzeiten stochastischen
Schwankungen unterliegen, stellen die Plandurchlaufzeiten lediglich fiktive Größen dar, die sicherstellen, daß mit einer
vorgegebenen Wahrscheinlichkeit keine höheren Istdurchlauf-
zeiten auftreten. Somit kann auf die Berücksichtigung eines
Sicherheitszuschlages mittels eines Sicherheitsfaktors verzichtet werden.

Multipliziert mit der Lagerabgangsrate [Behälter/ZE] des Pufferlagers ergibt sich aus der Plandurchlaufzeit die Entnahme-
menge an Behältern während der Wiederauffüllzeit eines Behälters mit der Standardmenge.

---

42) Vgl. Dorninger u.a. (1990), S. 371 ff.
    Auf einer ähnlichen Formel beruht auch der Ansatz von
    Philipoom et al., vgl. Philipoom et al. (1987), S. 466.

Da die Anzahl der Produktionskanbans eine natürliche Zahl sein muß, liegt sie innerhalb des angegebenen halboffenen Intervalls.

Für die Anzahl der zwischen zwei Fertigungsstellen einzusetzenden Transportkanbans eines Erzeugnisses gilt

$$TK \geq \frac{PWZ \cdot BR}{M}$$

wobei:

    BR   Bedarfsrate [ME/ZE],

    M   Standardmenge je Produktions- oder Transportkanban,

    PWZ   Planwiederbeschaffungszeit,

    TK   Anzahl an Transportkanbans

und

$$TK < \frac{PWZ \cdot BR}{M} + 1$$

mit

$$TK \in N_0.$$

Die Wiederbeschaffungszeit beginnt mit dem Zeitpunkt, zu dem ein Behälter vollständig geleert ist und endet, sobald als Ersatz für den leeren Behälter ein neuer Behälter im Vorproduktlager eintrifft. Die Bedarfsrate entspricht hier der Bedarfsrate der verbrauchenden Stelle und ist angegeben in Mengeneinheiten pro Zeiteinheit. Fragen mehrere Fertigungsstellen das betrachtete Erzeugnis nach, so weicht der Quotient aus Bedarfsrate und Standardmenge von der zur Berechnung der Anzahl an Produktionskanbans verwendeten Lagerabgangsrate ab.

Bei der Anwendung dieser Formeln ist zu beachten, daß sie auf der Annahme eines kontinuierlichen Verbrauches der Vorprodukte basieren. Es wird somit nicht berücksichtigt, daß eine losweise Fertigung vorliegt und nach Fertigstellung eines Loses erst ein anderes Produkt gefertigt wird, das eventuell andere Vorprodukte benötigt.

In der Literatur existieren weitere Verfahren zur Bestimmung der optimalen Anzahl an Kanbans, die jedoch meist nicht überzeugen können.

Bitran und Chang stellen ein Optimierungsmodell zur Bestimmung der Anzahl an Produktionskanbans für den Einproduktfall bei mehrstufiger Fertigung vor. Die Zielsetzung besteht in der Minimierung der Lagerkosten. Das Modell weist jedoch den Mangel auf, daß von einem Anfangsbestand an Kanbans ausgegangen wird und wegen der Nichtnegativitätsbedingungen die zentrale Planungsinstanz die Kartenanzahl nur erhöhen, nicht aber reduzieren kann.[43]

Den Ansatz von Bitran und Chang entwickeln **Li und Co** weiter. Indem sie die Lageranfangsbestände mit Null ansetzen, kann die Anzahl an Produktionskanbans ermittelt werden, ohne daß die Nichtnegativitätsbedingungen eine sinnvolle Festlegung der Kartenanzahl verhindern.[44]

Deleersnyder et al. stellen für ein Ein-Karten-System ein dynamisches Modell zur Kontrolle und Analyse der Kartenanzahl mittels Simulation vor. Sie berücksichtigen Kapazitätsrestriktionen und schwankende Nachfragemengen für mehrere Erzeugnisse in einem mehrstufigen Fertigungsprozeß.[45]

Der Ansatz von **Miyazaki, Ohta und Nishiyama** behandelt die Bestimmung der Zahl an Transportkanbans für den Fall, daß in festen Zeitintervallen eine Entnahme im Pufferlager erfolgt und nur ein Produkt gefertigt wird. Hierbei unterstellen die

---

[43] Vgl. Bitran and Chang (1987), S. 430 ff; zur Nichtnegativität der Anzahl neu in das System einzugebender Kanbans vgl. insbesondere die Restriktionen unter (2.7) auf S. 433.

[44] Vgl. Li and Co (1991), S. 3 ff.

[45] Vgl. Deleersnyder et al. (1989), S. 1080 ff.

Autoren eine konstante Bedarfsrate der verbrauchenden Stelle. Die Optimierung findet wie bei Bitran und Chang anhand der Lagerkosten statt.[46]

(2) Maßnahmen der operativen Steuerung

Wie aus Abbildung 3.04 auf Seite 130 hervorgeht, besteht die Steuerungsaufgabe einer zentralen Planungsinstanz in KANBAN-geregelten Produktionssystemen darin, der Endmontage die Bedarfsmengen an Endprodukten vorzugeben.

Bei Toyota kommt hierfür eine rollierende Sukzessivplanung zur Anwendung, deren Ablauf vereinfacht in Abbildung 3.11 dargestellt ist.[47]

Auf der Basis langfristiger Absatzprognosen und langfristiger Kapazitätspläne entstehen mehrjährige Produktionspläne im Sinne von Rahmenplänen.

Stehen detailliertere Prognosen für die Absatzmengen des folgenden Jahres zur Verfügung, wird ein Jahres-Produktionsplan erstellt. Dieser beinhaltet noch nicht die genauen Produktionsmengen der einzelnen Erzeugnisvarianten, sondern lediglich eine Erzeugnistypenplanung.

Liegen die Absatzprognosen des nächsten Monats vor, wird eine verfeinerte Monatsplanung vorgenommen, in der beispielsweise eine Festlegung erfolgt, wieviele der jeweiligen Karosserieformen Limousinen, Coupés und Kabrioletts einer Baureihe im nächsten Monat zu produzieren sind.

---

[46] Vgl. Miyazaki, Ohta and Nishiyama (1988), S. 1605 ff.

[47] Vgl. Monden (1981c), S. 47 f; Sugimori et al. (1977), S. 560.

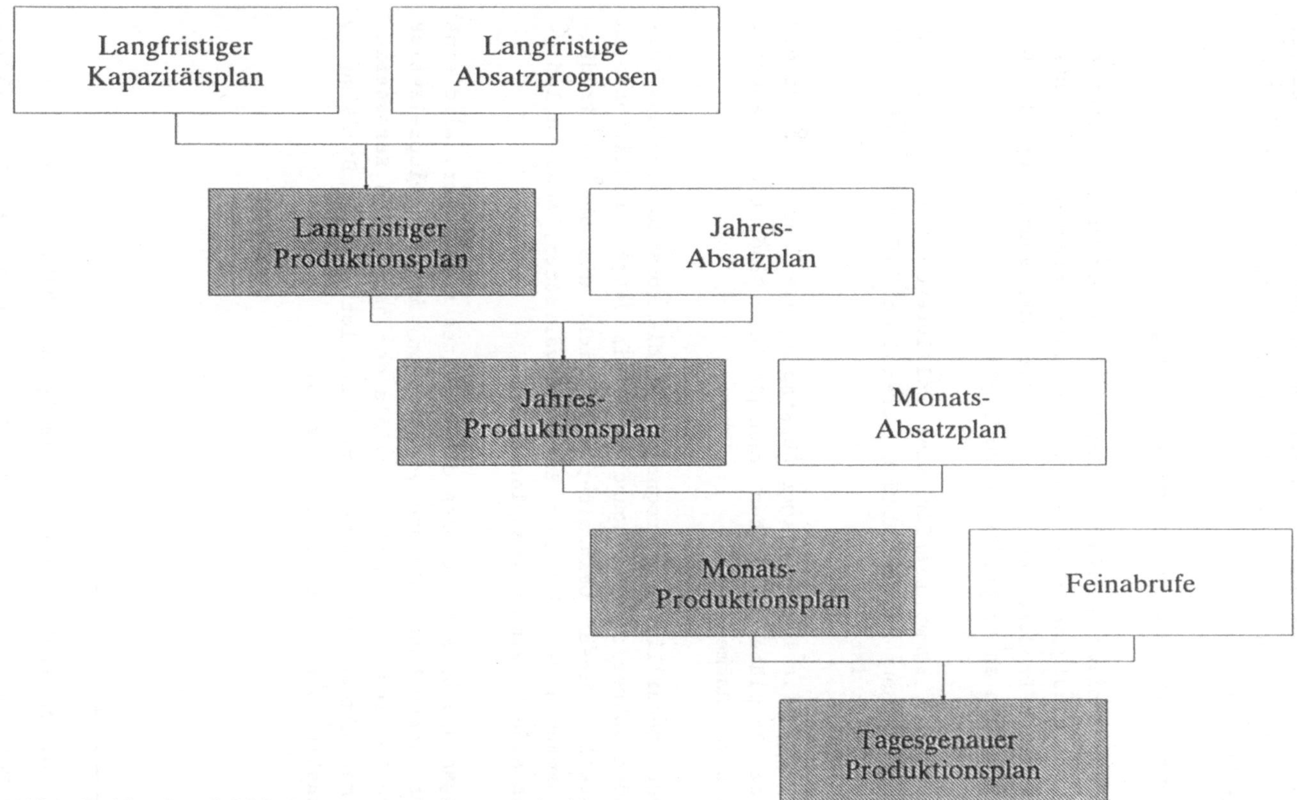

Abb. 3.11: Produktionsprogrammplanung bei Toyota

Im 10-Tages-Rhythmus bestellen die japanischen Händler bei Toyota die von ihnen gewünschten Autos mit gängigen Ausstattungen. Auf der Grundlage dieser 10-Tages-Bestellungen werden vorläufige, aber detaillierte Produktionspläne auf Tagesbasis erstellt. Bis vier Tage vor der Fertigung eines bestimmten Autos kann der Händler kundenspezifische Ausstattungswünsche anmelden, die eine Überarbeitung der Produktionspläne bewirken. Beispielsweise werden mittels der Tagesabrufe die Wagenfarbe, der einzubauende Motor oder die Art der Kraftübertragung festgelegt. Die hieraus resultierenden endgültigen Produktionspläne auf Tagesbasis übergibt die zentrale Planungsinstanz drei Tage vor der Fertigung an die ausführende Fertigungsstelle.[48]

Die zur Erstellung der einzelnen Teilpläne verwendeten Planungsverfahren sind nur unvollständig angegeben, doch ist davon auszugehen, daß sie den in MRP II-Konzepten verwendeten Verfahren entsprechen. Daher ist KANBAN nicht als Alternative zu MRP II-orientierten PPS-Systemen zu sehen.

Abbildung 3.12 zeigt, daß auch KANBAN auf zentral durchgeführte Primärbedarfsplanungen und Kapazitätsabgleiche nicht verzichten kann. Weiterhin ist auch eine programmgebundene Materialbedarfsplanung erforderlich, um die benötigte Anzahl an Transport- und Produktionskanbans zu bestimmen. Lediglich auf die Durchlaufterminierung, die kurzfristigen, maschinengenauen Kapazitätsabgleiche und die Feinterminierung kann bei Anwendung der KANBAN-Prinzipien verzichtet werden bzw. diese Aufgaben werden dezentral durchgeführt.[49]

---

[48] Vgl. Monden (1983), S. 55 ff.

[49] Vgl. Glaser, Geiger und Rohde (1991), S. 267 ff.

	MRP II- Konzept	Kanban
Primärbedarfsplanung	Z	Z
Mittel- bzw. langfristiger Kapazitätsabgleich	Z	Z
Programmgebundene Materialbedarfsplanung	Z	Z (unregelmäßig)
Auftragsplanung	Z	D
Durchlaufterminierung	Z	Entfällt in der vom MRP II- Konzept vorgesehenen Form
Kurzfristiger Kapazitätsabgleich	Z	D
Feinterminierung	Z	D

Z: Zentrale Durchführung bei Verwendung derselben Planungsmethoden, sofern keine besonderen, in Klammern gesetzte Vermerke hinzugefügt sind.

D: Dezentral

Abb. 3.12: Planung und Steuerung mittels MRP II und mittels KANBAN [50]

Eine praktische Anwendung der Einbindung einer KANBAN-Steuerung in eine MRP II-Umgebung stellt das bei Yamaha eingesetzte Synchro-KANBAN oder PYMAC-System (PYMAC = Pan Yamaha MAnufacturing Control) dar. Die Erzeugnisse der Yamaha Motor Company, insbesondere die Motorräder, weisen häufige Modellwechsel auf, so daß über einen längeren Zeitraum gleichblei-

---

[50] Vgl. Glaser, Geiger und Rohde (1991), S. 269.

bende Fertigungsroutinen nicht erreicht werden, weshalb die Fertigung dieser Erzeugnisse für den Einsatz einer reinen KANBAN-Steuerung nicht geeignet erscheint. Daher erfolgt die Fertigungssteuerung synchron durch das dezentral organisierte KANBAN und das zentral organisierte MRP II. Das Eintreffen eines Produktionskanbans in der produzierenden Stelle löst nur dann eine Produktion der entsprechenden Teile aus, wenn diese Produktion auch im Tagesproduktionsplan nach der MRP II-Planung vorgesehen ist.[51]

Obwohl sich dieses System im Einsatz bei Yamaha anscheinend bewährt hat, gehen doch wesentliche Vorteile der KANBAN-Prinzipien verloren. Der Planungsaufwand steigt durch die Aufstellung detaillierter Tagesproduktionspläne für alle Fertigungsstellen stark an. Weiterhin besteht die Gefahr von Fehlmengen, wenn beispielsweise durch Eilaufträge kurzfristig erhöhte Bedarfe auftreten, die in den Tagesproduktionsplänen nicht vorgesehen sind. Dann kann der Fall auftreten, daß keine Produktion erfolgt, obwohl freie Kapazitäten zur Verfügung stehen. Um dies zu vermeiden sind Eingriffe der zentralen Planungsinstanz in die Fertigungssteuerung erforderlich, die durch KANBAN eigentlich vermieden werden sollen.

Heinemeyer und Gottwald schlagen vor, eine Verbindung von KANBAN mit einem Fortschrittszahlen-System vorzunehmen. Eine solche Kombination ist in Abbildung 3.13 für zwei Kontrollblöcke dargestellt.[52]

Besteht ein Produktionsbereich aus mehreren Unterbereichen, welche von den Erzeugnissen nach dem Prinzip der Fließfertigung durchlaufen werden, so können die Unterbereiche jeweils als organisatorisch von der Umwelt abgegrenzte Kontrollblöcke definiert werden. Die zentrale Steuerung erfolgt mittels der Vorgabe einer Soll-Fortschrittszahl für jeden Kontrollblock durch die zentrale Planungsinstanz. Innerhalb der Kontroll-

---

[51] Vgl. Hall (1981), S. 43 ff.

[52] Vgl. Gottwald (1982), Kapitel F; Heinemmeyer (1988b), S. 41 ff.

blöcke wird die Fertigung mittels KANBAN dezentral organi-
siert. Auch für dieses Steuerungssystem ist eine Einbindung
in ein übergeordnetes MRP II-Planungssystem erforderlich, da
auch das Fortschrittszahlenkonzept nicht alle Ebenen des
MRP II-Konzeptes abdeckt.[53]

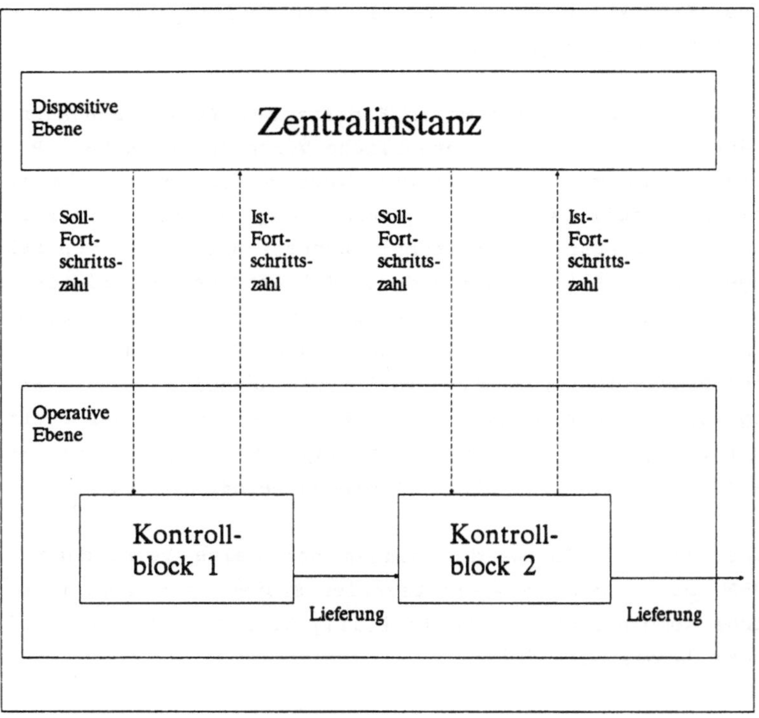

Abb. 3.13: KANBAN-Steuerung mit Fortschrittszahlen

4.2. Computergestützte "KANBAN"-Systeme

In traditionellen KANBAN-Systemen erfolgt die Informations-
übermittlung mit Hilfe der Kanbans. Es ist jedoch durchaus

---

[53] Vgl. Glaser, Geiger und Rohde (1991), S. 256; Heinemeyer
(1988a), S. 14 ff.

möglich diese Informationen über Electronic Mail oder ein LAN
(Local Area Network) weiterzugeben.[54]

Statt mit Zetteln die Produktinformationen zu übermitteln,
verschickt der Arbeiter standardisierte Computermeldungen zu
den Lieferanten, die inhaltlich einem Transportkanban entsprechen. Der Lieferant liest auf seinem Bildschirm die eingegangenen Aufträge ab und produziert die geforderten Mengen.
Diese können durchaus kumuliert angegeben werden, da für den
Produzenten unwichtig ist, wer die Aufträge initialisiert
hat. Sobald die Behälter gefüllt sind, gibt der Arbeiter eine
entsprechende Anzahl von Freimeldungen in das System ein, die
den Produktionskanbans entsprechen. Danach wird ein Liefer-
schein ausgedruckt, der am Behälter befestigt wird, um dessen
Inhalt zu identifizieren. Die Lagerbestandsregulierung erfolgt hierbei durch die Behälteranzahl. Produktionsmeldungen
der Quelle dürfen daher nur stattfinden, wenn ein Behälter
gefüllt ist, Transportmeldungen nur, wenn ein leerer Behälter
abgegeben wird.

Dieses System entspricht nicht mehr der KANBAN-Philosophie im
engeren Sinne, da diese direkt an den KANBAN-Zettel als Informationsträger geknüpft ist und auf eine EDV-Unterstützung
völlig verzichtet. Gerade diese Einfachheit wird dem traditionellen System als Vorteil angerechnet. Das computergestützte "KANBAN"-System bietet jedoch den Vorteil, daß der
Produktionsprozeß besser verfolgt, kontrolliert und analysiert werden kann. Es ist somit leichter feststellbar, wo,
wann und warum Unwirtschaftlichkeiten oder Störungen auftreten. Eine Anpassung des Systems an veränderte Bedingungen ist
flexibler möglich und kann auch durch Simulationen getestet
werden. In Verbindung mit einer Qualitätssicherung durch au-
tomatisierte Prozeßüberwachung können auftretende Qualitäts-
mängel schnell erkannt und behoben werden.

---

[54] Vgl. Katagiri (1986), S.68 f; Weissenseel (1988),
S. 52 ff.

Oft kommen Kanbans zur Anwendung, die mittels Barcode maschinenlesbare Informationen übermitteln können. Der Einsatz dieser Kanbans stellt einen Kompromiß zwischen der computerlosen, reinen KANBAN-Philosophie und der oben beschriebenen Vernetzungsphilosophie dar. Sie dienen in erster Linie der aktuellen EDV-gestützten Betriebsdatenerfassung zur laufenden Fertigungskontrolle.[55]

4.3. Übertragbarkeit der japanischen Produktionsphilosophie auf europäische Verhältnisse

4.3.1. Arbeitskultur und Entlohnung

Der europäische Arbeiter ist aufgrund seiner Ausbildung ein Spezialist für die Betreuung einer Maschine. Seine Arbeit umfaßt einen stark spezialisierten Einzelvorgang. Für die Arbeitsaufgabe seines Kollegen an der in der Bearbeitungsfolge vorhergehenden oder nachfolgenden Maschine fühlt er sich nicht verantwortlich. Zur Realisierung einer KANBAN-Steuerung ist es jedoch notwendig, daß die Arbeiter universeller ausgebildet sind und überlasteten Kollegen an benachbarten Maschinen zu Hilfe kommen können. Der Arbeiter darf also nicht isoliert seine Arbeitsaufgabe sehen, sondern muß die Gruppenleistung als Ganzes in seine Zielsetzung mit einbeziehen. Um dem Arbeiter diese Denkweise näher zu bringen, wird oft die Methode des Job-Rotation empfohlen. Dadurch lernt der Mitarbeiter die Arbeitsaufgaben der Kollegen durchzuführen und erkennt deren Schwierigkeiten.[56]

Ein weiteres Problem ergibt sich aus den in westlichen Ländern angewendeten Entlohnungssystemen. Die Bezahlung erfolgt hier nach "Können" und "Leistung", so daß es schwierig sein dürfte, einem Arbeiter verständlich zu machen, daß eine Maschine stillstehen muß, wenn keine Produktionskanbans vorlie-

---

55) Vgl. Peyronnet (1989), S. 102 ff.

56) Vgl. Bühner (1987), S. 118; Kuba (1988), S. 50.

gen. Daher müssen die Mitarbeiter speziell auf ihren Einsatz in einem KANBAN-gesteuerten Produktionsprozeß hin geschult werden und das Lohnsystem muß den Anforderungen von KANBAN entsprechen. So sollte der Lohn Komponenten enthalten, welche die Gruppenleistung honorieren, insbesondere Arbeitsqualität und Termintreue, aber auch Anreize für eine erhöhte Flexibilität des Einzelnen bieten. Dies bedeutet in erster Linie ein Abrücken vom klassischen, mengenabhängigen Einzelakkord. Empfehlenswert für den Einsatz im Rahmen von Just-In-Time-Konzepten sind modifizierte Ansätze des Gruppenakkords und wegen ihrer Flexibilität besonders Prämienlöhne.[57]

4.3.2. Akzeptanz durch die Gewerkschaften

In Japan existieren nicht die in Europa und Nordamerika üblichen Fachgewerkschaften, von denen mehrere verschiedene in einer Unternehmung vorkommen können, sondern Firmengewerkschaften, die somit einen weitaus engeren Kontakt sowohl zu den Mitarbeitern als auch zum Management der Unternehmung pflegen [58]. In Japan fällt es leichter die Arbeiter multifunktionell auszubilden und einzusetzen, weil eine Übereinstimmung mit der "hauseigenen", einheitlich organisierten Gewerkschaft einfacher möglich ist, als mehrere, eventuell konkurriere Einzelgewerkschaften zu einem Kompromiß zu bewegen.[59]

Das Hauptaugenmerk der europäischen Gewerkschaften liegt auf der Realisierung der durch KANBAN geforderten Flexibilität der Mitarbeiter. Diese Flexibilität weist zwei Ausprägungen auf:

---

[57] Vgl. Bühner (1987), S. 119 ff; Freimuth (1987), S. 61 f.

[58] Der Konsens zwischen Management und Firmengewerkschaften geht sogar so weit, daß ein bewährter Gewerkschaftsführer in das Management seiner Unternehmung aufsteigen kann, bis hin zur Stellung als Vorstandsvorsitzender.
Vgl. Koyama (1991), S. 278; Schneidewind (1991a), S. 303.

[59] Vgl. Monden (1981a), S. 39.

(1) Flexibilität im zeitlichen Arbeitseinsatz

Es muß dem Arbeiter möglich sein, auf Schwankungen der Nachfrage nach einem Erzeugnis seiner Fertigungsstelle kurzfristig zu reagieren. Dies verlangt einerseits, kurzfristig Überstunden zu leisten, um Nachfragespitzen zu befriedigen, und andererseits, kurzfristig Überstunden abzufeiern, wenn keine Nachfrage vorliegt.

(2) Flexibilität im fachlichen Arbeitseinsatz

Der Arbeiter muß in der Lage sein, innerhalb kürzester Zeit (im Idealfall sofort) eine andere Maschine zu übernehmen bzw. an einer anderen Arbeitsstelle auszuhelfen, wenn dort ein personell bedingter Engpaß auftritt. Eine aufwendige Einarbeitung in die neue Aufgabe ist dann nicht möglich.

In Japan erfolgt die Anpassung an Bedarfsschwankungen primär durch zeitliche Anpassung. Die europäischen Gewerkschaften lehnen die Nutzung der zeitlichen Flexibilität ab. Sie sehen ein höheres Flexibilitätspotential in der Weiterbildung der Mitarbeiter im Hinblick auf eine Qualifikationssteigerung.

Mit der Qualifikationssteigerung verbunden ist eine Humanisierung der Arbeit. Durch das Job-Rotation-Konzept kommt es zu einer Loslösung vom Einzelplatzdenken und zu einer Hinwendung zu Teamwork. Job Enlargement und Job Enrichment ergeben sich mit der Einführung des Selbstkontrollsystems.[60]

Insgesamt sehen die europäischen Gewerkschaften ein großes Potential zur Einsparung von Kosten durch Just-In-Time-Konzepte, insbesondere im Lagerbereich, warnen jedoch davor, auch Personaleinsparungen vorzunehmen, da diese zu Lasten der Flexibilität gingen.[61]

---

[60] Zu den Begriffen vgl. Kilger (1986), S. 224.

[61] Vgl. Cure (1988), S. 57 ff; Riester (1988), S. 89 ff.

4.4. Einsatz flexibel automatisierter Fertigungssysteme

KANBAN-Prinzipien sind geeignet für Fertigungssysteme, die folgende Eigenschaften aufweisen:

- kurze Rüstzeiten,
- hoher Qualitätsstandard,
- hohe Flexibilität.

Somit stellt der Einsatz Flexibler Fertigungssysteme eine geeignete Basis für eine KANBAN-Steuerung dar.[62]

Flexible Fertigungssysteme bestehen aus mehreren Bearbeitungseinrichtungen, die hinsichtlich des Informations- und Materialflusses so miteinander verknüpft sind, daß verschiedene Bearbeitungsaufgaben an unterschiedlichen Werkstücken, welche jeweils unterschiedliche Arbeitsgangreihenfolgen aufweisen, in wahlfreier Folge ohne Unterbrechung durch Rüstprozesse und ohne Eingriffe des Bedienungspersonals in einem Fertigungssystem durchführbar sind.[63]

Angestrebt wird mittels der Flexiblen Fertigungssysteme eine Komplettbearbeitung der Erzeugnisse. Dies bedeutet, daß mehrere, bei traditioneller Fertigung auf funktionsverschiedene Maschinen verteilte Arbeitsgänge, zu einer organisatorischen Einheit zusammengefaßt und automatisiert, ohne Unterbrechung durch Rüstprozesse abgearbeitet werden.

---

[62] Vgl. Chaudhury and Whinston (1990), S. 443 f; Zeilinger (1989), S. 16.

[63] Vgl. Dolecalek und Ropohl (1970), S. 448 ff.

Teil IV:

Zur Verbindung einer

hierarchischen Produktionsplanung

mit einer

KANBAN-gesteuerten Fertigung

Teil IV: Zur Verbindung einer hierarchischen Produktionsplanung mit einer KANBAN-gesteuerten Fertigung

1. Einleitung

Um die Möglichkeiten der Verbindung einer hierarchischen Produktionsplanung mit einer KANBAN-Steuerung herauszustellen, wird an dieser Stelle eine kurze Zusammenfassung der in den Teilen II und III erarbeiteten Vor- und Nachteile der beiden Konzepte aufgeführt.

Mittels einer hierarchischen Produktionsplanung im Sinne der Autoren um A.C. Hax gelingt eine Berücksichtigung der saisonalen Schwankungen der Nachfrage in ein mathematisches Optimierungsmodell. Über die vorherige Festlegung der Kapazitätsgrenzen erfolgt eine Glättung der Produktion im Planungszeitraum, der in der Regel ein Jahr beträgt. Somit kommt es über die aggregierte Planung auf der Ebene I zu einem mittel- bis langfristigen Kapazitätsabgleich, wie er in Abbildung 3.12 auch für eine KANBAN-Steuerung gefordert wird.

Durch die Glättung der Produktion und den mittel- bis langfristigen Kapazitätsabgleich im Rahmen der hierarchischen Produktionsplanung gelingt es, die Beschäftigungsschwankungen, welche in reinen selbststeuernden KANBAN-Systemen auftreten, zu vermindern. Somit sind Überstunden und Kurzarbeitszeiten auf ein Minimum zu reduzieren, die entsprechenden Mehrkosten entfallen teilweise bzw. es findet ein Wirtschaftlichkeitsvergleich zwischen Lagerhaltung und zeitlicher Anpassung statt.

In die Konzeption nach Hax et al. ist keine Primärbedarfsplanung integriert. Die als Daten vorgegebenen Absatzmengen entsprechen den Prognosewerten über zukünftige Absatzentwicklungen und sind ohne Fehlmengen zu erfüllen. Eine Erfassung der Prognosewerte über zukünftige Absatzpotentiale im Sinne von Absatzhöchstmengen ist jedoch ohne größere Umstellungen des Modells auf Ebene I möglich.

Ein häufig genannter Kritikpunkt an der hierarchischen Produktionsplanung betrifft das Fehlen einer Ablaufplanung bzw.
Kapazitätsterminierung. Wegen der Komplexität der Entscheidungssituation innerhalb der Kapazitätsterminierung haben
sich Modelle zur mathematischen Optimierung der Ablaufplanung
als nicht operabel herausgestellt. Bereits eine stundengenaue
Terminierung erfordert die Planung mit variablen Teilperiodenlängen oder sehr kurzen Teilperioden. Wenn gleichzeitig
auch viele Erzeugnisvarianten zu betrachten sind, ergibt sich
hieraus eine große Anzahl an Variablen.

Weiterhin ist eine Ablaufplanung im Idealfall stetig zu ak-
tualisieren, da die kleinste Änderung innerhalb der zugrundeliegenden Datenbasis eine Planrevidierung erforderlich macht.
Diese Flexibilität der Planung ist in der Regel mit mathematischen Optimierungsmodellen nicht zu erreichen.

Auch die zentrale Kapazitätsterminierung mittels Prioritäts-
kennzahlen, wie sie in MRP II-orientierten Systemen zur Produktionsplanung und -steuerung Anwendung findet, kann diese
Flexibilität nicht gewährleisten, da die Planungsergebnisse
häufig bereits nach kurzer Zeit aufgrund von Datenänderungen
veraltet sind. Somit stellt eine zentrale Kapazitätsterminierung kein geeignetes Instrument zur adäquaten
Durchführung einer Ablaufplanung dar. Eine Verwendung dezentraler Konzepte der Fertigungssteuerung scheint zur Zeit die
einzig sinnvolle Alternative zur Durchführung einer Kapazitätsterminierung in komplexen Produktionssystemen zu sein.[1]
KANBAN bietet sich aufgrund der Verwendung selbststeuernder
Regelkreise für eine solche dezentrale Kapazitätsterminierung
an.

Wie bereits im Teil II dieser Arbeit aufgezeigt, wächst die
Komplexität der Optimierungsmodelle stark an, wenn mehrstufige Produktionsprozesse abgebildet werden. Bereits das zweistufige Konzept nach Bitran, Haas und Hax erscheint aus diesem Grund nicht mehr sinnvoll anwendbar. Wird der Produk-

---

[1] Vgl. Glaser, Geiger und Rohde (1991), S. 190.

tionsbereich als Black box angesehen, innerhalb der die Fertigung selbststeuernd erfolgt, so hat eine hierarchische Produktionsplanung vereinfacht gesehen lediglich die Aufgabe, die Produktionsmengen und Bereitstellungstermine der Enderzeugnisse vorzugeben.

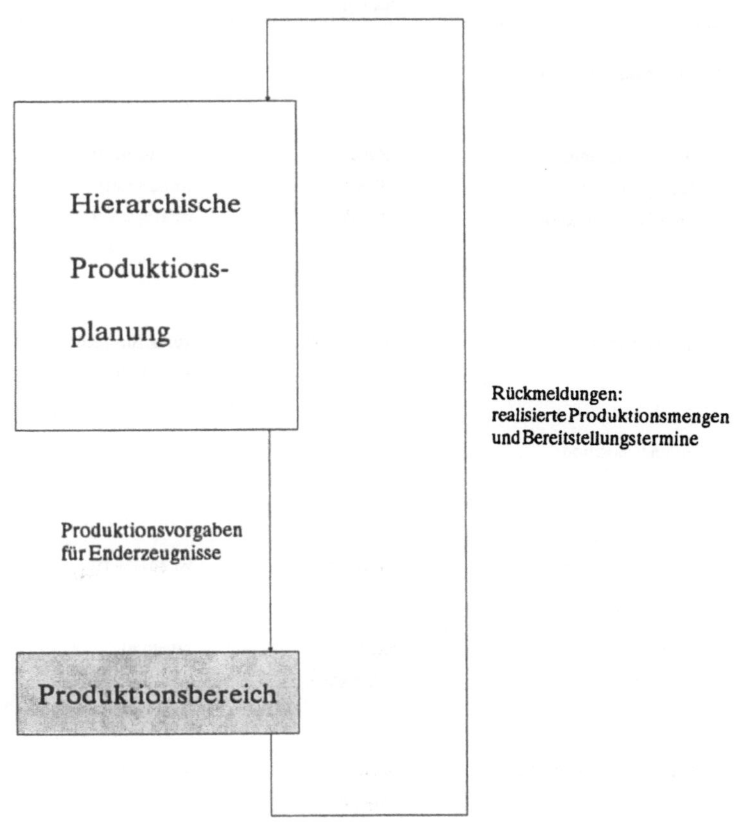

Abb. 4.01: Produktionsbereich als Black box

Die Steuerung der Fertigung kann innerhalb der Black box realitätsnahe mittels KANBAN-Prinzipien erfolgen. Der Planungsaufwand für eine zentrale Kapazitätsterminierung entfällt.

Zusammenfassend sind die Ergebnisse der bisherigen Untersuchung in Abbildung 4.02 dargestellt.

	Hierarchische Produktions- planung	KANBAN
1. Primärbedarfsplanung		
Absatzprogramm	möglich	vorausgesetzt
Lagerprogramm	integriert	vorausgesetzt
Produktionsprogramm	integriert	vorausgesetzt
2. Materialdisposition	nicht sinnvoll	kurzfristig nicht erforderlich
3. Termindisposition		
Mittel - bis langfristiger Kapazitätsabgleich	integriert	vorausgesetzt
Kurzfristiger Kapazitätsabgleich	nicht vorgesehen	integriert
Kapazitätsterminierung	nicht vorgesehen	integriert

Abb. 4.02: Planung und Steuerung mittels einer hierarchischen Produktionsplanung und mittels KANBAN

Wie hieraus ersichtlich wird, bilden eine hierarchische Produktionsplanung und eine Produktionssteuerung mittels KANBAN-Prinzipien sich ergänzende Ansätze, die zusammen den kompletten Bereich einer integrierten operativen Produktionsplanung und -steuerung abdecken.

In Abbildung 4.03 ist eine integrierte Produktionsplanung und -steuerung mittels hierarchischer Produktionsplanung und KANBAN als Regelkreissystem skizziert.

Die Regelstrecke 4, welche die KANBAN-Steuerung darstellt, kann gemäß der Abbildung 3.09 weiter in die einzelnen KANBAN-Regelkreise zerlegt werden.

Die Regelstrecken 1 bis 3 stellen drei Ebenen einer hierarchischen Produktionsplanung dar. In Abweichung von der Konzeption nach Hax et al. erfolgt eine sukzessive Verfeinerung des auf den einzelnen Ebenen zugrunde gelegten Zeitrasters. Diese Vorgehensweise ist notwendig, da tagesgenaue Produktionsmengen zur Eingabe in das KANBAN-System erforderlich sind.

Wichtige Parameter des Planungs- und -steuerungssystems bilden die Zustandsgrößen 2 bis 4. Wird im Laufe des Planungsprozesses oder der Realisierung festgestellt, daß die bisher ermittelten Planvorgaben der übergeordneten Ebene nicht realisierbar sind, so erfolgt eine Rückkopplung auf die direkt übergeordnete Planungsebene, wo ein neuer Planungslauf mit revidierten Daten startet. Dadurch soll vermieden werden, daß nicht durchführbare Produktionspläne in den KANBAN-Bereich einfließen.

Besondere Beachtung ist hierbei den Vorprodukten zu schenken, da diese nicht explizit in der hierarchischen Produktionsplanung definiert sind. Abschätzungen über die Kapazitätsbelastungen durch die Erstellung der Vorprodukte, welche in die betrachteten Enderzeugnisse eingehen, sind in die hierarchische Planung mit einzubeziehen, um Unzulässigkeiten in der Realisierungsphase zu vermeiden.

Abb. 4.03: Regelkreissystem einer integrierten Produktionsplanung und -steuerung mittels hierarchischer Produktionsplanung und KANBAN

Produktion und Einlagerung der Erzeugnisse erfolgen in KAN-
BAN-gesteuerten Systemen stets nur als ganzzahliges Vielfaches der auf den Transport- und Produktionskanbans angegebenen Standardmengen. Dieser Voraussetzung ist auch in der

hierarchischen Planungskonzeption Rechnung zu tragen. Die Ganzzahligkeit der Entscheidungsvariablen bezüglich der Produktions- und Lagermengen spielt eine weitaus größere Rolle als in der Konzeption nach Hax, wo auf Ganzzahligkeitsbedingungen aus Vereinfachungsgründen weitgehend verzichtet wird.

Auf die oberste Planungsebene des hierarchischen Planungssystems, welche die aggregierte Jahresplanung der Produktions- und Absatzmengen betrifft, wirken als Stellgröße die Vorgaben aus der strategischen und der taktischen Planung ein. Zu diesen für die Jahresplanung als unveränderlich anzusehenden Größen zählen beispielsweise große Teile der betrieblichen Kapazitäten an Personal und Betriebsmitteln sowie die räumliche Anordnung der Maschinen, welche kurzfristig nicht variierbar sind.

In KANBAN-Systemen erfolgt im Rahmen der taktischen Planung eine Festlegung der Standardmengen, die jeweils durch einen Transport- oder Produktionskanban repräsentiert werden. Die Festlegung der Standardmengen stellt eine taktische Entscheidung dar, weil sie die Beschaffung der entsprechend dimensionierten Standardbehälter auslöst. Häufig werden die Begriffe Standardmenge und Standardbehälter synonym verwendet, in dem Sinne, daß die Kapazität des Behälters genau der Standardmenge des jeweiligen Kanbans entspricht. Hierbei handelt es sich nicht um eine notwendige Voraussetzung des KANBAN-Systems. Restriktiv wirkt lediglich, daß die Standardmenge gemäß dem Kanban nicht größer als die Kapazität des verwendeten Behälter sein sollte [2]. Aus wirtschaftlichen Gründen bewirkt ein zu groß dimensionierter Behälter eine Verschwendung von Lagerressourcen, die Validität der Ablauforganisation wird jedoch dadurch nicht eingeschränkt.

---

[2] In der Fertigung bei Toyota kommen sogenannte Signalkanbans zur Anwendung, deren Standardmenge dem Inhalt mehrerer Standardbehälter entspricht. Diese Signalkanbans übernehmen die Aufgaben mehrerer der sonst üblichen Produktionskanbans. Ihr Einsatz ist auf solche Erzeugnisse beschränkt, die eine große wirtschaftliche Losgröße aufweisen.
Vgl. Monden (1981b), S. 33 ff.

2. Voraussetzungen

Die wichtigste Voraussetzung zur Einführung einer hierarchischen Produktionsplanung bei KANBAN-gesteuerter Fertigung besteht darin, daß es möglich sein muß eine Aggregation der Erzeugnisse durchzuführen. Die später dargestellte Planungsmethodologie beruht analog zur Konzeption nach A.C. Hax und dessen Koautoren auf der Verdichtung der Einzelerzeugnisse zu Erzeugnisfamilien und Erzeugnistypen. Von einer Betrachtung der Vorprodukte wird aus den bereits erläuterten Gründen abgesehen.

Es wird angenommen, daß **Einzelerzeugnisse** an die Kunden auslieferbare Erzeugnisvarianten sind, welche sich lediglich geringfügig, beispielsweise in der Farbe oder der Aufschrift, unterscheiden. Sie bilden die kleinsten unterscheidbaren Einheiten.

In der ersten Aggregationsstufe werden Einzelerzeugnisse zu **Erzeugnisfamilien** verdichtet. Die Einzelerzeugnisse innerhalb einer Erzeugnisfamilie unterscheiden sich voneinander lediglich durch kurzfristig disponierbare Detailausstattungen, welche den Wert nur unwesentlich beeinflussen. Daher sollen keine allzu großen Unterschiede bezüglich der Absatzpreise und der Kosten der Einzelerzeugnisse innerhalb einer Erzeugnisfamilie auftreten.

Wichtige Vorprodukte kommen in allen Einzelerzeugnissen einer Erzeugnisfamilie mit den gleichen Mengen vor. Die Herstellung der Einzelerzeugnisse innerhalb einer Erzeugnisfamilie erfolgt zusammen, ohne einen die Fertigung unterbrechenden Umrüstvorgang. Dabei soll nicht ausgeschlossen werden, daß eine Veränderung an der Maschine vorgenommen wird, wenn auf ein Einzelerzeugnis ein anderes Einzelerzeugnis der gleichen Erzeugnisfamilie in der Bearbeitung folgt. Dieser Rüstvorgang darf jedoch nur eine geringe Zeitspanne beanspruchen bzw. er muß während der Bearbeitung des vorhergehenden Loses durchführbar sein. Als Beispiel kann das Austauschen der Schablone genannt werden, welche zum Beschriften der Erzeugnisse verwendet wird. Bei einem Wechsel von der Schablone für eine Aufschrift in deutscher Sprache zu einer Schablone für die entsprechende französische Aufschrift fallen lediglich vernachlässigbare Umrüstzeiten im Sekunden- bis Minutenbereich an.

Die höchste Stufe der Aggregation bildet die Zusammenfassung jeweils mehrerer Erzeugnisfamilien zu einem **Erzeugnistyp**. Hierbei haben die Einzelerzeugnisse innerhalb eines Erzeugnistyps folgende Anforderungen zu erfüllen:

- Die Einzelerzeugnisse weisen ein einheitliches Preisniveau auf. Die durchschnittlich erwarteten Absatzerlöse pro Mengeneinheit der einzelnen Erzeugnisse des Erzeugnistyps, welche auf der Basis der Vergangenheitswerte geschätzt werden, unterscheiden sich nur unwesentlich voneinander.
- Die Herstellung der Einzelerzeugnisse erfolgt auf den gleichen Betriebsmitteltypen und die Einzelerzeugnisse besitzen gleiche Produktionsraten bzw. die der Planung zugrundeliegende Intensität, ausgedrückt in Mengeneinheiten pro Zeiteinheit, ist für alle Einzelerzeugnisse gleich.
- Dadurch bedingt ergeben sich für alle Einzelerzeugnisse ähnliche Material- und Fertigungsstückkosten.
- Alle Einzelerzeugnisse werden mit identischen Standardmengen hergestellt und in identische Behälter gefüllt.
- Daher besitzen sie jeweils gleiche Werte der Lagerbeanspruchung und gleiche Lagerkosten pro Standardmenge.

Für das im folgenden zu entwickelnde hierarchische System zur Planung einer KANBAN-gesteuerten Fertigung gilt die Voraussetzung, daß die strategische und die taktische Unternehmungsplanung bereits abgeschlossen sind und deren Ergebnisse als Inputdaten zur Verfügung stehen.

Insbesondere die Finanzplanung ist abgeschlossen, so daß die finanziellen Mittel zur Durchführung der Produktion im Sinne der kurzfristigen operativen Produktionsplanung für den betrachteten Planungszeitraum vorhanden sind. Bestehen Budgetrestriktionen, so sind diese als Nebenbedingungen in die hierarchische Produktionsplanung mit aufzunehmen.

Für den **Absatzbereich** der betrachteten Unternehmung sind folgende Voraussetzungen zu beachten:

(1) Aufgrund von Absatzprognosen und bereits fest eingegangenen und den Kunden bestätigten Kundenbestellungen liegen Absatzhöchstmengen der zu fertigenden Enderzeugnistypen vor.

(2) Die bereits fest eingegangenen Bestellungen, deren Liefertermine den Kunden verbindlich zugesagt wurden, sind termingerecht und ohne Fehlmengen zu erfüllen. Hierbei wird bewußt in Kauf genommen, daß aufgrund langer Lagerungszeiten oder kapazitätsmäßiger Anpassungsprozesse negative Deckungsbeiträge realisiert werden können. Im Sinne einer langfristigen Gewinnmaximierung erscheint es jedoch sinnvoll, die Kundenbestellungen ohne Fehlmengen zu erfüllen, um der Unternehmung die Kunden zu erhalten.

(3) Der Teil der Absatzmengen, welcher auf Prognosen basiert, bildet einen Puffer, um nach dem Planungszeitpunkt eingehende Kundenaufträge berücksichtigen zu können.

(4) In der Regel stehen die qualitativ und quantitativ als deterministisch anzusehenden Kundenaufträge spätestens eine Woche, bzw. fünf Werkskalendertage, vor ihrem Liefertermin den Produktionsplanungsinstanzen zur Verfügung.

(5) Die Planabsatzpreise stellen deterministische Werte dar. Sie können im Laufe des Planungszeitraumes variieren. Stochastische Schwankungen sind im Modell jedoch nicht zu berücksichtigen. Die Planabsatzpreise entsprechen den durchschnittlich zu erwartenden Absatzerlösen der jeweiligen Teilperiode. Sie enthalten die im Mittel zu erwartenden Rabatte und Skonti.

(6) Der Absatz erfolgt in Mengeneinheiten. Er ist nicht an die Standardmengen gebunden, die auf den im Enderzeugnislager verwendeten Transportkanbans angegeben sind.

Bezüglich des **Produktionsbereiches** der betrachteten Unternehmung sind die im folgenden aufgeführten Bedingungen zugrunde gelegt:

(1) Das kurzfristige operative Planungssystem umfaßt eine Produktionsstätte bzw. eine Fabrik. Dadurch werden Transportprobleme zwischen verschiedenen Fabrikstandorten nicht behandelt. Besteht die Möglichkeit eine Erzeugnisfamilie oder mehrere Erzeugnisfamilien an verschiedenen Standorten zu fertigen, so ist eine vorgeschaltete taktische Planungsebene in das hierarchische Planungssystem zu integrieren, um eine Zuordnung der Fertigungsmengen zu Produktionsstätten zu planen [3].

(2) Innerhalb der betrachteten Produktionsstätte erfolgt eine Komplettbearbeitung der Enderzeugnisse und der zugehörigen Vorprodukte in einer mehrstufigen Serienfertigung, wobei mehrere Erzeugnisse um begrenzte Kapazitäten der Betriebsmittel konkurrieren. Von anderen Produktionsstätten der Unternehmung bezogene Vorprodukte werden wie Fremdbezugsteile behandelt.

(3) Die Kapazitäten der Betriebsmittel und Arbeitskräfte sind im Planungsansatz als gegeben anzusehen. Aus den Ergebnissen der Jahresplanung auf der Ebene I können jedoch Maßnahmen der Kapazitätsveränderung abgeleitet werden. So ist es unter Beachtung einer angemessenen Vorlaufzeit möglich Mitarbeiter einzustellen, wenn Kapazitätsengpässe auftreten, oder Mitarbeiter zu entlassen, wenn signifikante Überkapazitäten an Mitarbeitern zu erkennen sind. Kurzfristig besteht die Möglichkeit Maschinen zu leasen, um Kapazitätsbelastungsspitzen abzudecken. Hierbei ist jedoch zu bedenken, daß dadurch längerfristig Kapazitäten geschaffen werden, die kurzfristig nicht mehr abbaubar sind. Kapazitätsveränderungen der beschriebenen Arten führen zu einer Neuplanung auf der Ebene I mit entsprechend revidierten Daten.

---

[3] Diese Vorgehensweise wählen Hax und Meal in ihrem Grundmodell von 1975.
Vgl. Hax und Meal (1975), S. 58 ff sowie Gliederungspunkt 2.4.1. des Teils II dieser Arbeit.

(4) Die Arbeitskräfte in der Fertigung sind universell einsetzbar, so daß eine Arbeitskraft nicht unmittelbar einer Fertigungsstelle zugeordnet ist. Vielmehr besteht die Möglichkeit, Arbeitskräfte bei Bedarf innerhalb des Fertigungsbereiches umzuversetzen.

(5) Die Unternehmung benutzt ein Zwei-Karten-System mit Transport- und Produktionskanbans. Diese Annahme stellt keine notwendige Bedingung für die Anwendbarkeit des Ansatzes dar. Da ein Zwei-Karten-System aber die ausgereifteste Form der KANBAN-Steuerung repräsentiert, soll dieses System auch dem Planungsmodell zugrunde liegen.

(6) Die Standardmengen auf den Transport- und den Produktionskanbans sind als Ergebnisse einer längerfristigen Planung für die kurzfristige operative Planung vorgegebene Größen. Dispositionsmöglichkeiten bezüglich der Produktions- und Lagermengen bestehen lediglich hinsichtlich der Anzahl der in Umlauf zu bringenden Transport- und Produktionskanbans und der Produktionszeit bezüglich eines Produktionskanbans (Standardmenge pro Kanban dividiert durch die zugrundeliegende Leistungsintensität).

(7) Als Produktionslose sind nur ganzzahlige Vielfache der vorgegebenen Standardmengen zulässig, da eine Produktionsveranlassung das Vorliegen der entsprechenden Produktionskanbans und der zugehörigen Standardbehälter erfordert.

(8) Es wird eine offene Produktion unterstellt, wobei die Produktionsgeschwindigkeit für jedes Enderzeugnis größer als die entsprechende Absatzgeschwindigkeit ist.

Der **Lagerbereich** der Unternehmung unterliegt folgenden Voraussetzungen:

(1) Vereinfachend wird lediglich ein Zentrallager für die gemeinsame Lagerung aller Enderzeugnisse der betrachteten Produktionsstätte unterstellt.

(2) Die Einlagerung der Enderzeugnisse erfolgt in Standardbehältern mit Standardmengen. Wie bereits oben aufgeführt, können Enderzeugnisse in beliebigen Mengen für den Absatz entnommen werden.

(3) Eine Produktion auf Lager ist nur zulässig, wenn fest
eingegangene Kundenaufträge den Absatz der entsprechenden
Enderzeugnisvarianten sicherstellen.

(4) Zu Beginn des Planungszeitraumes sind die Lageranfangsbestände an Enderzeugnissen aufgebraucht, bzw. vorhandene
Lagerbestände werden mit den zugehörigen Kundenaufträgen
verrechnet und aus der Planung ausgeschlossen.

Bezüglich des **Beschaffungsbereiches** soll gelten:

(1) Die Beschaffung der fremdbezogenen Teile stellt keinen
Engpaß dar. Die benötigten Komponenten stehen stets termingerecht und in der geforderten Menge zur Verfügung.
Der hierarchische Planungsansatz kann leicht um Restriktionen erweitert werden, die von dieser Voraussetzung abweichen. Daher stellt die Annahme lediglich eine Vereinfachung bei der Modellformulierung dar.

(2) Die Beschaffungspreise sind aufgrund lang- bis mittelfri-
stiger Rahmenabkommen zwischen der betrachteten Unternehmung und dem Lieferanten für den Planungszeitraum vorgegeben und deterministisch. Eventuell im Planungszeitraum
auftretende Preiserhöhungen oder Preissenkungen sind zum
Planungszeitpunkt bekannt. Die Beschaffungspreise der
fremdbezogenen Komponenten werden bei der Kalkulation der
variablen Produktionsstückkosten der Enderzeugnisse berücksichtigt.

Alle verwendeten Daten sollen in den Entscheidungsmodellen
als deterministisch angesehen werden. Die Einflüsse stocha-
stischer Schwankungen können mittels Sensitivitätsanalysen
oder parametrischer Programmierung ex post untersucht werden.

Dadurch, daß die Entscheidungsmodelle der längerfristigen
Planungsebenen auf aggregierten Daten basieren, machen sich
stochastische Schwankungen der zugrundeliegenden Daten nur in
geringem Umfang bemerkbar, da sich die Zufallsschwankungen
der einzelnen disaggregierten Daten in der verwendeten aggregierten Form i.d.R. weitgehend aufheben. Die detaillierten
Daten, welche in den kurzfristigen Entscheidungsmodellen Ver-

wendung finden, sind hingegen wegen ihrer Aktualität in der Regel mit einer hinreichenden Genauigkeit prognostizierbar. Kurzfristige, stochastisch bedingte Schwankungen, beispielsweise der Absatzmengen, können mittels der KANBAN-Steuerung abgefangen werden.

3. Anforderungen an eine hierarchische Produktionsplanung KANBAN-gesteuerter Produktionssysteme

Die Intention bei der Entwicklung des hierarchischen Planungsansatzes besteht darin, ein betriebswirtschaftliches Instrument zur Ermittlung eines am Optimum orientierten kurzfristigen operativen Produktionsprogramms zur Verfügung zu stellen. Das Ziel der kurzfristigen operativen Produktionsplanung stellt die Gewinnmaximierung im Rahmen der unter Gliederungspunkt 2 aufgeführten Voraussetzungen dar. Weitere restriktiv wirkende Vorgaben können in den Ansatz integriert werden; aus Vereinfachungsgründen wird jedoch darauf verzichtet.

Das Ergebnis der hierarchischen Produktionsplanung bildet ein tagesgenaues Produktionsprogramm (sowie Absatz- und Lagerprogramm) für Enderzeugnisse, welches unmittelbar als Input für die KANBAN-Steuerung dient. Anhand dieses Produktionsprogramms der Enderzeugnisse soll die optimale Anzahl an Transport- und Produktionskanbans für alle Fertigungsstellen des betrachteten Produktionsbereiches berechnet werden.

Die Produktionsprogramme der Enderzeugnisse in aggregierter und disaggregierter Form bilden die Grundlagen für eine Grobdisposition der Fremdbezugsteile. Unter Beachtung der Wiederbeschaffungszeiten der Komponenten und der Durchlaufzeiten der Enderzeugnisse und aller darin enthaltenen selbsterstellten Baugruppen erfolgt eine Information der Lieferanten bezüglich der benötigten Fremdbezugsteile und deren Liefertermine. Der Detaillierungsgrad dieser Informationen für die Lieferanten nimmt analog zur intern durchgeführten hierarchischen Planung der Produktion mit jeder Planungsebene zu.

Die hierarchische Produktionsplanung darf die Flexibilität, welche eine KANBAN-Anwendung ermöglicht, nicht unnötig einschränken. Eine kurzfristige Reaktion auf eine Veränderung der Datenbasis muß auch in der Realisierungsphase noch möglich sein. Die Feinterminierung wird dezentral im Produktionsbereich durchgeführt. Kurzfristige kapazitätsmäßige Anpassungsmaßnahmen, wie beispielsweise eine Erhöhung der Maschinenintensitäten, erfolgen auf der Steuerungsebene.

4. Entwicklung der Grundmodelle

4.1. Aggregierte Produktions- und Absatzplanung für Enderzeugnistypen (Ebene I)

4.1.1. Herleitung des Entscheidungsmodells

Im Rahmen der aggregierten Produktions- und Absatzplanung für Enderzeugnistypen auf der ersten Ebene des hierarchischen Planungsansatzes besteht die Zielsetzung in der Maximierung des Deckungsbeitrages mittels eines linearen Entscheidungsmodells [4].

Im folgenden wird vereinfachend von Erzeugnistypen gesprochen, gemeint sind damit Enderzeugnistypen.

Als Entscheidungsvariablen treten folgende Größen auf:

- Absatzmengen der Erzeugnistypen,
- Fehlmengen der Erzeugnistypen,
- Produktionsmengen der Erzeugnistypen,
- Lagermengen der Erzeugnistypen und
- Arbeitszeiten der Kategorien Kurzarbeitszeit, Normalarbeitszeit und Mehrarbeitszeit,

---

[4] Unter einem Entscheidungsmodell ist die formale Darstellung eines Entscheidungsproblems zu verstehen, die wenigstens eine Alternativenmenge und eine auf diese Alternativenmenge anzuwendende Zielfunktion umfaßt. Vgl. Dinkelbach und Lorscheider (1990), S. 3.

jeweils bezogen auf die betrachteten Teilperioden im Planungszeitraum.

Der Planungszeitraum dieser Ebene beträgt ein Jahr, um alle Saisoneinflüsse zu erfassen. Die Teilperiodenlänge entspricht ohne Beschränkung der Allgemeinheit einem Monat oder, wenn äquidistante Teilperioden angestrebt werden, vier Arbeitswochen.

In der unten aufgeführten Zielfunktion und in den Nebenbedingungen sind die Entscheidungsvariablen fett gedruckt.

4.1.2 Zielfunktion

$$\max \ \sum_{i=1}^{I} \sum_{t=1}^{T} \ (\ p_{it} \cdot \mathbf{a_{it}} - k_{Fit} \cdot \mathbf{o_{it}} - k_{Pit} \cdot \mathbf{x_{it}} - k_{Lit}$$

$$\cdot \ \mathbf{y_{it}} \ ) - \sum_{t=1}^{T} (\ K_{Wt} \cdot \mathbf{w_t} + K_{Nt} \cdot \mathbf{n_t} + k_{Ut} \cdot \mathbf{u_t} \ )$$

wobei:

a_{it} Absatzmenge des Erzeugnistyps i in der Teilperiode t in Mengeneinheiten,

i   Index zur Kennzeichnung der Erzeugnistypen (i = 1,...,I),

k_{Fit} proportionale Fehlmengenkosten einer Mengeneinheit des Erzeugnistyps i in Teilperiode t,

k_{Lit} proportionale Lagerkosten der Standardmenge des Erzeugnistyps i in der Teilperiode t,

K_{Nt} Personalkosten in Teilperiode t, wenn in dieser Teilperiode die normale Arbeitszeit zugrunde gelegt wird,

k_{Pit} proportionale Produktionskosten der Standardmenge des Erzeugnistyps i in der Teilperiode t ohne Personalkosten,

k_{Ut} Personalkosten pro Zeiteinheit der Mehrarbeitszeit (Überstunden, Zusatz- oder Wochenendschichten) in der Teilperiode t,

K_{Wt} Personalkosten in Teilperiode t, wenn in dieser Teilperiode Kurzarbeit zugrunde gelegt wird,

n_t Binärvariable, die den Wert 1 annimmt, wenn in der Teilperiode t Normalarbeit zugrundegelegt wird,

o_{it} Fehlmengen des Erzeugnistyps i in der Teilperiode t in Mengeneinheiten,

p_{it} Planabsatzerlös im Sinne des durchschnittlich zu erwartenden Absatzerlöses für eine Mengeneinheit des Erzeugnistyps i in der Teilperiode t,

t Index zur Kennzeichnung der Teilperioden (t = 1,...,T),

u_t Mehrarbeit in Zeiteinheiten, die in der Teilperiode t eingesetzt wird,

w_t Binärvariable, die den Wert 1 annimmt, wenn in der Teilperiode t Kurzarbeit zugrundegelegt wird,

x_{it} Anzahl der produzierten Standardmengen des Erzeugnistyps i in der Teilperiode t,

y_{it} Anzahl der am Ende der Teilperiode t eingelagerten vollen Behälter des Erzeugnistyps i.

Im ersten Bestandteil der Zielfunktion erfolgt zwecks Bestimmung der Erlöse eine Bewertung der Absatzmengen mit den durchschnittlich zu erwartenden Absatzpreisen. Eventuell auftretende absatzmengenproportionale Vertriebs- und Verwaltungskosten stellen eine Verminderung der Absatzerlöse dar und sind dementsprechend ebenso wie Rabatte und Skonti in den p_{it} zu berücksichtigen.

Fehlmengenkosten, Fertigungskosten und Lagerkosten werden in dieser Reihenfolge durch die Bewertung der entsprechenden Variablen in der Zielfunktion verrechnet. Hierbei ist zu beachten, daß die Fehlmengen in Mengeneinheiten gemessen werden, während die Produktions- und Lagervariablen sich auf die Anzahl der produzierten bzw. eingelagerten Standardmengen beziehen.

Die Entscheidung darüber, ob in einer Teilperiode die reguläre tarifliche Arbeitszeit anzusetzen ist, bzw., ob in einer

Teilperiode Kurzarbeit gefahren wird, erfolgt mittels Binärvariablen. Diese Binärvariablen werden in der Zielfunktion mit den Personalkosten bewertet, die anfallen, wenn in der betrachteten Teilperiode die entsprechende Arbeitszeitkategorie zugrunde liegt. Diese Kosten des Arbeitseinsatzes stellen bezüglich der Teilperiode intervallfixe Kosten dar, bezogen auf den gesamten Planungszeitraum sind sie jedoch beeinflußbare Größen, da eine Entscheidung zu treffen ist, ob diese Kosten aktiviert werden oder nicht.

Der Einsatz der Mehrarbeitszeit ist im Rahmen der Restriktionen in beliebig teilbaren Zeiteinheiten realisierbar. Unter Mehrarbeitszeiten sind solche Arbeitszeiten zu verstehen, die durch Überschreiten der tariflich geregelten Normalarbeitszeit oder gegebenenfalls der angekündigten und vom Betriebsrat akzeptierten Kurzarbeitszeit entstehen [5]. Aus Vereinfachungsgründen erfolgt an dieser Stelle nur die Berücksichtigung einer Mehrarbeitszeitkategorie. Eine Erweiterung des Ansatzes durch Differenzieren der Mehrarbeitszeiten nach verschiedenen Kostensätzen bzw. Lohnzuschlägen ist ohne weiteres möglich.

Die oben beschriebene Zielfunktion ist unter Beachtung der im folgenden aufgeführten Nebenbedingungen zu maximieren.

4.1.3. Nebenbedingungen

(1) Mengenfluß

$$a_{it} - M_i \cdot x_{it} - M_i \cdot y_{i(t-1)} + M_i \cdot y_{it} \leq 0$$

$$(i = 1,\ldots,I)$$
$$(t = 1,\ldots,T)$$

wobei:

M_i Standardmenge des Enderzeugnistyps i, die einem Produktions- oder Transportkanban zugeordnet ist

---

[5] Vgl. Kilger (1973), S. 203 ff.

und dem Inhalt eines Standardbehälters entspricht.

In jeder Teilperiode des Planungszeitraumes muß für jeden Erzeugnistyp gelten, daß die Absatzmenge und der Lagerendbestand durch die Produktionsmenge und den Lageranfangsbestand gedeckt sind. Die Produktion und die Einlagerung erfolgen jeweils mit einem ganzzahligen Vielfachen der auf den Transport- und Produktionskanbans angegebenen Standardmengen. Der Absatz vollzieht sich in den von den Kunden bestimmten Versandmengen. Da diese Versandmengen nicht mit den Standardmengen der Kanbans übereinstimmen müssen, kann kein Gleichheitszeichen verwendet werden.

(2) Absatzpotentiale

$$a_{it} + o_{it} = A_{it} \qquad\qquad (i = 1,\ldots,I)$$
$$(t = 1,\ldots,T)$$

wobei:

$\quad$ A_{it} $\quad$ Absatzhöchstmenge des Erzeugnistyps i in der Teilperiode t.

Die Summe aus realisierter Absatzmenge und Fehlmenge muß für jeden Erzeugnistyp in jeder Teilperiode mit der Absatzhöchstmenge dieses Erzeugnistyps übereinstimmen.

(3) Fehlmengenbeschränkungen

$$o_{it} \leq F_{it} \cdot A_{it} \qquad\qquad (i = 1,\ldots,I)$$
$$(t = 1,\ldots,T)$$

wobei:

$\quad$ F_{it} $\quad$ maximal zulässiger Anteil der Fehlmenge an der Absatzhöchstmenge des Erzeugnistyps i in der Teilperiode t.

Eine Voraussetzung des Modells besagt, daß bereits fest eingegangene und den Kunden bestätigte Aufträge ohne Fehlmengen zu erfüllen sind. Die Fehlmengen dürfen daher maximal die Absatzprognosen umfassen, welche über die fest eingegangenen Kundenaufträge hinausgehen. Da der Anteil der Absatzhöchstmenge eines Erzeugnistyps, der auf Absatzprognosen beruht, im Zeitablauf zunimmt, ist eine Indizierung der F_{it} mit dem Zeitindex t unabdingbar.

(4) Lager- und Absatzabstimmungen

$$Y_{it} \leq \sum_{t'=t+1}^{T} A_{it'} \cdot (1 - F_{it'})$$

$$(i = 1,\ldots,I)$$
$$(t = 1,\ldots,T)$$

Mittels dieser Restriktionen wird sichergestellt, daß von den einzelnen Erzeugnistypen maximal die Mengen auf Lager produziert werden, für die in zukünftigen Teilperioden feste Kundenbestellungen vorliegen. Das Ziel dieser Restriktionen besteht in der Vermeidung von Lagerbeständen, die auf unsicheren Prognosewerten basieren. Eine Lagerproduktion auf der Basis unsicherer Absatzprognosen führt, wenn die prognostizierten Kundenaufträge im Planungszeitraum nicht zustande kommen, zu nicht abbaubaren Lagerbeständen. Diese Nebenbedingungen stellen einen zentralen Punkt des Entscheidungsmodells dar, wenn die betrachtete Unternehmung viele Erzeugnisse mit kundenspezifischen Varianten fertigt.

Die Produktion im Hinblick auf Absatzpotentiale, die auf Prognosen beruhen, ist somit nur in der Teilperiode möglich, für welche diese Mengen erwartet werden. Die Prognosen bezüglich der ersten Teilperiode weisen die größten Realisierungswahrscheinlichkeiten auf. Da nur die Absatzmengen der ersten Teilperiode weiter disaggregiert werden, ist die Gefahr der Produktion nicht absetzbarer Erzeugnisse relativ gering, zumal die Realisierung der Planwerte nur für die erste Woche des Planungsjahres erfolgt, für welche deterministische Daten unterstellt sind.

Kann aufgrund dieser Nebenbedingungen keine zulässige Lösung des Entscheidungsproblems auf der ersten Ebene des hierarchischen Planungsansatzes gefunden werden, so sind die Bedingungen in gelockerter Form anzuwenden, indem auch eine Produktion auf Lager zur Deckung lediglich prognostizierter Bedarfe zulässig ist. Eine Planung auf dieser Ebene erfolgt auf aggregierter Basis, so daß zumindest für die weiter in der Zukunft liegenden Teilperioden $(t = 2,...,T)$ die Möglichkeit besteht, daß die diesbezüglichen Planungsergebnisse zum Zeitpunkt ihrer Realisierung durch bis dahin zusätzlich eingegangene Kundenaufträge gestützt werden, da die detaillierte Ausstattung der an die Kunden auszuliefernden Erzeugnisse erst im Rahmen der Ebenen II und III der hierarchischen Planung spezifiziert wird.

(5) Fertigungskapazitäten

$$\sum_{i=1}^{I} M_i \cdot x_{it} \cdot r_{Mits} \leq T_{ts} \qquad\qquad \begin{array}{l}(t = 1,...,T)\\(s = 1,...,S)\end{array}$$

wobei:

r_{Mits} Vorgabezeit in Zeiteinheiten pro Mengeneinheit des Erzeugnistyps i in Teilperiode t auf dem Fertigungssystem s (Maschinenlaufzeit),

s Index zur Kennzeichnung der Fertigungssysteme $(s = 1,...,S)$,

T_{ts} Fertigungskapazität in Zeiteinheiten, die in der Teilperiode t im Fertigungssystem s zur Verfügung steht.

Zur Ermittlung realisierbarer Produktionspläne ist es unabdingbar, die betrieblichen Kapazitäten bei der Entscheidungsfindung zu berücksichtigen. Da auf der aggregierten Planungsebene keine detaillierte Betriebsmittelbelegungsplanung durchführbar ist, soll der Fertigungsbereich in Fertigungssysteme unterteilt werden, die aus einer Aggregation mehrerer, unter Umständen unterschiedlicher Betriebsmittel resultieren.

Bei einer mehrstufigen Produktion, wie sie in KANBAN-gesteuerten Systemen vorliegt, ist es sinnvoll, in der Planung des

Produktionsprogramms der Enderzeugnisse auch Kapazitäten zu berücksichtigen, die zur Erstellung der Vorprodukte benötigt werden. Eine solche Kapazitätsüberprüfung kann mittels der beschriebenen Nebenbedingungen in aggregierter Form durchgeführt werden.

Nicht alle Fertigungssysteme des Produktionsbereiches stellen restriktive Faktoren aufgrund knapper Kapazitäten dar. Häufig treten nur wenige Stellen als Engpässe in Erscheinung. Dann reicht es aus, nur diese Engpaßaggregate in die Kapazitätsrestriktionen einzubeziehen.

Die verfügbaren Kapazitäten T_{ts} umfassen nur die produktiven Zeiten. Die technisch maximalen Kapazitäten sind um Zeiten für Instandhaltungsmaßnahmen, für Reparaturen sowie für Rüstprozesse zu korrigieren. Die einzelnen Rüstzeiten für sich betrachtet, die in KANBAN-Systemen eine untergeordnete Rolle spielen, können in ihrer Summe einen planungsrelevanten Anteil an der technischen Maximalkapazität belegen und sind dementsprechend als Schätzwert über die betrachtete Teilperiode auf dieser Ebene anzusetzen. Da die mit den Rüstprozessen verbundenen Kosten vernachlässigbar gering sind, werden die Rüstzeiten im Entscheidungsmodell nicht detailliert berücksichtigt.

(6) Personalkapazitäten

$$\sum_{i=1}^{I} M_i \cdot x_{it} \cdot r_{Pit} - W_t \cdot w_t - N_t \cdot n_t - u_t \leq 0$$

$$(t = 1,\ldots,T)$$

wobei:

N_t Normalarbeitszeit in Zeiteinheiten, die in der Teilperiode t zur Verfügung steht,

r_{Pit} Vorgabezeit zur Herstellung einer Mengeneinheit des Erzeugnistyps i in der Teilperiode t (bezogen auf menschliche Arbeit),

W_t Kurzarbeitszeit in Zeiteinheiten, die in der Teilperiode t zur Verfügung steht.

Neben den in den vorangehenden Restriktionen betrachteten Maschinenkapazitäten sind auch die verfügbaren Kapazitäten an menschlichen Arbeitskräften zu berücksichtigen. Auf eine Unterscheidung nach Fertigungssystemen wird verzichtet. Besteht keine Möglichkeit, die Arbeitskräfte zwischen den Fertigungssystemen auszutauschen, erfordert dies eine weitere Indizierung innerhalb der Nebenbedingungen mit dem Index s. Im betrachteten Fall der universellen Einsetzbarkeit der Arbeiter ist dies nicht notwendig. Der Wert des Parameters r_{pit} umfaßt die gesamte Personalbelegungszeit aller Arbeitsgänge zur Erstellung einer Mengeneinheit des betrachteten Erzeugnistyps.

Kurzarbeitszeit und Normalarbeitszeit lassen sich jeweils nur als Ganzes aktivieren. Die Zeiten werden dementsprechend nur wirksam, wenn die zugehörigen Variablen den Wert 1 annehmen. Mehrarbeitszeiten hingegen sind in stetiger Form einsetzbar.

(7) Abstimmungen zwischen Kurzarbeit und Normalarbeit

$$w_t + n_t \leq 1 \qquad\qquad (t = 1,\ldots,T)$$

Kurzarbeit und Normalarbeit schließen sich innerhalb einer Teilperiode gegenseitig aus. Die Nebenbedingungen erlauben in der aufgeführten Form auch die Nullalternative, so daß weder Kurzarbeit noch Normalarbeit eingesetzt wird. In der praktischen Anwendung tritt dieser Fall jedoch nur bei starker Unterbeschäftigung auf. Soll er ausgeschaltet werden, sind die Nebenbedingungen in Gleichungsform anzusetzen.

(8) Mehrarbeitszeitbeschränkungen

$$u_t - U_{Wt} \cdot w_t - U_{Nt} \cdot n_t \leq 0 \qquad\qquad (t = 1,\ldots,T)$$

wobei:

$\quad U_{Nt}$ maximal zulässige Mehrarbeitszeit in Zeiteinheiten, wenn in der Teilperiode t die tarifliche Normalarbeitszeit gilt,

U_{Wt} maximal zulässige Mehrarbeitszeit in Zeiteinheiten, wenn in der Teilperiode t Kurzarbeit gefahren wird.

Diese Restriktionen schließen aus, daß die Überstunden in der betrachteten Teilperiode den zulässigen Maximalwert überschreiten. Eine solche Obergrenze für Überstunden bei Kurzarbeit wirkt im Normalfall restriktiver als bei Einsatz der tariflichen Normalarbeitszeit, so daß gilt $U_{Nt} > U_{Wt}$.

(9) Lagerkapazitäten

$$\sum_{i=1}^{I} l_i \cdot y_{it} \leq L_t \qquad\qquad (t = 1,\ldots,T)$$

wobei:

l_i Lagerinanspruchnahme durch einen Behälter des Erzeugnistyps i,

L_t Lagerkapazität, die in Teilperiode t zur Verfügung steht.

Laut Voraussetzung existiert lediglich ein Enderzeugnislager, welches zudem eine beschränkte Kapazität aufweist. Diese Kapazität ist in einer relevanten Maßeinheit der Lagerbelastung zu messen. Da sich eine Lagerung in Form von Standardbehältern vollzieht, bietet es sich an, als Maßeinheit m^3 zu wählen. Ist ein Stapeln der Behälter nicht vorgesehen oder aus technischen Gründen nicht möglich, so stellen die m^2 der Stellfläche als Maßeinheit eine adäquate Basis für die Lagerplanung dar.

(10) Nichtnegativität

$$a_{it},\ o_{it},\ u_t \geq 0 \qquad\qquad \begin{array}{l}(i = 1,\ldots,I)\\(t = 1,\ldots,T)\end{array}$$

Die Variablen für die Absatzmengen, die Fehlmengen und die Überstunden müssen nichtnegativ sein. Handelt es sich um Stückgüter, so führt dies zusätzlich zur Forderung nach der

Ganzzahligkeit der Absatzmengen und Fehlmengen. Aus Vereinfachungsgründen wird an dieser Stelle darauf verzichtet. Die hieraus entstehenden Fehler sind aufgrund des hohen Aggregationsgrades und der langen Fristigkeit der Planungsparameter in der Regel vernachlässigbar.

(11) Ganzzahligkeit

$$x_{it}, \ y_{it} \ \varepsilon \ N_0 \qquad\qquad \begin{array}{l}(i = 1,\ldots,I)\\(t = 1,\ldots,T)\end{array}$$

Wie bereits mehrfach aufgezeigt, vollzieht sich die Produktion und die Einlagerung der Enderzeugnisse stets nur als ein ganzzahliges Vielfaches der Standardmenge, welche den Produktions- und Transportkanbans zugeordnet ist. Daher stellt die Ganzzahligkeit der Produktions- und Lagervariablen eine wichtige Voraussetzung für die Validität des Ansatzes dar. Ein Verzicht auf die Ganzzahligkeit dieser Variablen zieht wegen der Multiplikation mit der Standardmenge M_i eine weitaus größeren Fehler nach sich als der Verzicht auf die Ganzzahligkeit der Absatzmengen- und Fehlmengenvariablen.

(12) Binärvariablen

$$w_t, \ n_t \ \varepsilon \ \{0,1\} \qquad\qquad (t = 1,\ldots,T)$$

Im Entscheidungsmodell wird unterstellt, daß Kurzarbeit oder Normalarbeit stets nur für die ganze Teilperiodenlänge angesetzt werden können. In diesem Fall sind w_t und n_t als Binärvariablen zu definieren.

Besteht die Möglichkeit innerhalb einer Teilperiode zeitweise Kurzarbeit zu realisieren und zeitweise Normalarbeitszeit, so gilt:

$$w_t, \ n_t \ \geq \ 0 \qquad\qquad (t = 1,\ldots,T).$$

Dann ist es jedoch sinnvoll die Nebenbedingung (7) als Gleichung zu schreiben, wodurch die Nullalternative entfällt:

$$w_t + n_t = 1 \qquad\qquad (t = 1, \ldots, T).$$

Gleichzeitig sind gegebenenfalls die Nebenbedingungen unter (8) zu modifizieren.

4.2. Produktions- und Absatzplanung für Enderzeugnisfamilien (Ebene II)

4.2.1. Herleitung des Entscheidungsmodells

Alle planungsrelevanten Kosten sind durch die Ergebnisse der aggregierten Erzeugnistypenplanung bereits festgelegt, da alle Einzelerzeugnisse innerhalb eines Erzeugnistyps gleiche Fertigungs- und Fehlmengenkosten aufweisen. Lediglich bezüglich der Absatzpreise bestehen Unterschiede zwischen den Einzelerzeugnissen innerhalb eines Erzeugnistyps. Daher besteht auf dieser Planungsebene die Zielsetzung in der Maximierung der Deckungsbeiträge, die dadurch entstehen, daß die Erzeugnistypen auf Erzeugnisfamilien disaggregiert werden.

Das Entscheidungsmodell auf dieser zweiten Planungsstufe umfaßt als Planungszeitraum die erste Teilperiode des Entscheidungsmodells der ersten Planungsstufe unterteilt in Teilperioden. Umspannt der Planungszeitraum der ersten Ebene ein Kalenderjahr und die Teilperiodenlänge einen Monat, so beträgt auf der zweiten Ebene der Planungszeitraum einen Monat und die Teilperiodenlänge eine Woche.

Das Entscheidungsmodell der zweiten Planungsebene ist für jeden Erzeugnistyp aufzustellen, der als Ergebnis der ersten Planungsebene eine positive Produktionsmenge in der ersten Teilperiode aufweist.

4.2.2. Zielfunktion

$$\max \sum_{j \in T(i)} \sum_{l=1}^{L} \left(p_{jl} \cdot a_{jl} - k_{Ljl} \cdot y_{jl} \right)$$

wobei:

a_{jl} Absatzmenge der Erzeugnisfamilie j in der Teilperiode l in Mengeneinheiten,

j   Index zur Kennzeichnung der Erzeugnisfamilien ($j \in T(i)$),

k_{Ljl} proportionale Lagerkosten der Standardmenge der Erzeugnisfamilie j in der Teilperiode l,

l   Index zur Kennzeichnung der Teilperioden ($l = 1,\ldots,L$),

p_{jl} Planabsatzerlös im Sinne des durchschnittlich zu erwartenden Absatzpreises für eine Mengeneinheit der Erzeugnisfamilie j in der Teilperiode l (eventuell korrigiert um absatzmengenproportionale Vertriebs- und Verwaltungskosten),

$T(i)$ Indexmenge aller Erzeugnisfamilien j, die dem Erzeugnistyp i angehören,

y_{jl} Anzahl der am Ende der Teilperiode l eingelagerten vollen Behälter der Erzeugnisfamilie j.

Die Deutung der beschriebenen Zielfunktion ist analog der Deutung der Zielfunktion der ersten Planungsebene vorzunehmen. Nicht mehr berücksichtigt werden die Fehlmengenkosten, die Produktionskosten und die Kosten der verschiedenen Arbeitszeitkategorien.

Die Produktionskosten der Standardmengen aller Einzelerzeugnisse eines Erzeugnistyps sollen laut Voraussetzung gleich sein. Somit sind die gesamten Produktionskosten für den Planungszeitraum der zweiten Planungsebene bereits durch die auf der ersten Planungsebene errechneten Produktionsmengen der Erzeugnistypen festgelegt und können in der Zielfunktion des Entscheidungsmodells der zweiten Ebene als entscheidungsirrelevante Größe vernachlässigt werden.

Wie bereits erläutert, ist für den Fertigungsbereich bezüglich der Arbeitskräfte der Fall universeller Einsatzfähigkeit unterstellt, so daß durch die Aufteilung der Arbeitskräfte innerhalb des Fertigungsbereiches keine Veränderungen der Arbeitskosten auftreten. Damit sind diese Arbeitskosten auf der

Planungsebene II nicht mehr beeinflußbar und kommen in der Zielfunktion nicht mehr vor.

Auf der Ebene I werden die Produktionsmengen in aggregierter Form für Erzeugnistypen bestimmt. Mittels der Entscheidungsmodelle der zweiten Planungsebene erfolgt eine Disaggregation dieser Produktionsmengen der Erzeugnistypen auf Produktionsmengen der Erzeugnisfamilien. Da gleichzeitig auch die Absatzmengen der Erzeugnistypen festliegen, verändern sich die Fehlmengenkosten im Sinne von Strafkosten für nicht ausgenutzte Absatzpotentiale durch die Disaggregation nicht mehr. Werden Fehlmengenkosten hingegen als entgangene Absatzerlöse verstanden, so können aufgrund der in gewissen Grenzen schwankenden Absatzpreise der Erzeugnisfamilien innerhalb eines Erzeugnistyps durch die Disaggregation erfolgswirksame Auswirkungen auftreten.

Eine Minimierung der entgangenen Absatzerlöse erfolgt durch folgende Zielfunktion:

$$(a) \quad \min \sum_{j\varepsilon T(i)} \sum_{l=1}^{L} p_{jl} \cdot (A_{jl} - a_{jl})$$

wobei:

A_{jl} Absatzhöchstmenge der Erzeugnisfamilie j in der Teilperiode l.

Umgeformt lautet diese Zielfunktion:

$$(b) \quad \min \sum_{j\varepsilon T(i)} \sum_{l=1}^{L} (p_{jl} \cdot A_{jl} - p_{jl} \cdot a_{jl})$$

beziehungsweise:

$$(c) \quad \min \sum_{j\varepsilon T(i)} \sum_{l=1}^{L} p_{jl} \cdot A_{jl} - \sum_{j\varepsilon T(i)} \sum_{l=1}^{L} p_{jl} \cdot a_{jl}.$$

Da sowohl die p_{jl} als auch die A_{jl} konstante Größen abbilden, stellt der erste Bestandteil der Zielfunktion einen nicht beeinflußbaren, fixen Block dar. Die Zielfunktion (c) entspricht der Zielfunktion (d), die wiederum zum gleichen Ergebnis führt wie Zielfunktion (e).

$$\text{(d)} \quad \min - \sum_{j \varepsilon T(i)} \sum_{l=1}^{L} p_{jl} \cdot a_{jl},$$

$$\text{(e)} \quad \max \sum_{j \varepsilon T(i)} \sum_{l=1}^{L} p_{jl} \cdot a_{jl}.$$

Somit ist ersichtlich, daß bei Unterstellung der gleichen Nebenbedingungen die Minimierung der entgangenen Absatzerlöse der Maximierung der realisierten Absatzerlöse entspricht, so daß die Fehlmengenkosten im Sinne nicht ausgenutzter Absatzpotentiale in der auf Seite 194 beschriebenen Zielfunktion der Planungsebene II berücksichtigt sind.

4.2.3. Nebenbedingungen

(1) Mengenfluß

$$a_{jl} - M_i \cdot x_{jl} - M_i \cdot y_{j(l-1)} + M_i \cdot y_{jl} \leq 0$$

$$(j \ \varepsilon \ T(i))$$
$$(l = 1,\ldots,L)$$

wobei:

$\quad x_{jl}$ Anzahl der produzierten Standardmengen der Erzeugnisfamilie j in der Teilperiode l [6].

---

[6] Die Produktionsmengen x_{jl} der Erzeugnisfamilien in den einzelnen Teilperioden stellen Variablen dar. Da die Produktionskosten jedoch bereits im Rahmen des Entscheidungsmodells der ersten Ebene festgelegt werden, erfolgt keine Bewertung der Produktionsmengen in den Zielfunktionen der Entscheidungsmodelle der zweiten Planungsebene.

Analog zum Modell auf der ersten Planungsebene erfolgt mittels der Mengenflußrestriktionen eine Abstimmung der Absatz-, Produktions- und Lagermengen der einzelnen Erzeugnisfamilien über die Teilperioden des Planungszeitraumes.

Da alle Erzeugnisse innerhalb eines Erzeugnistyps gleiche Standardmengen der Produktion und Lagerung aufweisen, wird in diesen Restriktionen die Menge M_i des betrachteten Erzeugnistyps verwendet.

(2) Absatzpotentiale

$$a_{j1} \leq A_{j1} \qquad\qquad (j \ \varepsilon \ T(i)) \\ (1 = 1,\ldots,L)$$

Die Absatzmengen der Erzeugnisfamilien sind in jeder Teilperiode nach oben durch die Absatzhöchstmengen beschränkt.

(3) Fehlmengenbeschränkungen

$$a_{j1} \geq (1 - F_{j1}) \cdot A_{j1} \qquad\qquad (j \ \varepsilon \ T(i)) \\ (1 = 1,\ldots L)$$

wobei:

F_{j1} maximal zulässiger Anteil der Fehlmenge an der Absatzhöchstmenge der Erzeugnisfamilie j in der Teilperiode 1.

Die Absatzmenge muß mindestens den Teil der Absatzhöchstmenge decken, der auf fest eingegangene und den Kunden bestätigte Bestellungen zurückgeht. Fehlmengen dürfen nur im Bereich der prognostizierten Bedarfe auftreten.

(4) Abstimmung mit Ebene I

$$\sum_{j\varepsilon T(i)} \ \sum_{1=1}^{L} x_{j1} \leq \bar{x}_{i(t=1)}$$

199

wobei:

$\bar{x}_{it}$ aus der ersten Planungsebene vorgegebene Produktionsmenge des Erzeugnistyps i in der Teilperiode t.

Die Produktionsmengen der Erzeugnisfamilien, die ein Ergebnis des Entscheidungsmodells der zweiten Planungsebene bilden, dürfen die Produktionsvorgabe aus der ersten Planungsebene nicht überschreiten, da lediglich für diese Menge eine Reservierung der Fertigungskapazitäten stattfindet. Bei perfekter Aggregation und Disaggregation ist diese Restriktion als Gleichung erfüllt.

(5) Lagerbestände zum Ende des Planungszeitraumes

$$\sum_{j\varepsilon T(i)} y_{jL} \geq \bar{y}_{i(t=1)}$$

wobei:

$\bar{y}_{it}$ aus der ersten Planungsebene vorgegebener Lagerendbestand des Erzeugnistyps i in der Teilperiode t.

Das Ende des Planungszeitraumes der zweiten Planungsebene entspricht dem Ende der ersten Teilperiode der ersten Planungsebene. Im Rahmen des Planungsansatzes der ersten Ebene erfolgt eine langfristige Abstimmung der Produktions- und Absatzmengen über die Lagermengen. Daher ist auf der zweiten Planungsebene zu beachten, daß mindestens die geforderten Lagerbestände zum Ende der ersten Teilperiode des übergeordneten Planungsmoduls zustande kommen. Eine weit überhöhte Lagerproduktion wird durch die Zielfunktion und die restriktive Wirkung der Nebenbedingung (4) ausgeschlossen, welche die Produktionsmengen der Enderzeugnisfamilien auf die Produktionsmenge des übergeordneten Enderzeugnistyps beschränkt.

(6) Lager- und Absatzabstimmungen

$$Y_{jL} \leq \sum_{t=2}^{T^*} \underline{A}_{jt} \cdot (1 - \underline{F}_{jt}) \qquad\qquad (j \; \varepsilon \; T(i))$$

wobei:

$\underline{A}_{jt}$ Absatzhöchstmenge der Erzeugnisfamilie j in der Teilperiode t,

$\underline{F}_{jt}$ maximal zulässiger Anteil der Fehlmenge an der Absatzhöchstmenge der Erzeugnisfamilie j in der Teilperiode t, [7]

T^* Hilfsindex zur Kennzeichnung einer Teilperiode $T^* \leq T$.

Auch auf der zweiten Planungsebene ist sicherzustellen, daß lediglich solche Erzeugnisfamilien auf Lager gehen, deren Absatz durch bereits eingegangene Kundenbestellungen feststeht.

Mittels dieser Restriktionen werden die Lagerbestände am Ende des Planungszeitraumes der zweiten Ebene durch die sicheren Absatzmengen begrenzt, welche zeitlich über den Planungshorizont der zweiten Planungsebene hinaus anfallen. Wegen der Bedingung unter (5) muß die Summe nicht über alle Teilperioden der ersten Planungsebene laufen, sondern es reicht aus, bis zu der Teilperiode T^* zu summieren, in der erstmals der vorgegebene Lagerendbestand des betrachteten Erzeugnistyps $Y_{i(t=1)}$ erreicht oder überschritten wird, so daß gilt:

$$\sum_{t=2}^{T^*-1} A_{jt} \cdot (1 - F_{jt}) < \bar{Y}_{i(t=1)}$$

und

---

[7] Um die beiden Symbole von den Symbolen A_{j1} und F_{j1} zu unterscheiden, wenn für die Indizes konkrete Zahlen eingesetzt werden, sind die Symbole $\underline{A}_{jt}$ und $\underline{F}_{jt}$ mit einem Strich versehen.

$$\sum_{t=2}^{T^*} A_{jt} \cdot (1 - F_{jt}) \geq \bar{Y}_{i(t=1)} \qquad\qquad (j \; \epsilon \; T(i)).$$

(7) Fertigungskapazitäten

$$\sum_{j\epsilon T(i)} M_i \cdot x_{j1} \cdot r_{Mjlq} \leq T_{lq} \qquad\qquad \begin{array}{l} (l = 1,\ldots,L) \\ (q = 1,\ldots,Q) \end{array}$$

wobei:

q Index zur Kennzeichnung einzelner Betriebsmittel $(q = 1,\ldots,Q)$,

r_{Mjlq} Vorgabezeit in Zeiteinheiten pro Mengeneinheit der Erzeugnisfamilie j in der Teilperiode l an Betriebsmittel q,

T_{lq} Fertigungskapazität in Zeiteinheiten, die in der Teilperiode l vom Betriebsmittel q zur Verfügung steht.

Eine Belegung der Fertigungskapazitäten erfolgt im Rahmen der Planung auf der ersten Ebene des hierarchischen Ansatzes für aggregierte Fertigungssysteme. Die Berücksichtigung dieser Kapazitäten erfolgt auf der zweiten Ebene mittels der Nebenbedingung (4). Die Restriktionen unter (7) ermöglichen jetzt eine detaillierte Abstimmung der verfügbaren Kapazitäten einzelner Betriebsmittel innerhalb der Fertigungssysteme, die eventuell zu Engpässen werden können. Hierdurch sollen Unzulässigkeiten aufgedeckt werden, welche durch die aggregierte Abstimmung der Kapazitätsangebote mit den Kapazitätsbedarfen auf der ersten Planungsebene verdeckt bleiben.

(8) Nichtnegativität

$$a_{j1} \geq 0 \qquad\qquad \begin{array}{l} (j \; \epsilon \; T(i)) \\ (l = 1,\ldots,L) \end{array}$$

Die Absatzmengen der Erzeugnisfamilien dürfen keine negativen Werte annehmen. Handelt es sich bei den Erzeugnissen um

Stückgüter, so ist zusätzlich die Ganzzahligkeit der Variablen zu fordern.

(9) Ganzzahligkeit

$$x_{j1}, \ y_{j1} \ \varepsilon \ N_0 \qquad\qquad (j \ \varepsilon \ T(i))$$
$$(1 = 1,\ldots,L)$$

Die Produktionsvariablen und die Lagervariablen beziehen sich jeweils auf die vorgegebenen Standardmengen der Erzeugnisfamilien und sind dementsprechend ganzzahlig und nichtnegativ zu wählen.

4.3. Produktionsplanung für Enderzeugnisse (Ebene III)

4.3.1. Herleitung des Entscheidungsmodells

Mittels der Entscheidungsmodelle der dritten Planungsebene erfolgt eine Disaggregation der Planungsergebnisse der beiden übergeordneten Ebenen zu Produktionsmengen der einzelnen Enderzeugnisvarianten. Für die erste Teilperiode des Ansatzes der zweiten Planungsebene kommt es für jede aufzulegende Erzeugnisfamilie zu einer Berechnung der Produktionsmengen der in dieser Erzeugnisfamilie zusammengefaßten Einzelerzeugnisse. Hierzu wird der Planungszeitraum der dritten Planungsebene, welcher der Länge der ersten Teilperiode der zweiten Planungsebene entspricht, wiederum in Teilperioden zerlegt. Die Teilperiodenlänge auf der dritten Entscheidungsebene beträgt einen Werkskalendertag, da der Endmontage täglich die Produktionsmengen der Enderzeugnisse vorzugeben sind. Der Planungszeitraum umfaßt fünf Werkskalendertage beziehungsweise eine Arbeitswoche, wenn Wochenendschichten eingeplant sind. Aus der Wahl dieses Planungszeitraumes folgt, daß die Absatzmengen deterministische Daten darstellen, da laut Voraussetzung die Kundenaufträge spätestens eine Woche, bzw. fünf Werkstage, vor ihrem Liefertermin den Planungsinstanzen vorliegen müssen.

4.3.2. Zielfunktion

$$\min_{k \varepsilon F(j)} \Sigma \left[\frac{M_i \cdot \bar{x}_{j(l=1)}}{\sum\limits_{k' \varepsilon F(j)} \sum\limits_{r=1}^{R} A_{k'r}} - \frac{\sum\limits_{r=1}^{R} M_i \cdot x_{kr}}{\sum\limits_{r=1}^{R} A_{kr}} \right]^2$$

wobei:

A_{kr} Absatzmenge des Enderzeugnisses k in der Teilperiode r in Mengeneinheiten,

$F(j)$ Indexmenge aller Enderzeugnisse k, die der Erzeugnisfamilie j angehören,

k   Index zur Kennzeichnung der Enderzeugnisse $(k \varepsilon F(j))$,

k'   Hilfsindex für Enderzeugnisse $k' \varepsilon F(j)$,

r   Index zur Kennzeichnung der Teilperioden $(r = 1, \ldots, R)$,

$\bar{x}_{jl}$ aus der zweiten Planungsebene vorgegebene Produktionsmenge der Erzeugnisfamilie j in der Teilperiode l,

x_{kr} Anzahl der produzierten Standardmengen des Enderzeugnisses k in der Teilperiode r.

Fast alle entscheidungsrelevanten Kosten und Erlöse werden auf den ersten beiden Planungsebenen determiniert. Beeinflußbar sind hier lediglich die Kosten der kurzfristigen Lagerung zwischen den Teilperioden der dritten Ebene. Die kostenmäßige Erfassung der Lagerbestände am Ende des Planungszeitraumes dieser Ebene erfolgt bereits mittels der Zielfunktionen auf der zweiten Ebene. Die Kosten der kurzfristigen Lagerung werden in den Entscheidungsmodellen der dritten Planungsebene vernachlässigt, da ihr Einfluß auf die Gesamtkosten der Unternehmung verschwindend gering sein dürfte.

Die Zielsetzung dieser Modelle besteht in der Minimierung der Anzahl zukünftiger Rüstprozesse. Wie bereits weiter oben herausgestellt, erfordern KANBAN-gesteuerte Systeme eine Reduzierung der Rüstkosten auf eine Dimension, die ihre Vernachlässigung bei der Entscheidungsfindung rechtfertigt. Ein großer Teil der Rüstprozesse fällt an, während auf den entsprechenden Maschinen noch die in der Bearbeitungsreihenfolge voranstehenden Aufträge gefertigt werden. Somit treten formal keine oder nur geringe Rüstkosten auf, die Rüstprozesse selbst sind aber trotzdem erforderlich und stellen für die Arbeiter an den Maschinen eine Belastung dar. Um die Belastung der Arbeiter möglichst gering zu halten, wird mittels der Zielfunktionen versucht, die Wiederauflegungszeitpunkte der Enderzeugnisse innerhalb einer Erzeugnisfamilie einander anzugleichen, um größere Umrüstaktivitäten in der Zukunft auf einem minimalen Niveau zu halten.

Ebenso wie im Ansatz nach Hax und seinen Mitarbeitern, werden die Run Out Times (ROT) der Enderzeugnisse an der Run Out Time der Erzeugnisfamilie ausgerichtet. Da alle Enderzeugnisse einer Erzeugnisfamilie ähnliche saisonale Absatzentwicklungen aufweisen, verspricht diese Vorgehensweise befriedigende Ergebnisse.

Durch die Angleichung der Reichweiten aller Losgrößen der Enderzeugnisse innerhalb der Erzeugnisfamilien wird indirekt auch eine Minimierung der Rüstprozesse der Vorprodukte angestrebt, da sich die Produktionsmengen der Enderzeugnisse wegen der verbrauchsorientierten Produktion der Komponenten auch auf die Produktionsmengen untergeordneter Komponenten auswirken. Dieser Einfluß macht sich jedoch nicht im vollen Umfang bemerkbar, wenn untergeordnete Komponenten in Enderzeugnisse verschiedener Erzeugnisfamilien eingehen.

4.3.3. Nebenbedingungen

(1) Mengenfluß

$$A_{kr} - M_i \cdot x_{kr} - M_i \cdot Y_{k(r-1)} + M_i \cdot Y_{kr} \leq 0$$

$$(k \in F(j))$$
$$(r = 1,\ldots,R)$$

wobei:

y_{kr} Anzahl der am Ende der Teilperiode r eingelagerten vollen Behälter des Enderzeugnisses k.

Die Mengenflußrestriktionen entsprechen im Aufbau denen der Modelle auf den Planungsebenen I und II. Die Absatzmengen stellen jedoch hier keine Variablen mehr dar. Sie basieren vielmehr in vollem Umfang auf Kundenaufträgen und sind somit ohne Fehlmengen termingerecht zu erfüllen. Besteht die Möglichkeit, daß Kunden kurzfristig, d.h. mit einer Vorlaufzeit bezüglich des Liefertermins von weniger als einer Woche Bestellungen auslösen, so sind für diesen Fall in den Entscheidungsmodellen der Planungsebenen I und II Kapazitäten zu reservieren, so daß Eilaufträge durchführbar bleiben.

(2) Abstimmung mit Ebene II

$$\sum_{k \varepsilon F(j)} \sum_{r=1}^{R} x_{kr} \leq \bar{x}_{j(l=1)}$$

Die Produktionsmenge, welche mittels des Entscheidungsmodells der zweiten Planungsebene für den Planungszeitraum der dritten Planungsebene ermittelt wird, bildet die Vorgabe für die Summe der Produktionsmengen aller Enderzeugnisse der Erzeugnisfamilie über alle Teilperioden des Planungszeitraumes der dritten Planungsebene.

(3) Lagerbestände am Ende des Planungszeitraumes

$$\sum_{k \varepsilon F(j)} y_{kR} \geq \bar{y}_{j(l=1)}$$

wobei:

$\bar{y}_{jl}$ aus der zweiten Planungsebene vorgegebener Lagerendbestand der Erzeugnisfamilie j in der Teilperiode l.

Auch in diesem Modell ist sicherzustellen, daß mindestens der mittels des übergeordneten Entscheidungsmodells bestimmte La-

gerbestand der Erzeugnisfamilie j zum Ende des Planungszeitraumes vorhanden ist.

(4) Lager- und Absatzabstimmungen

$$Y_{kR} \leq \sum_{l=2}^{L^*} \underline{A}_{kl} \cdot (1 - \underline{F}_{kl}) \qquad\qquad (k \ \varepsilon \ F(j))$$

wobei:

$\underline{A}_{kl}$ Absatzhöchstmenge des Enderzeugnisses k in der Teilperiode l,

$\underline{F}_{kl}$ maximal zulässiger Anteil der Fehlmenge an der Absatzhöchstmenge des Enderzeugnisses k in der Teilperiode l,

L^* Hilfsindex zur Kennzeichnung einer Teilperiode L^* $\leq$ L.

Die Lagerbestände zum Ende des Planungszeitraumes der Ebene
III dürfen nur aus solchen Enderzeugnissen bestehen, für die
fest eingegangene Kundenaufträge vorliegen. Analog zu den
Ausführungen unter Gliederungspunkt 4.2.3. zur Nebenbedingung
(6) gilt auch hier, daß ein Aufsummieren der Kundenaufträge
lediglich bis zu der Teilperiode L^* erforderlich ist, in welcher der vorgegebene Lagerendbestand der betrachteten Erzeugnisfamilie zum Ende des Planungszeitraumes der Planungsebene
III erstmalig durch die aufsummierten Kundenaufträge überschritten wird.

(5) Ganzzahligkeit

$$x_{kr}, \ y_{kr} \ \varepsilon \ N_0 \qquad\qquad \begin{matrix}(k \ \varepsilon \ F(j)) \\ (r = 1,\ldots,R)\end{matrix}$$

Die Produktions- und Lagervariablen müssen ganzzahlig und
nichtnegativ sein. In diesem Entscheidungsmodell ist die
Ganzzahligkeit der Variablen unabdingbar, da die Ergebnisse
des Planungsschrittes die Vorgaben für die Realisation der
Produktionsaktivitäten bilden.

4.4. Zusammenfassende Modelldarstellung

An dieser Stelle werden die einzelnen Module des hierarchischen Ansatzes zur Produktionsprogrammplanung einer KANBAN-
gesteuerten Fertigung zusammenhängend dargestellt. Zur Erläuterung der Formeln sei auf die vorangehenden Gliederungspunkte verwiesen.

**Aggregierte Produktions- und Absatzplanung für Enderzeugnis-
typen (Ebene I)**

$$\max \sum_{i=1}^{I} \sum_{t=1}^{T} (p_{it} \cdot a_{it} - k_{Fit} \cdot o_{it} - k_{Pit} \cdot x_{it} - k_{Lit}$$

$$\cdot y_{it}) - \sum_{t=1}^{T} (K_{Wt} \cdot w_t + K_{Nt} \cdot n_t + k_{Ut} \cdot u_t)$$

u.d.N.

(1) Mengenfluß

$$a_{it} - M_i \cdot x_{it} - M_i \cdot y_{i(t-1)} + M_i \cdot y_{it} \leq 0$$

$$(i = 1,\ldots,I)$$
$$(t = 1,\ldots,T)$$

(2) Absatzpotentiale

$$a_{it} + o_{it} = A_{it}$$

$$(i = 1,\ldots,I)$$
$$(t = 1,\ldots,T)$$

(3) Fehlmengenbeschränkungen

$$o_{it} \leq F_{it} \cdot A_{it}$$

$$(i = 1,\ldots,I)$$
$$(t = 1,\ldots,T)$$

(4) Lager- und Absatzabstimmungen

$$Y_{it} \leq \sum_{t'=t+1}^{T} A_{it'} \cdot (1 - F_{it'}) \qquad \begin{array}{l}(i = 1, \ldots, I) \\ (t = 1, \ldots, T)\end{array}$$

(5) Fertigungskapazitäten

$$\sum_{i=1}^{I} M_i \cdot x_{it} \cdot r_{Mits} \leq T_{ts} \qquad \begin{array}{l}(t = 1, \ldots, T) \\ (s = 1, \ldots, S)\end{array}$$

(6) Personalkapazitäten

$$\sum_{i=1}^{I} M_i \cdot x_{it} \cdot r_{Pit} - W_t \cdot w_t - N_t \cdot n_t - u_t \leq 0 \qquad (t = 1, \ldots, T)$$

(7) Abstimmung zwischen Kurzarbeit und Normalarbeit

$$w_t + n_t \leq 1 \qquad (t = 1, \ldots, T)$$

(8) Mehrarbeitszeitbeschränkungen

$$u_t - U_{Wt} \cdot w_t - U_{Nt} \cdot n_t \leq 0 \qquad (t = 1, \ldots, T)$$

(9) Lagerkapazitäten

$$\sum_{i=1}^{I} l_i \cdot Y_{it} \leq L_t \qquad (t = 1, \ldots, T)$$

(10) Nichtnegativität

$$a_{it'}, o_{it'}, u_t \geq 0 \qquad \begin{array}{l}(i = 1, \ldots, I) \\ (t = 1, \ldots, T)\end{array}$$

(11) Ganzzahligkeit

$$x_{it}, \; y_{it} \; \varepsilon \; N_0$$

$$(i = 1, \ldots, I)$$
$$(t = 1, \ldots, T)$$

(12) Binärvariablen

$$w_t, \; n_t \; \varepsilon \; \{0,1\}$$

$$(t = 1, \ldots, T)$$

Produktions- und Absatzplanung für Enderzeugnisfamilien (Ebene II)

$$\max \; \sum_{j \varepsilon T(i)} \; \sum_{l=1}^{L} \; (\; p_{jl} \cdot a_{jl} - k_{Ljl} \cdot y_{jl} \;)$$

u.d.N.

(1) Mengenfluß

$$a_{jl} - M_i \cdot x_{jl} - M_i \cdot y_{j(l-1)} + M_i \cdot y_{jl} \leq 0$$

$$(j \; \varepsilon \; T(i))$$
$$(l = 1, \ldots, L)$$

(2) Absatzpotentiale

$$a_{jl} \leq A_{jl}$$

$$(j \; \varepsilon \; T(i))$$
$$(l = 1, \ldots, L)$$

(3) Fehlmengenbeschränkungen

$$a_{jl} \geq (1 - F_{jl}) \cdot A_{jl}$$

$$(j \; \varepsilon \; T(i))$$
$$(l = 1, \ldots, L)$$

(4) Abstimmung mit Ebene I

$$\sum_{j \varepsilon T(i)} \; \sum_{l=1}^{L} \; x_{jl} \leq \bar{x}_{i(t=1)}$$

(5) Lagerbestände zum Ende des Planungszeitraumes

$$\sum_{j\varepsilon T(i)} Y_{jL} \geq \bar{Y}_{i(t=1)}$$

(6) Lager- und Absatzabstimmungen

$$Y_{jL} \leq \sum_{t=2}^{T^*} \underline{A}_{jt} \cdot (1 - \underline{F}_{jt}) \qquad (j \ \varepsilon \ T(i))$$

(7) Fertigungskapazitäten

$$\sum_{j\varepsilon T(i)} M_i \cdot x_{j1} \cdot r_{Mjlq} \leq T_{lq} \qquad \begin{aligned} (l &= 1,\ldots,L) \\ (q &= 1,\ldots,Q) \end{aligned}$$

(8) Nichtnegativität

$$a_{j1} \geq 0 \qquad \begin{aligned} (j \ &\varepsilon \ T(i)) \\ (l &= 1,\ldots,L) \end{aligned}$$

(9) Ganzzahligkeit

$$x_{j1}, \ Y_{j1} \ \varepsilon \ N_0 \qquad \begin{aligned} (j \ &\varepsilon \ T(i)) \\ (l &= 1,\ldots,L) \end{aligned}$$

Produktionsplanung der Enderzeugnisse (Ebene III)

$$\min \sum_{k\varepsilon F(j)} \left[\frac{M_i \cdot \bar{x}_j}{\sum\limits_{k'\varepsilon F(j)} \sum\limits_{r=1}^{R} A_{k'r}} - \frac{\sum\limits_{r=1}^{R} M_i \cdot x_{kr}}{\sum\limits_{r=1}^{R} A_{kr}} \right]^2$$

u.d.N.

(1) Mengenfluß

$$A_{kr} - M_i \cdot x_{kr} - M_i \cdot Y_{k(r-1)} + M_i \cdot Y_{kr} \leq 0$$

$$(k \; \varepsilon \; F(j))$$
$$(r = 1, \ldots, R)$$

(2) Abstimmung mit Ebene II

$$\sum_{k\varepsilon F(j)} \; \sum_{r=1}^{R} \; x_{kr} \leq \bar{x}_{j(l=1)}$$

(3) Lagerbestände am Ende des Planungszeitraumes

$$\sum_{k\varepsilon F(j)} \; Y_{kR} \geq \bar{Y}_{j(l=1)}$$

(4) Lager- und Absatzabstimmungen

$$Y_{kR} \leq \sum_{l=2}^{L^*} \underline{A}_{kl} \cdot (1 - \underline{E}_{kl})$$

$$(k \; \varepsilon \; F(j))$$

(5) Ganzzahligkeit

$$x_{kr}, \; Y_{kr} \; \varepsilon \; N_0$$

$$(k \; \varepsilon \; F(j))$$
$$(r = 1, \ldots, R)$$

4.5. Ablauf der Planungsaktivitäten

Die hierarchische Produktionsplanung erfolgt als rollierende Planung über drei Ebenen.

Der Planungszeitraum der ersten Planungsebene entspricht mindestens einem Saisonzyklus, in der Regel einem Kalenderjahr. Dieser Planungszeitraum ist in Teilperioden zu unterteilen. Die Teilperiodenlänge beträgt grundsätzlich einen Monat oder eine entsprechende Zahl an Normalarbeitstagen. Unter Normalarbeitstagen sind die Arbeitstage zu verstehen, die bei reiner Anwendung der Normalarbeitszeit gemäß tariflicher Regelungen als Arbeitstage anfallen. Wochenendtage oder Feiertage, an denen Zusatzschichten oder Überstunden angesetzt sind, fallen nicht unter die Normalarbeitstage. Sind äquidistante Teilperioden erforderlich oder erwünscht, so ist die Teilperiodenlänge beispielsweise auf 20 Normalarbeitstage zu definieren.

Wie bereits im zweiten Teil dieser Untersuchung bezüglich des Ansatzes nach Hax und dessen Mitarbeitern erläutert, ist es nicht zwingend, diese Teilperiodenlänge über den gesamten Planungszeitraum hinweg beizubehalten. Vielmehr kann über eine Zusammenfassung von Teilperioden, deren Ergebnisse nicht zu disaggregieren sind, eine signifikante Reduzierung der Anzahl an Entscheidungsvariablen und Nebenbedingungen erreicht werden. Beispielsweise entsprechen die ersten beiden Teilperioden jeweils einem Monat, die nächsten beiden Teilperioden jeweils zwei Monaten und die letzten beiden Teilperioden jeweils drei Monaten. Hierdurch wird der Wert T auf der ersten Planungsebene von 12 auf 6 reduziert, was zu einer merklichen Reduzierung des Modellumfangs führt.

Bei der Bildung der Teilperioden ist darauf zu achten, daß innerhalb einer Teilperiode keine Saisoneinflüsse auftreten, so daß die Bedarfe bezüglich einer Teilperiode etwa gleichverteilt sind.

Auf der ersten Planungsebene kommt das Prinzip der rollierenden Planung zur Anwendung, so daß nach Ablauf eines Monats, bzw. nach der Realisierung der Ergebnisse der ersten Teilperiode, eine neuer Planungslauf mit aktualisierten Daten und mit der Verschiebung des Planungszeitraumes um eine Teilperiodenlänge zu starten ist.

Mittels der Modelle der zweiten Planungsebene erfolgt eine Disaggregation der Planungsergebnisse der ersten Teilperiode der ersten Planungsebene. Daher ist der Planungszeitraum dieser Ebene gleich dem Zeitraum der ersten Teilperiode der ersten Ebene zu setzen. Die Teilperiodenlänge beträgt eine Woche bzw. 5 Normalarbeitstage.

Wird die Planung auf der ersten Ebene mittels eines Modells durchgeführt, welches gleichzeitig alle Erzeugnistypen berücksichtigt, so ist auf der zweiten Planungsebene für jeden Erzeugnistyp, der laut der Ebene I im Planungszeitraum der zweiten Ebene zu produzieren ist, ein eigenes Modell zu erstellen. Aus dem einen Modell der ersten Ebene resultieren mehrere Modelle auf der zweiten Ebene.

Im Rahmen der zweiten Planungsebene kann eine rollierende Planung durchgeführt werden. Dann ist jedoch auch die Planung auf Ebene I wöchentlich neu mit einer entsprechenden Verschiebung des Planungszeitraumes um eine Woche zu durchlaufen. Dies sollte jedoch nur geschehen, wenn im Laufe der einen Woche signifikante Änderungen der Daten auftreten. Hierbei stellen die Absatzmengen aufgrund fester Kundenbestellungen die veränderlichen Größen dar, während Kapazitätsdaten kaum kurzfristigen Änderungen unterliegen. In der Regel können Änderungen der Kundennachfrage über die prognostizierten Bedarfe abgeglichen werden, indem auf der Basis von prognostizierten Aufträgen vorgenommene Dispositionen für die Deckung der neu hinzugekommenen festen Kundenaufträge Verwendung finden, so daß kein neuer Lauf der ersten Planungsebene erforderlich ist. Somit kann auf der zweiten Ebene die wöchentliche Planung auf der Grundlage der Entscheidungen der monatlichen Planung basieren. Ab der zweiten Woche sind jedoch eventuell aktualisierte Absatzbedingungen zu beachten.

Ergibt die Planung auf der Ebene II positive Produktionsmengen für Erzeugnisfamilien in der ersten Planungswoche, so ist für jede dieser Erzeugnisfamilien auf der dritten Planungsebene ein Entscheidungsmodell zu bilden. Somit kann wiederum jedes Modell auf der zweiten Planungsebene zu mehreren Modellen auf der dritten Planungsebene führen. Die Anzahl der Modelle nimmt von der ersten bis zur dritten Ebene zu, die Entscheidungssituation eines einzelnen Modells hingegen beschränkt sich von der ersten bis zur dritten Ebene auf einen

immer kleiner werdenden Teilbereich des Gesamtplanungspro-
blems.

Der Planungszeitraum von einer Woche wird in den Modellen der
dritten Planungsebene in Teilperioden der Länge eines Tages
untergliedert. Da Kundenaufträge laut Voraussetzung mindestens eine Woche vor ihrem Liefertermin quantitativ und qualitativ determiniert sind, kommt auf dieser Ebene keine rollierende Planung zur Anwendung.

4.6. Festlegung der Aktionsparameter

a) Kurzarbeitszeit, Normalarbeitszeit und Mehrarbeitszeit

Mittels des Modells auf der ersten Planungsebene erfolgt die
Festlegung der benötigten Arbeitszeiten. Der Ansatz berücksichtigt hierbei neben der Normalarbeitszeit noch die Möglichkeit, Kurzarbeit zu realisieren, wobei sich Normalarbeitszeit und Kurzarbeitszeit innerhalb einer Teilperiode gegenseitig ausschließen. Neben diesen beiden Kategorien des
Personaleinsatzes besteht die Option, Mehrarbeitszeiten einzusetzen. Während die Normalarbeitszeit und die Kurzarbeitszeit stets nur komplett über eine Teilperiode mit ihren maximalen Werten anzusetzen sind, können Mehrarbeitszeiten in beliebigen Teilmengen ihrer monatlichen Maximalwerte zum Einsatz kommen. Aus Vereinfachungsgründen beinhaltet das Entscheidungsmodell nur eine Kategorie der Mehrarbeitszeit.

Die geplanten Arbeitszeiten aus der ersten Planungsebene bilden die Vorgaben für die Personalabteilung zur Durchführung
der Personaleinsatzplanung.

b) Produktionsmengen

Die Produktionsmengen der Enderzeugnisse werden über die drei
Stufen der Planungshierarchie ermittelt.

Die zu fertigenden Mengen der Enderzeugnistypen resultieren aus dem Ansatz auf der ersten Planungsebene. Sie dienen einerseits zur Grobdisposition der benötigten Produktionsfaktoren, insbesondere zur mittelfristigen Betriebsmittelkapazitätsplanung und andererseits zur weiteren Disaggregation für die kurzfristige Produktionsprogramm- und Losgrößenplanung.

Im Rahmen der zweiten Entscheidungsebene kommt es zur Festlegung der Produktionsmengen für Enderzeugnisfamilien. Auch diese Mengenangaben können zur Information der an der Produktion beteiligten Fertigungsstellen dienen, so daß die Stellenleitung eine monatliche Grobplanung unterteilt nach Wochen bezüglich ihrer Belastung durchführen kann.

Die detaillierten Produktionsmengen der Enderzeugnisvarianten bilden das Ergebnis der letzten Hierarchiestufe. Sie stellen die verbindlichen Vorgaben für den Fertigungsbereich dar.

Produktionsmengen der Vorprodukte und Bestellmengen der Fremdbezugsteile werden nicht mittels des hierarchischen Planungsansatzes berechnet. Ihre Ermittlung ist die Aufgabe der KANBAN-Steuerung beziehungsweise des verwendeten Informationssystems, welches auf dem Hol-Prinzip beruht.

c) Lagermengen

Die Lagermengen stellen bedingt durch die stufenweise Verfeinerung des Zeitrasters Entscheidungsvariablen auf allen drei Ebenen der hierarchischen Planung dar. Die Variablen repräsentieren jeweils Lagerendbestände der betrachteten Teilperioden. Die Lagerbestandsentwicklungen innerhalb der einzelnen Teilperioden werden nicht unmittelbar mittels Variablen erfaßt.

Eine grobe Bestandsentwicklung innerhalb der ersten Teilperiode der ersten Planungsebene, also dem ersten Monat des Planungszeitraumes, ergibt sich aus den Lagerbeständen, welche das Ergebnis der zweiten Planungsebene bilden, da hier Lagermengen zum Ende der jeweiligen Wochen berechnet werden. Die

Entwicklung der Lagerbestände innerhalb der ersten Woche ist aus den Ergebnissen des Entscheidungsmodells der dritten Planungsebene zu ersehen.

Damit kann zumindest für den Zeitraum, der zur Realisation der Planungsergebnisse aus der rollierenden Planung vorgesehen ist, eine tagesgenaue Planung und Kontrolle der Lagerbestände erfolgen.

d) Absatzmengen

Die Absatzmengen der Enderzeugnisse stellen in ihren verschiedenen Aggregationsstufen Entscheidungsvariablen der Modelle aller drei Planungsebenen dar. Somit ergeben sich für die erste Woche des Planungszeitraumes tagesgenaue Planabsatzzahlen, welche laut Voraussetzung auf Kundenbestellungen beruhen. Es erfolgt dementsprechend keine Produktion um Absatzaktivitäten auf anonymen Märkten zu realisieren.

Fordert ein Kunde eine stunden- oder minutengenaue Just-In-Time-Anlieferung, so sind die Ergebnisse der dritten Planungsebene dahingehend zu verfeinern. Hierbei bestehen zwei Möglichkeiten:

- Auf den Produktionskanbans, deren Anzahl auf der Basis der Ergebnisse der dritten Planungsebene für die Enderzeugnisse bestimmt wird, ist ein spätester Fertigstellungstermin zu vermerken, der es erlaubt die bestellte Menge der Enderzeugnisse unter Berücksichtigung der Transportzeit termingerecht beim Kunden abzuliefern. Dieser späteste Fertigstellungstermin ist der Zeitpunkt, zu dem die geforderte Menge zum Versenden bereitstehen muß.
- Die zweite Alternative besteht darin, den Bedarfstermin der Enderzeugnisse, welcher in die hierarchische Produktionsplanung eingeht, bezogen auf den erforderlichen Versandtermin um einen Tag vorzuverlegen. Dies hat eine Lagerung der entsprechenden Mengen über eine Nacht zur Folge. Die hierfür benötigten Lagerkapazitäten sind vorab aus den bestehenden Lagerkapazitäten zu eliminieren, so daß die in den

Planungsmodellen angesetzten verfügbaren Lagerkapazitäten diese reservierten Kapazitäten nicht mehr enthalten.

Welche der beiden Alternativen zu wählen ist, hängt von der Struktur der vorliegenden Aufträge ab.

Soll die erste Variante gewählt werden, müssen die Versandtermine über den Tag zeitlich so verteilt sein, daß eine Fertigung der geforderten Absatzmengen bis zum Versandtermin auch realisierbar ist. Dies ist beispielsweise nicht der Fall, wenn wegen der Entfernung der Kunden vom Ort der Produktion der Versandtermin für einen Großteil der Aufträge auf den Vormittag fällt.

Die zweite Variante beinhaltet wegen der um einen Tag zu frühen Fertigstellung einen Zeitpuffer, der es erlaubt, kurzfristige Störungen des Fertigungsablaufes beispielsweise mittels Überstunden abzufangen, was bei Anwendung der ersten Möglichkeit kaum möglich ist. Daher empfiehlt es sich, bei störanfälligen Fertigungsprozessen die zweite Variante zu wählen.

e) Bestellaufträge

Da der beschriebene Ansatz zur hierarchischen Produktionsplanung lediglich Enderzeugnisse berücksichtigt, kommt es nicht zur Festlegung der Bestellmengen und Bestelltermine der Fremdbezugsteile. Deren Ermittlung erfolgt im Rahmen der KANBAN-gesteuerten Produktion. Eine Grobdisposition der Fremdbezugsteile ist mittels der geplanten Produktionsmengen der Enderzeugnisse und einer Stücklistenauflösung möglich.

f) Auftrags- und Arbeitsgangtermine

Auftrags- und Arbeitsgangtermine werden nicht stunden- oder minutengenau geplant. Die hierarchische Planung liefert lediglich tagesgenaue späteste Bereitstellungstermine für Enderzeugnisse. Die genauen Anfangs- und Endtermine der Arbeitsgänge, die zur Erstellung der Enderzeugnisse und Vorprodukte erforderlich sind, ergeben sich im Rahmen der dezentralen KANBAN-Steuerung.

5. Variationen der Entscheidungsmodelle

5.1. Variationen bezüglich des Entscheidungsmodells der ersten Planungsebene

5.1.1. Nebenbedingungen in Gleichungsform

Tritt in einem Entscheidungsmodell eine lineare Restriktion in Gleichungsform auf, ist eine der Variablen aus dieser Restriktion als lineare Kombination der restlichen Variablen und dem konstanten Begrenzungswert der Restriktion definiert.

Es gelte beispielsweise:

$$v_1 + v_2 + v_3 = c$$

wobei:

$$\quad c \qquad \text{beliebige Konstante,}$$
$$\quad v_1,\ v_2,\ v_3 \text{ beliebige Variablen.}$$

Dann kann ohne Beschränkung der Allgemeinheit die Variable v_1 beschrieben werden durch:

$$v_1 = c - v_2 - v_3.$$

Durch Ersetzen der Variable v_1 im Entscheidungsmodell gelingt es, den Modellumfang um eine Variable zu reduzieren.

Das Modell der Planungsebene I bietet zwei Ansatzpunkte für eine solche Reduzierung des Modellumfangs:

- In den Nebenbedingungen (2) erfolgt eine Aufteilung der Absatzhöchstmenge jedes Erzeugnistyps für jede Teilperiode in zu realisierende Absatzmengen und geplante Fehlmengen.

- Die Nebenbedingungen (7) regeln, ob in den einzelnen Teilperioden Kurzarbeits- oder Normalarbeitszeit anzusetzen
  ist.

a) Absatzpotentiale

Die Nebenbedingungen in der ursprünglichen Form lauten:

$$a_{it} + o_{it} = A_{it} \qquad\qquad (i = 1,\ldots,I)$$
$$(t = 1,\ldots,T).$$

Sollen die Variablen der Fehlmengen aus dem Entscheidungsmodell eliminiert werden, so gilt:

$$o_{it} = A_{it} - a_{it} \qquad\qquad (i = 1,\ldots,I)$$
$$(t = 1,\ldots,T).$$

Die Fehlmenge eines Enderzeugnistyps i in einer Teilperiode t
ergibt sich somit als Differenz aus der Absatzhöchstmenge und
der Planabsatzmenge dieses Erzeugnistyps in der betrachteten
Teilperiode. Hierbei ist zu beachten, daß das nicht realisierte Absatzpotential, welches die Fehlmenge bildet, nicht
zu einem späteren Zeitpunkt ausgenutzt werden kann, was einen
Absatz mit Lieferverzug ausschließt.

In der Zielfunktion und in allen Nebenbedingungen, in welchen
die Fehlmengen als Variablen erscheinen, sind diese gemäß der
oben beschriebenen Formel zu ersetzen.

Die Zielfunktion hat dann die Form:

$$\max \sum_{i=1}^{I} \sum_{t=1}^{T} \left(p_{it} \cdot a_{it} - k_{Fit} \cdot (A_{it} - a_{it}) - k_{Pit} \cdot x_{it} \right.$$

$$\left. - k_{Lit} \cdot y_{it} \right) - \sum_{t=1}^{T} \left(K_{Wt} \cdot w_t + K_{Nt} \cdot n_t + k_{Ut} \cdot u_t \right).$$

Durch Auflösen des Ausdrucks für die Fehlmengen und durch Um-
stellen der Summenbestandteile ergibt sich hieraus:

$$\max \sum_{i=1}^{I} \sum_{t=1}^{T} \left((p_{it} + k_{Fit}) \cdot \mathbf{a}_{it} - k_{Pit} \cdot \mathbf{x}_{it} - k_{Lit} \cdot \mathbf{y}_{it} \right)$$

$$- \sum_{t=1}^{T} \left(K_{Wt} \cdot \mathbf{w}_t + K_{Nt} \cdot \mathbf{n}_t + k_{Ut} \cdot \mathbf{u}_t \right)$$

$$- \sum_{i=1}^{I} \sum_{t=1}^{T} k_{Fit} \cdot A_{it}.$$

Da sowohl die Fehlmengenstückkosten als auch die Absatzhöchstmengen innerhalb jeder Teilperiode bezüglich jedes einzelnen Enderzeugnistyps konstant sind, bilden auch deren aufsummierte Produkte über alle Teilperioden und Enderzeugnistypen einen konstanten Wert, der somit für die Entscheidungsfindung irrelevant ist. In diesem Fall führt die Zielfunktion

$$\max \sum_{i=1}^{I} \sum_{t=1}^{T} \left((p_{it} + k_{Fit}) \cdot \mathbf{a}_{it} - k_{Pit} \cdot \mathbf{x}_{it} - k_{Lit} \cdot \mathbf{y}_{it} \right)$$

$$- \sum_{t=1}^{T} \left(K_{Wt} \cdot \mathbf{w}_t + K_{Nt} \cdot \mathbf{n}_t + k_{Ut} \cdot \mathbf{u}_t \right)$$

zum gleichen Ergebnis wie die davor beschriebene Zielfunktion, welche diesen konstanten Wert berücksichtigt.

Die Absatzvariablen werden nun nicht mehr nur mit dem jeweiligen Absatzpreis des zugrundeliegenden Enderzeugnistyps bewertet, sondern mit der Summe aus Absatzpreis und Fehlmengenkosten pro Mengeneinheit. Die Fehlmengenkosten einer nicht abgesetzten Mengeneinheit eines Enderzeugnistyps geben hierbei an, wieviel ein Entscheidungsträger bereit ist an negativem Deckungsbeitrag pro Mengeneinheit zu akzeptieren, um eine termingerechte Auslieferung an den Kunden zu gewährleisten. Mit anderen Worten: welcher Verlust pro Mengeneinheit erscheint dem Entscheidungsträger angemessen, um zu verhindern, daß ein Kunde der eigenen Unternehmung aufgrund der Lieferschwierigkeiten verloren geht, weil der Kunde zur Konkurrenz wechselt.

An dieser Stelle wird deutlich, daß Fehlmengenkosten nicht als Opportunitätskosten im Sinne entgangener Deckungsbeiträge anzusetzen sind, sondern als negativer Deckungsbeitrag, den die Unternehmung bereit ist zu realisieren um die Kunden mittels Termintreue von der Leistungsfähigkeit der eigenen Unternehmung zu überzeugen, bzw., um das Absatzpotential, welches die Kunden repräsentieren, langfristig zu erhalten oder gar auszubauen.

Die Festlegung der Höhe dieses akzeptierten negativen Deckungsbeitrages stellt eine strategische Entscheidung dar und kann sich durchaus bezüglich mehrerer Kundenkategorien unterscheiden. Im Modell sind dann die Absatzvariablen nach diesen Kundenkategorien aufzuspalten.

Von den Nebenbedingungen sind lediglich die Restriktionen (2), (3) und (10) betroffen.

Die Nebenbedingungen unter (2), welche die Absatzpotentiale in Absatzmengen und Fehlmengen aufteilen, entfallen, da sie die Basis der Ersetzungsmaßnahmen bilden und somit implizit erfüllt sind.

Mittels der Nebenbedingungen (3) kommt es zu einer Beschränkung der Fehlmengen auf die Teile der Absatzhöchstmengen, welche auf der Basis von Absatzprognosen angesetzt werden.

Durch Einsetzen der Bestimmungsgleichungen für die Fehlmengenvariablen ergibt sich:

$$A_{it} - a_{it} \leq A_{it} \cdot F_{it} \qquad\qquad (i = 1,\ldots,I)$$
$$(t = 1,\ldots,T),$$

woraus folgt:

$$a_{it} \geq A_{it} \cdot (1 - F_{it}) \qquad\qquad (i = 1,\ldots,I)$$
$$(t = 1,\ldots,T).$$

Die Beschränkungen der maximalen Fehlmengen werden demgemäß
durch die Untergrenzen der minimalen Absatzmengen substitu-
iert. Diese Untergrenzen entsprechen den fest eingegangenen
und den Kunden bestätigten Auftragsmengen.

Durch Einsetzen der Bestimmungsformeln für die Fehlmengenvariablen in die Nichtnegativitätsbedingungen (10) kommt es zu
den folgenden Nebenbedingungen:

$$A_{it} - a_{it} \geq 0 \qquad\qquad \begin{array}{l} (i = 1,\ldots,I) \\ (t = 1,\ldots,T), \end{array}$$

bzw.

$$a_{it} \leq A_{it} \qquad\qquad \begin{array}{l} (i = 1,\ldots,I) \\ (t = 1,\ldots,T). \end{array}$$

Da die Nebenbedingungen (2) aus dem ursprünglichen Modell
wegfallen, müssen deren Funktionen durch diese Restriktionen
übernommen werden, die sicherstellen, daß es in keiner Teilperiode und für keinen Enderzeugnistyp zu einer Überschreitung der jeweiligen Absatzhöchstmenge kommt.

Die beschriebenen Maßnahmen reduzieren den Modellumfang um
die I · T Fehlmengenvariablen und um I · T Nebenbedingungen.
Je nach Interpretation handelt es sich bei diesen Nebenbedingungen um die Restriktionen bezüglich der Absatzpotentiale
(2) oder die Nichtnegativitätsbedingungen (10) aus dem ursprünglichen Modell.

Vielfach stellt auch die Besetzungsdichte der Koeffizientenmatrix des Entscheidungsmodells einen restriktiven Faktor für
die Lösbarkeit des Ansatzes mittels Standardsoftwarepaketen
dar. Ein Vorteil der oben beschriebenen Maßnahmen ist darin
zu sehen, daß diese Besetzungsdichte durch die ausgeführten
Umformungen nicht erhöht wird. Daher ist die Elimination der
Fehlmengenvariablen uneingeschränkt zu empfehlen.

b) Abstimmung zwischen Kurzarbeit und Mehrarbeit

Die Nebenbedingungen (7),

$$w_t + n_t \leq 1 \qquad\qquad (t = 1,\ldots,T),$$

welche sicherstellen, daß in jeder Teilperiode lediglich eine
der beiden Binärvariablen w_t oder n_t einen Wert ungleich Null
annimmt, beinhalten als Option auch die Möglichkeit, daß in
einer Teilperiode beide Variablen Null sind. Da dieser Fall
äußerst selten auftritt und zudem auch nicht als sinnvoll anzusehen ist, weil dies gleichbedeutend mit der Entlassung aller Arbeiter für einen Monat wäre, kann diese Nebenbedingung
auch in Gleichungsform geschrieben werden.

Aus

$$w_t + n_t = 1 \qquad\qquad (t = 1,\ldots,T)$$

folgt dann

$$w_t = 1 - n_t \qquad\qquad (t = 1,\ldots,T).$$

Mittels dieser Definitionsgleichungen sind die Variablen w_t
aus dem Entscheidungsmodell der ersten Planungsebene zu eliminieren.

Die Zielfunktion lautet nach dem Ersetzen der Variablen w_t:

$$\max \sum_{i=1}^{I} \sum_{t=1}^{T} \left(p_{it} \cdot a_{it} - k_{Fit} \cdot o_{it} - k_{Pit} \cdot x_{it} - k_{Lit} \right.$$

$$\left. \cdot y_{it} \right) - \sum_{t=1}^{T} \left(K_{Wt} \cdot (1 - n_t) + K_{Nt} \cdot n_t + k_{Ut} \cdot u_t \right)$$

bzw.

$$\max \sum_{i=1}^{I} \sum_{t=1}^{T} (p_{it} \cdot a_{it} - k_{Fit} \cdot o_{it} - k_{Pit} \cdot x_{it} - k_{Lit}$$

$$\cdot y_{it}) - \sum_{t=1}^{T} ((K_{Nt} - K_{Wt}) \cdot n_t + k_{Ut} \cdot u_t)$$

$$- I \cdot \sum_{t=1}^{T} K_{Wt} .$$

Die Variablen der Normalarbeitszeit werden nur noch mit dem Teil der Gesamtkosten der Normalarbeitszeit bewertet, welcher über die Gesamtkosten der billigeren Kurzarbeitszeit hinausgeht. Die Kosten des Einsatzes der Kurzarbeitszeit bilden die mindestens anfallenden Arbeitskosten und werden als nicht beeinflußbarer Kostenblock in der zweiten Summe abgezogen.

Da die Summe der Kosten des Einsatzes der Kurzarbeitszeit über alle Teilperioden des Planungszeitraumes unabhängig von den Ausprägungen der Entscheidungsvariablen ist, kann auf ihre Berücksichtigung in der Zielfunktion verzichtet werden, so daß gilt:

$$\max \sum_{i=1}^{I} \sum_{t=1}^{T} (p_{it} \cdot a_{it} - k_{Fit} \cdot o_{it} - k_{Pit} \cdot x_{it} - k_{Lit}$$

$$\cdot y_{it}) - \sum_{t=1}^{T} ((K_{Nt} - K_{Wt}) \cdot n_t + k_{Ut} \cdot u_t) .$$

Neben der Zielfunktion sind auch die Nebenbedingungen (6), (7), (8) und (12) des ursprünglichen Entscheidungsmodells zu modifizieren.

Für die Nebenbedingungen unter (6) gilt:

$$\sum_{i=1}^{I} M_i \cdot x_{it} \cdot r_{Pit} - W_t \cdot (1 - n_t) - N_t \cdot n_t - u_t \leq 0$$

$$(t = 1, \ldots, T)$$

sowie

$$\sum_{i=1}^{I} M_i \cdot \mathbf{x}_{it} \cdot r_{Pit} - (N_t - W_t) \cdot \mathbf{n}_t - \mathbf{u}_t \leq W_t$$

$$(t = 1, \ldots, T).$$

Die rechts der Ungleichheitszeichen stehenden Kurzarbeitszeiten geben die mindestens verfügbaren Personalkapazitäten an. Bei Einsatz der Normalarbeitszeit erhöht sich diese verfügbare Kapazität um die Differenz aus N_t und W_t.

Die Nebenbedingungen (7) dienten als Grundlage für die Definitionsgleichungen der w_t und entfallen dementsprechend im Entscheidungsmodell.

Die unter (8) beschriebenen Nebenbedingungen erhalten die Form:

$$\mathbf{u}_t - U_{Wt} \cdot (1 - \mathbf{n}_t)^* - U_{Nt} \cdot \mathbf{n}_t \leq 0 \qquad (t = 1, \ldots, T)$$

bzw.

$$\mathbf{u}_t - (U_{Nt} - U_{Wt}) \cdot \mathbf{n}_t \leq U_{Wt} \qquad (t = 1, \ldots, T).$$

Für den Fall, daß in einer Teilperiode t die Variable n_t den Wert 1 annimmt, d.h., daß $w_t = 0$ ist, wird die zugehörige Variable u_t durch U_{Nt} beschränkt, da sich die U_{Wt} links und rechts des Ungleichheitszeichens gegenseitig aufheben. Gilt $n_t = 0$, bzw. $w_t = 1$, wird u_t durch U_{Wt} beschränkt.

Die Nebenbedingungen (12), welche die w_t als Binärvariablen definieren, entfallen, da mittels der Bestimmungsgleichungen der w_t aus den n_t in Verbindung mit der Definition der n_t als Binärvariablen sichergestellt ist, daß diese Nebenbedingungen erfüllt sind.

Die Elimination der T Binärvariablen für die Kurzarbeitszeit führt zu einer Reduzierung des Entscheidungsmodells um die T Nebenbedingungen zur Abstimmung der Kurzarbeitszeit mit der Normalarbeitszeit (7) sowie um die T Definitionen der Variablen als Binärvariablen (12). Diese Maßnahme zieht keine dichter besetzte Koeffizientenmatrix nach sich. Daher ist auch diese Auflösung der Nebenbedingungen (7) zur Reduzierung des Modellumfangs empfehlenswert.

c) Zusammenfassende Darstellung des im Umfang reduzierten Entscheidungsmodells

$$\max \sum_{i=1}^{I} \sum_{t=1}^{T} \left((p_{it} + k_{Fit}) \cdot a_{it} - k_{Pit} \cdot x_{it} - k_{Lit} \cdot Y_{it} \right.$$

$$- \sum_{t=1}^{T} \left((K_{Nt} - K_{Wt}) \cdot n_t + k_{Ut} \cdot u_t \right)$$

u.d.N.

(1) Mengenfluß

$$a_{it} - M_i \cdot x_{it} - M_i \cdot Y_{i(t-1)} + M_i \cdot Y_{it} \leq 0$$

$$(i = 1, \ldots, I)$$
$$(t = 1, \ldots, T)$$

(2) Absatzpotentiale

$$a_{it} \leq A_{it}$$

$$(i = 1, \ldots, I)$$
$$(t = 1, \ldots, T)$$

(3) Fehlmengenbeschränkungen

$$a_{it} \geq A_{it} \cdot (1 - F_{it})$$

$$(i = 1, \ldots, I)$$
$$(t = 1, \ldots, T)$$

(4) Lager- und Absatzabstimmungen

$$Y_{it} \leq \sum_{t'=t+1}^{T} A_{it'} \cdot (1 - F_{it'})$$

$$(i = 1, \ldots, I)$$
$$(t = 1, \ldots, T)$$

(5) Fertigungskapazitäten

$$\sum_{i=1}^{I} M_i \cdot x_{it} \cdot r_{Mits} \leq T_{ts} \qquad \begin{array}{l}(t = 1,\ldots,T)\\(s = 1,\ldots,S)\end{array}$$

(6) Personalkapazitäten

$$\sum_{i=1}^{I} M_i \cdot x_{it} \cdot r_{Pit} - (N_t - W_t) \cdot n_t - u_t \leq W_t \qquad (t = 1,\ldots,T)$$

(7) Abstimmung zwischen Kurzarbeit und Normalarbeit

entfallen

(8) Mehrarbeitszeitbeschränkungen

$$u_t - (U_{Nt} - U_{Wt}) \cdot n_t \leq U_{Wt} \qquad (t = 1,\ldots,T)$$

(9) Lagerkapazitäten

$$\sum_{i=1}^{I} l_i \cdot y_{it} \leq L_t \qquad (t = 1,\ldots,T)$$

(10) Nichtnegativitätsbedingungen

$$a_{it}, \ u_t \geq 0 \qquad \begin{array}{l}(i = 1,\ldots,I)\\(t = 1,\ldots,T)\end{array}$$

(11) Ganzzahligkeitsbedingungen

$$x_{it}, \ y_{it} \ \varepsilon \ N_0 \qquad \begin{array}{l}(i = 1,\ldots,I)\\(t = 1,\ldots,T)\end{array}$$

(12) Binärvariablen

$$n_t \ \varepsilon \ \{0,1\} \qquad (t = 1,\ldots,T)$$

5.1.2. Absatzdaten

Bisher kam es zur Aufteilung der Absatzhöchstmengen in Absatzmengen, die auf Kundenbestellungen basieren, und Absatzmengen, die auf Absatzprognosen basieren, mittels der Anteilskennziffern F_{it}. Diese Darstellung kann auch durch absolute Werte stattfinden.

Die Absatzmengen, welche auf fest eingegangene und den Kunden bestätigte Aufträge zurückgehen, entsprechen dann

$$A_{Bit} = A_{it} \cdot (1 - F_{it}) \qquad\qquad (i = 1,\ldots,I)$$
$$(t = 1,\ldots,T)$$

wobei:

A_{Bit} Absatzmenge des Enderzeugnistyps i, die aufgrund fest eingegangener und den Kunden zugesagter Aufträge in der Teilperiode t bereitzustellen ist.

Die Absatzmengen A_{Bit} sind laut Voraussetzung ohne Fehlmengen zu erfüllen.

Den zweiten Bestandteil der Absatzhöchstmengen bilden die Absatzpotentiale, die über die bereits festliegenden Absatzmengen A_{Bit} hinaus erwartet werden und mittels Absatzprognosen zu ermitteln sind. Diese Absatzpotentiale, im folgenden mit A_{Pit} bezeichnet, ergeben sich als

$$A_{Pit} = A_{it} - A_{Bit} = A_{it} \cdot F_{it} \qquad\qquad (i = 1,\ldots,I)$$
$$(t = 1,\ldots,T)$$

wobei:

A_{Pit} Menge des Enderzeugnistyps i, die aufgrund prognostizierter Absatzmengen über die festen Kundenbestellungen hinaus in der Teilperiode t absetzbar ist.

Diese Umformungen bilden keine rechentechnischen Vereinfachungen des Entscheidungsmodells. Es erfolgt lediglich eine

Änderung der Datenpräsentation. Welche der beiden Darstellungsformen in der realen Anwendung bevorzugt wird, bleibt dem Entscheidungsträger vorbehalten, bzw. hängt von der Datendarstellung in der zugrundeliegenden Datenbank ab. Auf die Entscheidungsfindung mittels des linearen Programms hat die Darstellungsform keinen Einfluß.

5.1.3. Ganzzahligkeitsbedingungen

Die Lösung ganzzahliger linearer Programme erfordert häufig im Vergleich zu linearen Programmen sehr lange Rechenzeiten. Daher sollte weitestgehend auf Ganzzahligkeit der Entscheidungsvariablen verzichtet werden.

a) Absatzvariablen

Bei der Verwendung der Anteilskennziffer F_{it} im Rahmen einer Stückgüterfertigung ist darauf zu achten, daß keine Rundungsfehler entstehen.

Bei Stückgüterproduktion gilt:

$$A_{Bit}, A_{Pit} \; \varepsilon \; N_0 \qquad\qquad (i = 1,\ldots,I)$$
$$(t = 1,\ldots,T)$$

und somit

$$A_{Bit} + A_{Pit} \; \varepsilon \; N_0 \qquad\qquad (i = 1,\ldots,I)$$
$$(t = 1,\ldots,T).$$

Da weiterhin gilt

$$F_{it} = \frac{A_{Pit}}{A_{Bit} + A_{Pit}} \qquad\qquad (i = 1,\ldots,I)$$
$$(t = 1,\ldots,T),$$

darf der Wert für F_{it} nicht gerundet werden, sollen bei der Lösung des Entscheidungsmodells Fehler vermieden werden. Damit ist gewährleistet, daß auch bei Verwendung des Faktors F_{it} die Ganzzahligkeit der A_{Bit} und A_{Pit} erhalten bleibt.

Sind die A_{Bit}, die A_{Pit} und somit auch die A_{it} ganzzahlig und nichtnegativ, so ist es nicht erforderlich, im Entscheidungsmodell für Stückgüterfertigung die Entscheidungsvariablen a_{it} ganzzahlig zu definieren.

Wirken die Nebenbedingungen (2) oder (3) restriktiv, so gilt

$$(1 - F_{it}) \cdot A_{it} \leq a_{it} \leq A_{it} \qquad \begin{array}{l} (i = 1,\ldots,I) \\ (t = 1,\ldots,T). \end{array}$$

Sowohl die unteren als auch die oberen Grenzen bilden ganzzahlige Werte. Daher nehmen gemäß diesen Nebenbedingungen die Absatzmengen ganzzahlige Werte an.

Einfluß auf die optimalen Absatzmengen können auch die Mengenflußrestriktionen (1) nehmen:

$$a_{it} - M_i \cdot x_{it} - M_i \cdot y_{i(t-1)} + M_i \cdot y_{it} \leq 0 \qquad \begin{array}{l} (i = 1,\ldots,I) \\ (t = 1,\ldots,T). \end{array}$$

Da hierin jedoch alle Werte mit Ausnahme der Entscheidungsvariablen a_{it} ganzzahlig sind, nehmen die Entscheidungsvariablen a_{it} ganzzahlige Werte an, wenn die Mengenflußbedingungen restriktiv wirken. Somit tritt auch aufgrund dieser Nebenbedingungen keine Basislösung auf, welche Absatzmengen beinhaltet, die nicht ganzzahlig sind.

Die getroffenen Aussagen gelten nicht, wenn Mehrfachlösungen vorliegen. Die zugrundeliegenden Ecken des Zulässigkeitsbereiches der Absatzvariablen stellen ganzzahlige Lösungen dar. Als Linearkombinationen aus diesen Ecken können jedoch auch nicht ganzzahlige optimale Lösungen auftreten. In diesem Fall sind bei der Angabe der optimalen Lösungsvektoren die Ganzzahligkeitsbedingungen zu beachten.

Auf die Ganzzahligkeitsbedingungen kann sowohl im ursprünglichen Entscheidungsmodell (gemäß Gliederungspunkt 4.1.) als auch im reduzierten Modell (gemäß Gliederungspunkt 5.1.1.) verzichtet werden. Im ursprünglichen Modell gilt darüber hinaus, daß wegen der Nebenbedingungen (2),

$$a_{it} + o_{it} = A_{it} \qquad \begin{aligned} &(i = 1,\ldots,I)\\ &(t = 1,\ldots,T), \end{aligned}$$

und wegen der Ganzzahligkeit der Variablen a_{it} auch die Variablen o_{it} ohne explizite Definition ganzzahlige Werte annehmen.

b) Produktions- und Lagervariablen

Die Produktions- und Lagervariablen sind als ganzzahlige Variablen zu definieren. Bezüglich der weiter in der Zukunft liegenden, nicht zu disaggregierenden Werte dieser Variablen kann eventuell auf die Ganzzahligkeit verzichtet werden, wenn die Standardmenge M_i der entsprechenden Enderzeugnisfamilie im Vergleich zu der Auflegungshäufigkeit relativ gering ist. Dann können die Fehler, die durch den Verzicht auf die Ganzzahligkeitsbedingungen entstehen, vernachlässigt werden. Kommt es jedoch relativ selten zur Produktion umfangreicher Lose, so ist auch für die Teilperioden gegen Ende des Planungszeitraumes die Definition der Ganzzahligkeit für die Produktions- und Lagervariablen beizubehalten.

c) Kurzarbeitszeit und Normalarbeitszeit

Die Variablen für Kurzarbeitszeit und Normalarbeitszeit sind im ursprünglichen Entscheidungsmodell (gemäß Gliederungspunkt 4.1.) als Binärvariablen definiert.

Gilt in diesem Ansatz bezüglich der Nebenbedingungen (7) zur Abstimmung zwischen Kurzarbeit und Normalarbeit:

$$w_t + n_t = 1 \qquad (t = 1,\ldots,T),$$

so kann auf die Definition der w_t (oder der n_t) als ganzzahlige Variablen verzichtet werden, da mittels der Nebenbedingungen und der Variablen n_t (w_t) die Ganzzahligkeit der w_t
(n_t) gesichert ist.

5.2. Variationen bezüglich der Entscheidungsmodelle der zweiten Planungsebene

5.2.1. Absatzdaten

Analog zur Vorgehensweise bezüglich des Entscheidungsmodells
der ersten Planungsebene, können auch für die Entscheidungsmodelle der zweiten Planungsebene anstelle der Anteilskennziffern F_{jl} die absoluten Werte der beiden Absatzdeterminan-
ten angesetzt werden.

Die Absatzmindestmengen der Enderzeugnisfamilien, die sich
aus den festen Kundenbestellungen ergeben, sind im folgenden
mit A_{Bjl} bezeichnet.

$$A_{Bjl} = A_{jl} \cdot (1 - F_{jl}) \qquad \begin{aligned} &(j \ \varepsilon \ T(i)) \\ &(l = 1,\ldots,L) \end{aligned}$$

wobei:

A_{Bjl} Absatzmenge der Enderzeugnisfamilie j, die aufgrund fester Kundenbestellungen in der Teilperiode l bereitzustellen ist.

Für die Absatzmengen der Enderzeugnisfamilien, welche über
die fest bestellten und den Kunden zugesagten Mengen hinausgehen, gilt dementsprechend:

$$A_{Pjl} = A_{jl} - A_{Bjl} = A_{jl} \cdot F_{jl} \qquad \begin{aligned} &(j = 1,\ldots,J) \\ &(l = 1,\ldots,L) \end{aligned}$$

wobei:

A_{Pjl} Menge der Enderzeugnisfamilie j, die aufgrund
prognostizierter Absatzmengen über die festen

Kundenbestellungen hinaus in der Teilperiode 1 absetzbar ist.

Auch auf dieser zweiten Ebene des hierarchischen Planungsansatzes bewirken die beschriebenen Umformungen keine rechentechnischen Vereinfachungen, sondern zeigen lediglich eine andere Darstellungsform des Datenmaterials auf.

5.2.2. Ganzzahligkeitsbedingungen

Handelt es sich bei den Enderzeugnissen um Stückgüter, sind die Absatzmengen als ganzzahlige Werte festzulegen. Analog zu den Ausführungen bezüglich der ersten Planungsebene gilt auch für das Entscheidungsmodell der zweiten Planungsebene, daß keine explizite Ausweisung der Absatzvariablen als ganzzahlige Variablen erforderlich ist.

Mittels der Nebenbedingungen (1), (2) und (3) ist sichergestellt, daß die Absatzvariablen a_{j1} in der optimalen Basislösung, bzw. in den optimalen Basislösungen bei Mehrfachlösungen, nur ganzzahlige Werte annehmen, da alle Bestandteile der Nebenbedingungen mit Ausnahme der a_{j1} explizit als ganzzahlig ausgewiesen sind.

Bei den Produktions- und Lagervariablen sollte aufgrund des kurzen Planungszeitraumes auf die Ganzzahligkeit auch in den Teilperioden gegen Ende des Planungszeitraumes nicht verzichtet werden.

5.3. Variationen bezüglich der Entscheidungsmodelle der dritten Planungsebene

5.3.1. Absatzdaten

Auf der dritten Planungsebene kommt es nicht zu einer Aufteilung der Absatzpotentiale. Vielmehr gilt hier, daß die vorgegebenen Absatzmengen ohne Fehlmengen zu erfüllen sind, da alle Absatzpotentiale fest eingegangenen Kundenbestellungen entsprechen, deren Lieferung den Kunden bereits zugesagt wurde.

Formal heißt dies:

$$A_{kr} = A_{Bkr} \qquad\qquad\qquad (k \ \varepsilon \ F(j))$$
$$(r = 1,\ldots,R)$$

wobei:

A_{Bkr} Absatzmenge des Enderzeugnisses k, die aufgrund fester Kundenbestellungen in der Teilperiode r bereitzustellen ist,

und

$$A_{Pkr} = 0 \qquad\qquad\qquad (k \ \varepsilon \ F(j))$$
$$(r = 1,\ldots,R)$$

wobei:

A_{Pkr} Menge des Enderzeugnisses k, die aufgrund prognostizierter Absatzmengen über die festen Kundenbestellungen hinaus in der Teilperiode r absetzbar ist.

5.3.2. Ganzzahligkeitsbedingungen

Die Modelle der dritten Planungsebene erstrecken sich über einen Planungszeitraum von einer Woche. Ihre Ergebnisse bilden die verbindlichen Vorgaben für die Produktionsdurchführung. Daher stellt die Ganzzahligkeit der Produktions- und Lagervariablen eine unverzichtbare Voraussetzung für die Validität der Planungsergebnisse dar.

Da wie oben erwähnt sehr häufig mittels der verwendeten Software-Programme zur Lösung ganzzahliger Programme bereits relativ früh die optimale Lösung gefunden wird, es aber lange dauern kann, bis diese Lösung als optimal bestätigt wird, sollte bei der Berechnung eine Zeitschranke vorgegeben werden, um unwirtschaftlich lange Rechenzeiten zu vermeiden.

6. Auswertungsmöglichkeiten

6.1. Kurzfristige operative Planung und Steuerung

6.1.1. Absatz

Die Absatzmengen, welche in den Entscheidungsmodellen der dritten Ebene des hierarchischen Planungsansatzes zur Anwendung kommen, stellen deterministische Daten dar. Somit entsprechen die Planabsatzmengen der ersten Woche den realisierten Absatzmengen dieses Zeitraumes. Ab der zweiten Woche fließen neben den bereits fest eingegangenen und den Kunden bestätigten Aufträgen auch solche Aufträge mit in die Produktionsplanung ein, die auf Absatzprognosen basieren. So können ab der zweiten Planungswoche die Plan-Absatzmengen in Absatzmengen unterteilt werden, die mit Sicherheit zu realisierten Absatzmengen führen und solche, die lediglich unsichere Absatzpotentiale beschreiben. Die unsicheren Absatzpotentiale dienen dazu, nach dem Planungszeitpunkt eingehende Kundenaufträge zu kompensieren. Da diese erwarteten Kundenaufträge bei einer Variantenfertigung bezüglich ihrer qualitativen Detailausprägungen nicht vorhersehbar sind, erfolgt ihre Prognose lediglich in aggregierter Form für Enderzeugnisfamilien und Enderzeugnistypen. Dementsprechend ergeben sich in der hierarchischen Planung Planabsatzmengen für zukünftig eingehende Kundenaufträge ebenfalls in aggregierter Form. Diese Planabsatzmengen, denen noch keine Kundenaufträge zugrunde liegen, lassen sich für die Enderzeugnistypen gemäß den Formeln

$$a_{Pit} = a_{it} - A_{Bit} \qquad\qquad (i = 1,\ldots,I)$$
$$(t = 1,\ldots,T)$$

wobei:

a_{Pit} Planabsatzmenge des Enderzeugnistyps i in der Teilperiode t, die nicht durch Kundenaufträge sichergestellt ist,

berechnen. Bezüglich der Enderzeugnisfamilien gilt analog

$$a_{Pjl} = a_{jl} - A_{Bjl} \qquad\qquad (j = 1,\ldots,J)$$
$$(l = 1,\ldots,L)$$

wobei:

a_{Pjl} Planabsatzmenge der Enderzeugnisfamilie j in der Teilperiode l, die nicht durch Kundenaufträge sichergestellt ist.

Die Werte a_{Pit} und a_{Pjl} geben dem Vertrieb an, welche Absatzmengen der Enderzeugnistypen bzw. der Enderzeugnisfamilien in den Teilperioden noch frei verfügbar sind. Diese Mengen stellen die Vorgaben bezüglich der Annahme neuer Kundenaufträge dar. Sie bilden primär eine Obergrenze für die Annahme der Kundenaufträge, da sie angeben, wieviel von den einzelnen Enderzeugnistypen bzw. -familien in den jeweiligen Teilperioden durch den Produktionsbereich maximal bereitgestellt werden. Ihre sekundäre Funktion besteht darin, dem Vertrieb Absatzziele vorzugeben, die möglichst genau zu erfüllen sind.

Geht ein Kundenauftrag nach Abschluß der hierarchischen Planung ein, so erfolgt eine Überprüfung, ob er dem Kunden zum gewünschten Termin zugesagt werden kann:

(1) Existiert für den Enderzeugnistyp i (für die Enderzeugnisfamilie j), zu welchem (welcher) der Kundenauftrag gehört, für die vom Kunden gewünschte Teilperiode t (l) ein ausreichendes Absatzpotential a_{Pit} (a_{Pjl}), so kann der Liefertermin dem Kunden zugesagt werden.

(2) Besteht kein ausreichendes Absatzpotential gemäß Schritt (1), kann mittels Simulation untersucht werden, ob eine Erhöhung der Planabsatzmenge in der betreffenden Teilperiode möglich ist. Dazu können beispielsweise auch inten-

sitätserhöhende Maßnahmen oder Möglichkeiten der Produktion in einer früheren Teilperiode mit entsprechend langer Lagerung der Enderzeugnisse untersucht werden.

(3) Führen die beiden oben beschriebenen Schritte nicht zur Annahme des Kundenauftrages, ist zu überprüfen, ob der Auftrag zu einem späteren Zeitpunkt realisierbar ist. Findet sich hierfür eine Möglichkeit, so kann dem Kunden ein entsprechender Liefertermin angeboten werden. Bei dieser Vorgehensweise ist darauf zu achten, daß es nicht zu übermäßig langen Lieferfristen kommt.

Die Ergebnisse der hierarchischen Planung bieten damit dem Vertrieb ein operables Werkzeug zur Steuerung zukünftiger Aktivitäten.

6.1.2. Produktion

Die Anzahl der von jedem Enderzeugnis pro Tag zu fertigenden Standardmengen, welche das Ergebnis des hierarchischen Planungsansatzes bildet, dient als Vorgabe für die Produktionsdurchführung. Die Produktionsvariablen x_{kr} geben die erforderliche Zahl an Produktionskanbans bezüglich der absetzbaren Enderzeugnisse k in der Teilperiode r an. Transportkanbans werden nicht benötigt, da die Auslieferung an die Kunden anhand der von der Vertriebsabteilung erstellten Lieferscheine erfolgt. Lieferscheine stellen eine spezielle Form von Transportkanbans dar. Traditionelle Lieferscheine werden lediglich einmal verwendet, wohingegen Transportkanbans einen Kreislauf durchlaufen, indem sie mehrmals die Quelle, genauer das Pufferlager vor der Quelle, und die Senke berühren.

Bei zyklischer Belieferung eines Kunden mit standardisierten Liefermengen können die Lieferscheine durch wiederverwendbare Transportkanbans ersetzt werden.

Die Anzahl der Produktions- und der Transportkanbans der untergeordneten Komponenten ist ebenfalls aus den Ergebnissen des hierarchischen Planungsansatzes abzuleiten. Eine Festle-

gung der Anzahl der Produktions- und Transportkanbans soll
wegen des großen Rechenaufwandes und des Aufwandes zur Um-
stellung des Produktionssystems auf eine neue Kartenanzahl
nur monatlich erfolgen. Laut Voraussetzung bestehen bezüglich
der Einzelerzeugnisse innerhalb einer Enderzeugnisfamilie
keine wesentlichen konstruktiven Unterschiede, so daß wichtige Vorprodukte in den einzelnen Erzeugnissen einer Enderzeugnisfamilie mit gleichen Mengen vorkommen. Somit kann der
Bedarf an Vorprodukten im Planungsmonat mittels Stücklistenauflösung unmittelbar aus den Produktionsmengen der Enderzeugnisfamilien in den Teilperioden der zweiten Planungsebene
abgeleitet werden.

Welche Verfahren zur Ermittlung der Anzahl an Produktions-
und Transportkanbans zur Anwendung kommen, bleibt dem jeweiligen Anwender überlassen. Die folgenden Darstellungen sind
an der Ermittlung der Anzahl an Produktions- und Transportkanbans gemäß der modifizierten Meldebestandsformeln orientiert, wie sie unter Gliederungspunkt 4.1. des dritten Teils
dieser Arbeit erläutert sind.

Für die Anzahl der erforderlichen Produktionskanbans bezüglich eines Vorproduktes $k°$ in den Wochen des betrachteten Monats gilt demgemäß

$$PK_{k°l} \; \varepsilon \; [\; PDZ_{k°} \cdot LAR_{k°l}; \; PDZ_{k°} \cdot LAR_{k°l} +1 \; [$$

mit $PK_{k°l} \; \varepsilon \; N_0$
$$(k° = 1, \ldots, K°)$$
$$(l = 1, \ldots, L)$$

wobei:

$LAR_{k°l}$ Lagerabgangsrate des Vorproduktes $k°$ in Teilperiode l [Behälter/ZE],

$PK_{k°l}$ Anzahl der Produktionskanbans des Vorproduktes
$k°$ in der Teilperiode l,

$PDZ_{k°}$ Plandurchlaufzeit einer Standardmenge des Vorproduktes $k°$.

Die Plandurchlaufzeit PDZ_{k° entspricht hierbei der Durchlaufzeit, die mit einer vorgegebenen Wahrscheinlichkeit (beispielsweise 95%) von den Fertigungsaufträgen zur Erstellung des Vorproduktes k° nicht überschritten wird.

Die Lagerabgangsrate errechnet sich als Quotient aus Gesamtbedarfsmenge an Behältern des Produktes k° in der betrachteten Teilperiode und der Teilperiodenlänge. Die Gesamtbedarfsmenge entspricht der Summe aus den unmittelbaren und mittelbaren Bedarfsmengen des Vorproduktes k° zur Erstellung der aus der hierarchischen Planung resultierenden Produktionsmengen aller benötigten Enderzeugnisfamilien $j = 1,..,J$. So ist

$$LAR_{k^\circ l} = \frac{\sum_{j=1}^{J} x_{jl} \cdot g_{jk^\circ}}{TL_l} \qquad \begin{array}{l} (k^\circ = 1,...,K^\circ) \\ (l = 1,...,L) \end{array}$$

wobei:

g_{jk° Gesamtbedarf an Vorprodukt k° zur Erstellung einer Mengeneinheit der Erzeugnisfamilie j,

TL_l Länge der Teilperiode l [ZE].

Die Anzahl der für den Planungsmonat herauszugebenden Produktionskanbans liegt dann zwischen dem maximalen und dem minimalen Wert aus den Teilperioden innerhalb des Monats:

$$\text{Min } \{PK_{k^\circ l}| \, l = 1,...,L\} \leq \mathbf{PK_{k^\circ}} \leq \text{Max } \{PK_{k^\circ l}| \, l = 1,...,L\}$$
$$(k^\circ = 1,...,K^\circ)$$

wobei:

PK_{k° Anzahl der im Planungsmonat einzusetzenden Produktionskanbans für Vorprodukt k°.

Sollen alle Schwankungen der Lagerabgangsraten erfaßt werden, ist der maximale Wochenwert anzusetzen. Kommt ein geringerer Wert zur Anwendung, bedeutet dies, daß durch Erhöhung der Umschlaghäufigkeit der Produktionskanbans in den Wochen mit den höheren Lagerabgangsraten die Bestände aufzufüllen sind. Eine

Erhöhung der Umschlaghäufigkeit der Kanbans ist durch Erhöhung der Leistungsintensitäten oder durch den zusätzlichen Einsatz von Mehrarbeitszeiten zu erreichen. Beide Maßnahmen sind mit zusätzlichen Kosten verbunden. Darüberhinaus sollte auf einen über den in der ersten Planungsebene festgelegten Einsatz von Mehrarbeitszeiten verzichtet werden, um Vereinbarungen mit dem Personalrat nicht zu gefährden.

Da innerhalb einer Teilperiode der ersten Planungsebene keine Saisoneinflüsse auftreten, weichen die Wochenwerte in der Regel nur minimal voneinander ab, so daß die Anzahl der auszugebenden Produktionskanbans auch anhand folgender Beziehungen festgelegt werden kann:

$$\mathbf{PK}_{k°} \ \varepsilon \ [\ PDZ_{k°} \cdot LAR_{k°}; \ PDZ_{k°} \cdot LAR_{k°} + 1 \ [$$

$$\text{mit } \mathbf{PK}_{k°} \ \varepsilon \ N_0 \qquad\qquad (k° = 1,\ldots,K°)$$

wobei:

$\quad LAR_{k°}$ Lagerabgangsrate des Vorproduktes k° im Planungsmonat [Behälter/ZE]

und

$$LAR_{k°} = \frac{\displaystyle\sum_{j=1}^{J} \sum_{l=1}^{L} x_{jl} \cdot g_{jk°}}{\displaystyle\sum_{l=1}^{L} TL_l} \qquad\qquad (k° = 1,\ldots,K°).$$

In diesem zweiten Fall kommt es zur Ermittlung einer durchschnittlichen Lagerabgangsrate für den betrachteten Monat, während im ersten Fall für jede Woche des Monats eine Lagerabgangsrate zu ermitteln ist. Bei Anwendung des zweiten Verfahrens wird unterstellt, daß kleinere Schwankungen der Lagerabgangsrate während des Monats durch das KANBAN-System abgefangen werden. Somit kommt es zu einem Verzicht auf die vorhandenen zeitgenaueren Ergebnisse der zweiten Planungsebene. Die wochengenaue Betrachtung hingegen berücksichtigt diese Schwankungen der Lagerabgangsraten zwischen den Wochen, verarbeitet demzufolge die detaillierteren Informationen. Innerhalb der einzelnen Wochen müssen stochastische Schwankungen der Lagerabgangsraten aber dennoch durch die KANBAN-Steuerung abgefangen werden.

Die Anzahl der Transportkanbans ist zu differenzieren nach den verbrauchenden Stellen. Analog zu den Berechnungen für die Produktionskanbans ergibt sich für die Transportkanbans:

$$TK_{k°lc} \; \varepsilon \; \left[\frac{WBZ_{k°c} \cdot BR_{k°lc}}{M_{k°}}; \; \frac{WBZ_{k°c} \cdot BR_{k°lc}}{M_{k°}} + 1 \right[$$

mit $TK_{k°lc} \; \varepsilon \; N_0$

$$(k° = 1,\ldots,K°)$$
$$(l = 1,\ldots,L)$$
$$(c = 1,\ldots,C)$$

wobei:

$BR_{k°lc}$ Bedarfsrate des Vorproduktes k° in der Fertigungsstelle c in Teilperiode l,

$M_{k°}$ Standardmenge des Vorproduktes k°,

$TK_{k°lc}$ Anzahl der Transportkanbans des Vorproduktes k° in Fertigungsstelle c in Teilperiode l,

$WBZ_{k°c}$ Wiederbeschaffungszeit einer Standardmenge des Vorproduktes k° in der Fertigungsstelle c

und

$$BR_{k°lc} = \frac{\sum\limits_{j=1}^{J} z_{jc} \cdot x_{jl} \cdot M_{k°} \cdot g_{jk°}}{TL_l}$$

$$(k° = 1,\ldots,K°)$$
$$(l = 1,\ldots,L)$$
$$(c = 1,\ldots,C)$$

wobei:

$$
z_{jc} = \begin{cases} 1, & \text{wenn in Fertigungsstelle } c \text{ die Enderzeugnis-} \\ & \text{familie } j \text{ gefertigt wird,} \\ 0, & \text{wenn in Fertigungsstelle } c \text{ die Enderzeugnis-} \\ & \text{familie } j \text{ nicht gefertigt wird.} \end{cases}
$$

Die im Planungsmonat einzusetzende Anzahl an Transportkanbans zwischen dem Pufferlager und der verbrauchenden Fertigungsstelle c liegt zwischen dem minimalen und dem maximalen Wochenwert:

$$
\text{Min } \{TK_{k°lc} \mid l = 1, \ldots, L\} \leq TK_{k°c} \leq \text{Max } \{TK_{k°lc} \mid l = 1, \ldots, L\}
$$

$$
(k° = 1, \ldots, K°)
$$
$$
(c = 1, \ldots, C)
$$

wobei:

$TK_{k°c}$ Anzahl der im Planungsmonat einzusetzenden Transportkanbans für das Vorprodukt $k°$ bezüglich Fertigungsstelle c.

Auch bei der Berechnung der Anzahl an Transportkanbans kann auf die wochengenaue Ermittlung verzichtet werden, so daß gilt:

$$
TK_{k°c} \; \varepsilon \; \left[\frac{WBZ_{k°c} \cdot BR_{k°c}}{M_{k°}} ; \; \frac{WBZ_{k°c} \cdot BR_{k°c}}{M_{k°}} + 1 \right[
$$

$$
\text{mit } TK_{k°c} \; \varepsilon \; N_0
$$

$$
(k° = 1, \ldots, K°)
$$
$$
(c = 1, \ldots, C)
$$

wobei:

$BR_{k°c}$ Bedarfsrate des Vorproduktes $k°$ in der Fertigungsstelle c im Planungsmonat

und

$$BR_{k°c} = \frac{\displaystyle\sum_{j=1}^{J}\sum_{l=1}^{L} z_{jc} \cdot x_{jl} \cdot M_{k°} \cdot g_{jk°}}{\displaystyle\sum_{l=1}^{L} TL_l} \qquad \begin{array}{l}(k° = 1,\ldots,K°)\\(c = 1,\ldots,C).\end{array}$$

Die unter diesem Gliederungspunkt 6.1.2. hergeleiteten Formeln zur Berechnung der Anzahl an Produktions- und Transportkanbans beruhen auf der Annahme, daß die zur Erstellung der absatzfähigen Enderzeugnisse benötigten Vorprodukte alle im Planungsmonat benötigt und die hierdurch entstehenden Lücken in den Pufferlagern im gleichen Monat aufzufüllen sind. Diese Annahme kann als Annäherung an die Realität akzeptiert werden, da kurze Durchlaufzeiten im Fertigungsbereich unterstellt sind und in KANBAN-gesteuerten Systemen die Fertigung übergeordneter Komponenten auf der Basis vorhandener Bestände aus den Pufferlagern der untergeordneten Komponenten erfolgt. Somit kommt es zwischen den Auslösezeitpunkten der Fertigungsprozesse von Erzeugnissen verschiedener Fertigungsstufen lediglich zu einer geringen Verschiebung. Diese Verschiebungen bezüglich der Startzeitpunkte der Produktionsprozesse beruhen auf den Zeiten, die erforderlich sind, um die losgelösten Kanbans von der verbrauchenden Stelle zur produzierenden Stelle zu bringen, und auf den Wartezeiten der Fertigungsaufträge vor den einzelnen Fertigungsstellen.

Die mittels der beschriebenen Formeln ermittelte Anzahl an Produktions- und Transportkanbans stellt keine restriktive Größe für den Produktionsvollzug dar. Vielmehr sind diese Vorgaben als Startwerte zu interpretieren. Die Bereichsleiter oder die Werkstattmeister der einzelnen Fertigungsstellen haben nun die Aufgabe, durch weitere Entnahmen von Produktions- und Transportkanbans sowie der zugehörigen Standardbehälter die minimale Kartenanzahl herauszufinden, welche für einen funktionierenden Materialfluß unabdingbar ist. Durch diese operativen Maßnahmen der Bereichsleiter oder Werkstattmeister ist eine weitere Reduzierung des in Lagerbeständen gebundenen Kapitals zu erreichen.

6.1.3. Beschaffung

Aus den Produktionsmengen der Enderzeugnisse, welche in den
drei Aggregationsstufen Ergebnisse der hierarchischen Produktionsplanung bilden, sind die Beschaffungsmengen sowie die
Bestell- und Liefertermine der Fremdbezugsteile zu ermitteln.

Hierzu ist prinzipiell eine programmgebundene Materialdisposition für fremdbezogene Teile unter Berücksichtigung aller
in der Unternehmung selbsterstellter Zwischenprodukte und
vorhandener Lagerbestände erforderlich. Die besondere Systematik einer KANBAN-Steuerung erlaubt jedoch den Verzicht auf
eine explizite Nettobedarfsermittlung. Laut Voraussetzung
sind durch Weiterverarbeitung entstehende Lücken in den Pufferlagern zwischen den Fertigungsstellen im Rahmen von KANBAN
unverzüglich aufzufüllen. Somit werden alle Vorprodukte zur
Erstellung der Enderzeugnisse mit den Gesamtmengen aufgelegt,
die zur Produktion der Enderzeugnismengen erforderlich sind.
Die Produktionsmengen der selbsterstellten Komponenten und
dementsprechend auch die Bedarfsmengen an fremdzubeziehenden
Komponenten resultieren unmittelbar aus den Produktionsmengen
der Enderzeugnisse.

Im Vergleich zu einer herkömmlichen programmgebundenen Materialdisposition entfällt für die beschriebene Produktionssi-
tuation unter Verwendung einer KANBAN-Steuerung die Nettobedarfsermittlung.

Weiterhin ist die Vorlaufverschiebung zu modifizieren. Eine
Entnahme in einem Pufferlager zieht unmittelbar eine Aktivi-
tät zum Auffüllen der entstandenen Lücke im Lagerbestand nach
sich. Somit führt eine Produktion des Enderzeugnisses, welches auf der Fertigungsstufe 0 anzuordnen ist, zu einer Entnahme der Komponenten der Fertigungsstufe 1. Da diese Entnahme eine unverzügliche Produktion der Komponenten auf der
Fertigungsstufe 1 bewirkt, kommt es zum Verbrauch der Komponenten der zweiten Fertigungsstufe. Diese Methodik geht über
alle Fertigungsstufen hinweg bis zu den Fremdbezugsteilen.
Daher kann vereinfachend angenommen werden, daß eine Produk-

tion der Enderzeugnisse in einer Just-In-Time-Fertigung nach KANBAN-Prinzipien in der gleichen Teilperiode zur Auflegung aller untergeordneten selbsterstellten Komponenten führt und damit auch zu einer Bestellauslösung für fremdbezogene Komponenten. Im theoretischen Fall, daß keine Reaktions- und Transportzeiten zwischen den Fertigungsstellen bestehen, entspricht der Auflegungszeitpunkt des Enderzeugnisses den Auflegungszeitpunkten aller diesem Enderzeugnis untergeordneten Baugruppen und den Bestellzeitpunkten aller in diesem Enderzeugnis vorkommenden Fremdbezugsteile.

Die zu beschaffenden Mengen der Fremdbezugsteile resultieren aus der Multiplikation der Produktionsmengen der Enderzeugnisse mit den Produktionskoeffizienten, die den Gesamtbedarf an dem betrachteten Fremdbezugsteils zur Herstellung einer Mengeneinheit des jeweiligen Enderzeugnisses angeben. Der Gesamtbedarf an einem Fremdbezugsteil umfaßt alle Mengen dieses Teils, die direkt oder indirekt, über die in der Unternehmung erstellten Komponenten, in eine Mengeneinheit des Enderzeugnisses eingehen. Die Gesamtbedarfskoeffizienten können aus der Gesamtbedarfsmatrix des Enderzeugnisses für alle untergeordneten Komponenten und damit auch für alle Fremdbezugsteile, die in dieses Enderzeugnis eingehen, entnommen werden.[8]

Als Bedarfszeitpunkt ist die Teilperiode anzusetzen, in der mit der Produktion der Enderzeugnisse begonnen wird.

Treten nennenswerte Verschiebezeiten auf, so daß beispielsweise durch Reaktions-, Transport- oder Wartezeiten längere Zeitverschiebungen zwischen einzelnen Fertigungsstufen existieren, führen diese Verzögerungen dazu, daß die tatsächliche Bestellauslösung später erfolgt als die dem Lieferanten

---

[8] Die Gesamtbedarfsmatrix, die oft auch als Gesamtverbrauchsmatrix bezeichnet wird, ist aus der Direktbedarfsmatrix des Enderzeugnisses und damit aus den Input-Output-Beziehungen auf der Basis von Leontief-Relationen zu bestimmen.
Vgl. Busse v. Colbe und Laßmann (1988), S. 178 ff; Dinkelbach (1981), Sp. 753 ff.

aufgrund der Produktionstermine der Enderzeugnisse angekündigte. Aus der Sicht der verbrauchenden Unternehmung entstehen hierdurch keine Fehler. Lediglich der Lieferant hat unter
Umständen die bereits für den ursprünglichen Termin gefertigten Komponenten über einen entsprechend der Verschiebezeit
verlängerten Zeitraum einzulagern. Diese Unsicherheit bezüglich der tatsächlichen Liefertermine erschwert somit die Dis-
positionsaktivitäten der Lieferanten.

Analog zu den Ergebnissen der hierarchischen Produktionsplanung kann, wie in Abbildung 4.04 dargestellt, auch die Beschaffung der Fremdbezugsteile in drei Planungsebenen und
eine Realisationsebene eingeteilt werden.

Bereits die als Ergebnisse der ersten Planungsebene gewonnenen Produktionsmengen der Enderzeugnistypen können zur Ermittlung grober Bedarfsmengen und Bedarfstermine an Fremdbezugsteilen dienen. Die Produktionsmengen der Enderzeugnistypen sind mit Gesamtbedarfskoeffizienten der Fremdbezugsteile
zu multiplizieren, um die Bedarfsmengen der fremdbezogenen
Komponenten des nächsten Jahres differenziert nach Monaten zu
ermitteln. Da nicht in alle Erzeugnisvarianten eines Erzeugnistyps die gleichen Komponenten mit gleichen Produktionskoeffizienten eingehen, stellen die ermittelten Bedarfsmengen
für Fremdbezugsteile nur Näherungswerte dar. Diese Monatsbe-
darfsmengen können den Lieferanten als unverbindliche Rahmen-
vorgaben monatlich übermittelt werden, um diesen die Jahresplanung zu erleichtern.

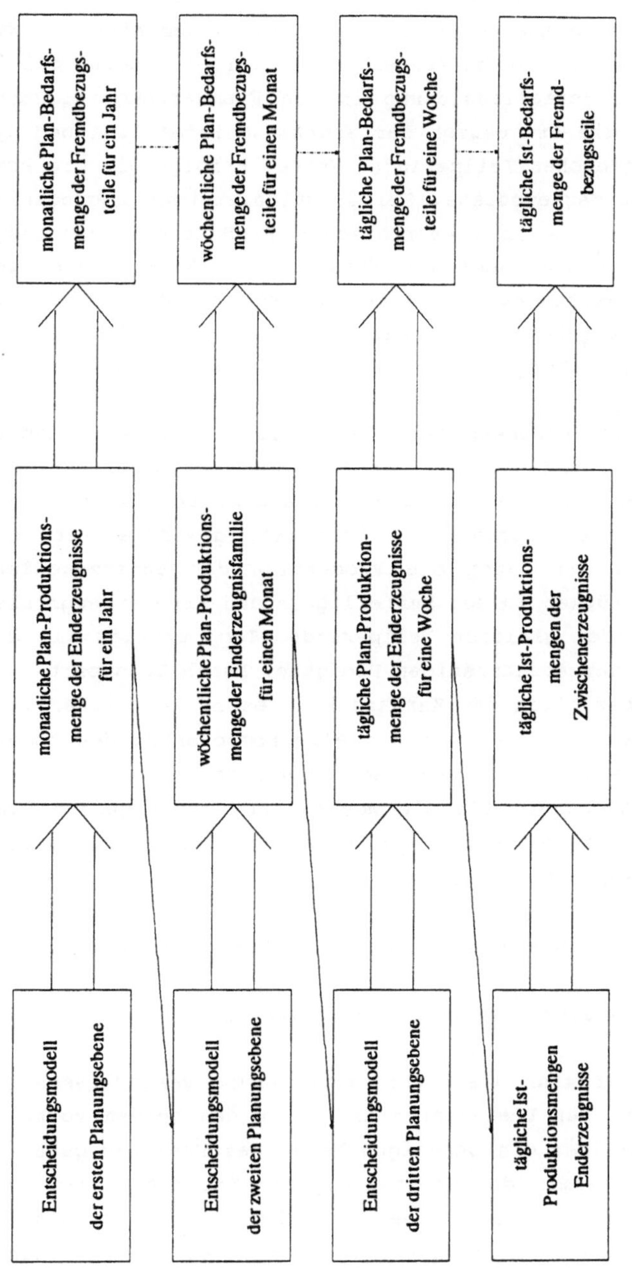

Abb. 4.04: Hierarchische Produktionsplanung für Enderzeugnisse und Beschaffungsplanung der Fremdbezugsteile

Aus den wöchentlichen Produktionsmengen der Enderzeugnisfamilien im ersten Monat, welche aus der zweiten Planungsebene resultieren, sind analog zu den monatlichen Bedarfen die wöchentlichen Bedarfe zu berechnen. Auch hier gilt noch, daß in der Regel die Bestellauslösung in den Fremderzeugnislagern, welche durch die Produktion der Enderzeugnisfamilien bedingt ist, in der gleichen Teilperiode (Woche) erfolgt wie die Produktion der Enderzeugnisse. Bei funktionierender Aggregation und Disaggregation im hierarchischen Produktionsplanungssystem entspricht die Summe der wöchentlichen Bedarfe des Planungsmonats, welche auf die Produktionsmengen der Erzeugnisfamilien zurückgehen, dem Monatsbedarf, der auf den Produktionsmengen der übergeordneten Erzeugnistypen basiert.

Die letzte Planungsebene der hierarchischen Produktionsplanung liefert tagesgenaue Produktionsmengen der Enderzeugnisse für die erste Woche des Planungszeitraumes. Bei diesem zeitlichen Detaillierungsgrad ist nicht mehr gewährleistet, daß ein Auffüllen der durch die Produktion der Enderzeugnisse entstandenen Lücken in den Pufferlagern und Fremderzeugnislagern noch in der gleichen Teilperiode (Tag) erfolgt wie die Endfertigung der absatzfähigen Produkte. Durch Transport- und Wartezeiten bezüglich der Kanbans kann es zu zeitlichen Verschiebungen kommen, so daß nicht alle Komponenten des Enderzeugnisses am gleichen Tag nachproduziert werden. Während solche Verschiebungen für die wochen- und monatsgenaue Planung vernachlässigbar sind, stellen sie bei tagesgenauer Planung signifikante Einflußgrößen dar.

An dieser Stelle bieten sich zwei Bestellstrategien an:

(1) Vernachlässigung der Terminverschiebung

Der Verbraucher kann diese Zeitverschiebung vernachlässsigen und informiert den Lieferanten analog zu den beiden vorherigen Schritten über die benötigte Menge des Fremdbezugsteils, wobei er den Termin der Herstellung des Enderzeugnisses als vermutlichen Bestelltermin des Fremdbezugsteils beibehält. Die tatsächliche Bestellung erfolgt jedoch erst bei Entnahme der Fremdbezugsteile, so daß der realisierte Bestelltermin häufig später als der angekündigte Bestelltermin liegt. Dem Verbraucher entsteht hierdurch kein Nachteil, da lediglich der realisierte Bestelltermin für ihn verbindlich ist. Die Disposition des Lieferanten wird jedoch erschwert. So kann es vorkommen, daß Produkte unter Umständen im Vertrauen auf den angekündigten Bestelltermin mehrere Tage zu' früh fertiggestellt werden und somit Lagerkapazitäten des Zulieferers blockieren, bis die verbindliche Bestellung eingeht. Das Risiko des Ausgleiches der stochastischen Verschiebezeiten zwischen Enderzeugnisfertigung und Bestellung der Fremdbezugsteile trägt bei dieser Vorgehensweise der Lieferant.

(2) Berücksichtigung geplanter Verschiebezeiten

Um dem Lieferanten die Produktions- und Lagerplanung zu erleichtern, kann der Verbraucher geplante Verschiebezeiten berücksichtigen. Mittels der geplanten Verschiebezeiten kommt es zu einer Annäherung der angekündigten Bestelltermine an die realisierten Bestelltermine. Das Risiko der stochastischen Schwankungen in den Verschiebezeiten hat hierbei der Lieferant zu tragen, da für den Verbraucher auch nach dieser Strategie der realisierte Bestelltermin nach der Lagerentnahme verbindlich ist. Für den Lieferanten besteht zudem die Gefahr, daß der verbindliche Bestelltermin vor dem angekündigten Liefertermin liegt, wenn innerhalb der verbrauchenden Unternehmung eine Ist-Verschiebezeit auftritt, die kürzer als die Plan-Verschiebezeit ist. Das führt beim Lieferanten unter Umständen zu Eilaufträgen. Dieses Risiko kann für den Lieferanten eingeschränkt werden, wenn dem Verbraucher untersagt ist, die verbindliche Bestellung vor dem angekündigten Termin zu tätigen, was jedoch beim Verbraucher Fehlmengen auslösen kann.

Die Bestellmengen- und Bestellterminplanung erfolgt analog zur Produktionsplanung über drei Ebenen, wobei sich der Detaillierungsgrad der hierbei gewonnenen Informationen mit jeder Planungsstufe erhöht. Die realisierten Ist-Werte sind wiederum abhängig von den realisierten Produktionsmengen der

Enderzeugnisse und den realisierten Verschiebezeiten zwischen
der Endmontage der absatzfähigen Erzeugnisse und der Bestellauslösung bezüglich der fremdbezogenen Komponenten. Die Abstimmung der drei Planungsebenen und der Realisierungsphase
zur Beschaffung fremdbezogener Teile erfolgt über die geplanten Produktionsmengen der Enderzeugnisse in den verschiedenen
Aggregationsstufen der hierarchischen Produktionsplanung und
über die realisierten Produktionsmengen der Enderzeugnisse
sowie der in diesen Enderzeugnissen verwendeten selbsterstellten Komponenten.

6.2. Sensitivitätsanalysen und parametrische Programmierung

Die Entscheidungsmodelle der ersten beiden Ebenen des hierarchischen Planungsansatzes sind in der Form linearer Programme
gegeben. Bezüglich der mittels der Entscheidungsmodelle gefundenen optimalen Lösungen besteht die Möglichkeit Sensitivitätsanalysen durchzuführen.

Eine Sensitivitätsanalyse untersucht die Fragestellung, wie
ein bisher als deterministisch angesehener Koeffizient von
seinem der optimalen Lösung zugrundeliegenden Wert abweichen
darf, ohne daß die bisherige optimale Lösung hierdurch ihre
Optimalität verliert. Als deterministische Koeffizienten treten in einem linearen Programm die Zielfunktionskoeffizien-
ten, die Elemente des Beschränkungsvektors und die Elemente
der Koeffizientenmatrix auf. Eine Variation eines dieser Koeffizienten führt in der Regel zu einer Veränderung des Ziel-
funktionswertes und der Ausprägungen der Entscheidungsvariablen in der optimalen Lösung.

Wichtige Koeffizienten in den Zielfunktionen der Planungsebenen I bzw. II, für die eine Sensitivitätsanalyse sinnvoll
durchführbar ist, sind die Absatzpreise, welche Marktschwan-
kungen unterliegen. Da die Höhe zukünftiger Stückerlöse nicht
vorab mit Sicherheit prognostizierbar ist, kann mittels einer
Sensitivitätsanalyse ein Intervall berechnet werden, in dem
der Verkaufserlös einer Mengeneinheit des betrachteten Er-

zeugnistyps (Ebene I) oder der betrachteten Erzeugnisfamilie (Ebene II) schwanken darf, ohne daß die der optimalen Lösung zugrundeliegende Ecke des Zulässigkeitsbereiches ihre Optimalität verliert.

Ebenfalls auf der Prognose zukünftiger Entwicklungen basieren die Absatzmengen, die über die fest eingegangenen Kundenbestellungen hinausgehen. Somit unterliegen auch diese potentiellen Absatzmengen Schwankungen, deren Auswirkungen auf die optimale Lösung mittels Sensitivitätsanalysen zu berechnen sind. Gleichzeitig liefern diese Sensitivitätsanalysen dem Vertrieb Informationen darüber, in welcher Höhe zusätzliche, über die prognostizierte Absatzhöchstmenge hinaus eingehende Kundenbestellungen angenommen werden können.

Bezüglich des Begrenzungsvektors bieten auch die Kapazitätsangebote Ansatzpunkte für Sensitivitätsanalysen. So kann beispielsweise überprüft werden, wie sich kurzfristige Maschinenausfälle auf die optimalen Lösungen der Entscheidungsmodelle der ersten beiden Planungsebenen auswirken.

In der Koeffizientenmatrix unterliegen unter Umständen die Bearbeitungszeiten pro Mengeneinheit eines Enderzeugnistyps bzw. einer Enderzeugnisfamilie stochastischen Schwankungen, welche Einfluß auf die optimalen Lösungen der Entscheidungsmodelle ausüben. Die Durchführung einer Sensitivitätsanalyse für Elemente der Koeffizientenmatrix führt zu aufwendigen Rechenschritten, wenn der Vektor, zu dem der untersuchte Koeffizient gehört in der optimalen Lösung als Einheitsvektor erscheint [9]. Da sich die durchschnittlichen Bearbeitungzeiten bezüglich einer Mengeneinheit eines Enderzeugnistyps bzw. einer Enderzeugnisfamilie jedoch nur geringfügig ändern werden, ist es unter Umständen nicht erforderlich, diese nicht signifikanten Schwankungen explizit nach jedem Planungslauf zu untersuchen.

---

[9] Vgl. Dinkelbach (1969), S. 78 ff.

Das Entscheidungsmodell der dritten Ebene des hierarchischen Planungsansatzes weist eine nichtlineare Zielfunktion auf. Daher ist eine Sensitivitätsanalyse nicht möglich. Als Objekte der Sensitivitätsanalysen kämen auf der Ebene III nur die vorgegebenen Absatzmengen in Frage. Diese Absatzmengen unterliegen keinen stochastischen Schwankungen, da ihre Werte durch fest eingegangene Kundenaufträge determiniert sind.

Eine Sensitivitätsanalyse hat den Nachteil, daß sie auf die Wirkungen der Variation eines Koeffizienten beschränkt ist. Kommt es zu einer gleichzeitigen Abweichung mehrerer Koeffizienten von den Werten, die zur optimalen Lösung des Entscheidungsmodells führten, so können die Effekte, die hierdurch auf den Zielfunktionswert und die optimale Lösung entstehen, i.d.R. nicht mittels einer Sensitivitätsanalyse berechnet werden. Eine Sensitivitätsanalyse umfaßt bezüglich des untersuchten Koeffizienten ein Intervall, in dem der Wert des Koeffizienten schwanken darf, ohne daß sich die Struktur der optimalen Lösung verändert. Daher ist ein weiterer Nachteil der Sensitivitätsanalyse darin zu sehen, daß Auswirkungen von Schwankungen, die über die Grenzen dieses Intervalls hinausgehen, nicht berücksichtigt werden. Um diesen beiden Kritikpunkten entgegen zu wirken, empfiehlt sich die Anwendung der parametrischen Programmierung.[10]

Bei der parametrischen Programmierung werden den zu untersuchenden Koeffizienten Parameter zugeordnet, welche die (linearen) Veränderungen dieser Koeffizienten beschreiben. Im Ausgangstableau nach der Simplexmethode zur Lösung linearer Programme erscheinen diese Parameter als Einheitsvektoren. Mittels der inversen Basismatrix kann somit auch ex post eine parametrische Analyse der Auswirkungen von Schwankungen beliebiger Koeffizienten aus dem optimalen Tableau der ursprünglichen optimalen Lösung generiert werden. Die Sensitivitätsanalyse der oben beschriebenen Art stellt einen Spezialfall der parametrischen Programmierung dar.

---

[10] Vgl. Dinkelbach (1969), S. 29 f sowie S. 90 ff.

Die parametrische Programmierung bietet zwei wichtige Auswertungsmöglichkeiten:

- Sie dient der Ermittlung von Alternativplänen, für den Fall, daß eine gleichzeitige Veränderung mehrerer Koeffizienten ein Abweichen von der bisher als optimal angesehenen Lösung erforderlich macht. Somit kann kurzfristig auf Änderungen der Datenbasis reagiert werden, ohne daß ein neuer Planungslauf erforderlich ist.

- Die parametrische Programmierung führt zur Aufdeckung redundanter Nebenbedingungen. Stellt ein Anwender fest, daß eine Nebenbedingung in keiner der von den Parameterkonstellationen abhängigen Lösungen restriktiv wirkt, bedeutet dies, daß diese Ressource unter keinen Umständen ausgenutzt wird. Somit ist zu untersuchen, ob eine Reduzierung des Angebots dieser Ressource sinnvoll ist oder ob eine andere Nutzung, beispielsweise durch Eigenfertigung bisher fremdbezogener Komponenten, möglich und wirtschaftlich vertretbar ist.[11]

Somit ist die parametrische Programmierung ein wichtiges Auswertungsinstrument zur Planung und Kontrolle des Produktionsbereiches. Für den in der parametrischen Programmierung enthaltenen Spezialfall der Sensitivitätsanalyse schreibt Dantzig:

"Bei manchen Anwendungen sind die dadurch gewonnenen Informationen genau so wertvoll wie die Bestimmung der optimalen Lösung selbst."[12]

---

[11] Vgl. Zimmermann und Gal (1975), S. 222 ff.

[12] Dantzig (1966), S. 306.

Zusammenfassung

Zusammenfassung

Im Rahmen der vorliegenden Untersuchung wurden die Eignung
einer hierarchischen Produktionsplanung und die Eignung der
KANBAN-Steuerung für den Einsatz in der deutschen Industrie
analysiert.

Bezüglich der hierarchischen Produktionsprogrammplanung nach
A.C. Hax und dessen Mitarbeitern sind hierbei folgende Haupt-
kritikpunkte zu nennen:

- Die Beschränkung auf eine einstufige Fertigung reduziert
  die Anwendbarkeit der Planungsmodelle auf eine für die
  Praxis inakzeptable Teilmenge der Industrieunternehmungen.
  Die Erweiterung auf eine zweistufige Fertigung, beispielsweise durch die Konzeption nach Bitran, Haas und Hax, bietet aufgrund der Modellkomplexität kein praktikables Pla-
  nungsinstrument.
- Hax et al. sehen in ihrem hierarchischen Planungsansatz
  einen Planungszeitraum von i.d.R. einem Jahr vor. Die
  Teilperiodenlänge beträgt einen Monat. Die monatsgenaue
  Planung führt im Rahmen einer operativen Produktionsplanung lediglich zu unbefriedigenden Ergebnissen. Daraus
  leitet sich die Forderung nach einem detaillierteren
  Zeitraster der Planung ab, mit dem Ziel, zur Realisation
  geeignete Produktionsvorgaben zur Verfügung zu stellen.
- Die Reihenfolgen der Bearbeitung von Fertigungsaufträgen
  an den Betriebsmitteln stellen keine Entscheidungsvariablen der hierarchischen Planungskonzeption nach Hax dar.
  Somit ist eine separate Ablaufplanung als weiterer Planungsschritt zur Festlegung der Arbeitsgangtermine erforderlich. Die analytische Durchführung einer Ablaufplanung
  stößt jedoch in der Praxis wegen des Aufwandes zu ihrer
  Durchführung auf großen Widerstand.

Aus diesen Gründen erscheint eine hierarchische Produktionsplanung gemäß der Konzeption von Hax und dessen Mitarbeitern
in der Praxis als nicht sinnvoll anwendbar.

Als Möglichkeit zur Dezentralisierung der Ablaufplanung wurde das KANBAN-System zur Steuerung einer Just-In-Time-Fertigung vorgestellt. Da KANBAN für die Bereitstellung der Vorprodukte zur Fertigung der Enderzeugnisse eine dezentrale Festlegung der Aktivitäten vorsieht, entfallen im Rahmen der zentral durchgeführten Planung die kurzfristige Materialdisposition, der kurzfristige Kapazitätsabgleich und die Ablaufplanung. Die Produzenten eines Erzeugnisses sind für die Beschaffung der benötigten Materialien selbst verantwortlich (Hol-Prinzip). Die Materialien werden von den jeweiligen Produzenten in Pufferlagern bereitgestellt, wo sie für die Verbraucher zur Abholung bereitstehen. Zu beachten ist, daß die Produktionsmengen der Enderzeugnisse die KANBAN-Steuerung initiieren. Die Aufgabe einer zentralen Planungsinstanz besteht demgemäß in der Ermittlung eines Produktionsprogramms für Enderzeugnisse unter besonderer Berücksichtigung der KANBAN-spezifischen Anforderungen.

Die Konzeption eines integrierten Systems zur Ermittlung des Produktionsprogramms für Enderzeugnisse zum Anstoßen einer KANBAN-gesteuerten Just-In-Time-Fertigung stellte den Kern dieser Arbeit dar. Die Bestimmung des Produktionsprogramms der Enderzeugnisse erfolgt dabei mittels eines hierarchischen Planungsansatzes.

Die Verbindung einer hierarchischen Produktionsprogrammplanung mit einer dezentralen Fertigungssteuerung nach KANBAN-Prinzipien erlaubt die Nutzung der jeweiligen Vorteile unter Vermeidung der jeweiligen verfahrensspezifischen Nachteile. So liefert die hierarchische Produktionsprogrammplanung auf der Basis optimierender Entscheidungsmodelle mit operablem Aufwand eine an der optimalen Lösung des Entscheidungsproblems orientierte zulässige Lösung. Da die Materialdisposition dezentral nach KANBAN-Prinzipien erfolgt, ist eine explizite Berücksichtigung der mehrstufigen Fertigungsprozesse in den Entscheidungsmodellen nicht erforderlich. Auch entfällt aufgrund der KANBAN-Steuerung die Feinterminierung der Fertigungsaufträge im Sinne einer zentral durchgeführten Ablaufplanung.

Weiterhin bietet die hierarchische Produktionsprogrammplanung die Möglichkeit, Kapazitäten zu überprüfen, so daß das ermittelte Produktionsprogramm in der Realisierungsphase - also im Rahmen der KANBAN-Steuerung - nicht wegen Kapazitätsengpässen scheitert. Auch die Kapazitätsbedarfe, die durch die Fertigung der Vorprodukte entstehen, können mit den hierzu verfügbaren Kapazitäten abgestimmt werden.

Aus den Produktionsprogrammen, die auf den verschiedenen Ebenen der Planungshierarchie in unterschiedlichen Aggregationszuständen ermittelt werden, sind weitere dispositionsrelevante Größen, wie beispielsweise Bestellmengen der fremdbezogenen Komponenten, ableitbar. Die linearen Programme zur Ermittlung der Produktionsprogramme auf der ersten und der zweiten Planungsebene ermöglichen die Durchführung von Sensitivitätsanalysen sowie den Einsatz der parametrischen Programmierung. Durch diese Maßnahmen werden zusätzliche Informationen gewonnen, welche zur Aufstellung von Alternativplänen dienen. Diese Alternativpläne sind heranzuziehen, wenn in der Realisierungsphase im Vergleich zur Planungssituation, die der optimalen Lösung zugrunde liegt, signifikante Datenänderungen auftreten.

Somit stellt die Verknüpfung einer hierarchischen Produktionsprogrammplanung für Enderzeugnisse mit einer KANBAN-Steuerung ein adäquates Instrument zur integrierten, operativen Planung und Steuerung einer Just-In-Time-Fertigung dar. Eine Erweiterung um Ebenen zur Durchführung taktischer sowie strategischer Planungsaktivitäten ist ohne weiteres möglich, so daß ein konsistentes System der betrieblichen Planung entsteht.

Der in der vorliegenden Untersuchung beschriebene hierarchische Ansatz zur Produktionsplanung für Enderzeugnisse ist auf die Erfordernisse einer KANBAN-gesteuerten Just-In-Time-Fertigung ausgerichtet. Nichtsdestoweniger ist seine Anwendbarkeit nicht auf diese Steuerungsmechanismen beschränkt. Auch die Verknüpfung mit anders gearteten Systemen zur Steuerung der Fertigungsmaßnahmen ist realisierbar. Als Beispiele für diesbezügliche Forschungsschwerpunkte seien hier die Verknüpfungen mit dem Fortschrittszahlenkonzept oder einer analytisch durchgeführten Ablaufplanung genannt.

Anhang

Anhang 1: Lineares Entscheidungsmodell zur Familien-Fabrik-Zuweisung (Ebene I)

a) Zielfunktion

$$\min \sum_{m=1}^{M} K_m \cdot z_m + \sum_{n=1}^{M} \sum_{m=1}^{M} k_{mn} \cdot x_{mn}$$

b) Nebenbedingungen

$$(1) \quad \sum_{m=1}^{M} x_{mn} = h_n \qquad\qquad (n = 1, \ldots, M)$$

$$(2) \quad x_{mn} - h_n \cdot z_m \leq 0 \qquad\qquad \begin{array}{l}(m = 1, \ldots, M)\\(n = 1, \ldots, M)\end{array}$$

$$(3) \quad x_{mn} \geq 0 \qquad\qquad \begin{array}{l}(m = 1, \ldots, M)\\(n = 1, \ldots, M)\end{array}$$

$$(4) \quad z_m \; \varepsilon \; \{0,1\} \qquad\qquad (m = 1, \ldots, M)$$

Anmerkung: In den Nebenbedingungen unter (2) wurden die h_n als 'hinreichend große Zahlen' gewählt, die gewährleisten, daß bei positiven x_{mn} und positiven z_m die Werte von x_{mn} nie größer sind als das jeweils zugeordnete Produkt aus z_m und der 'hinreichend großen Zahl' (hier: h_n).

Anhang 2: Herleitung der reduzierten Zielfunktion für das Modell auf der ersten Ebene nach Hax und Meal

Den Ausgangspunkt der Überlegungen bildet die ausführliche Zielfunktion nach Bitran und Hax, die auf Seite 63 angegeben ist:

$$(1) \quad \min \sum_{i=1}^{I} \sum_{t=1}^{T} (k_{Pit} \cdot x_{it} + k_{Lit} \cdot y_{it}) + \sum_{t=1}^{T} (k_{Nt} \cdot n_{t} + k_{Ut} \cdot u_{t}).$$

Durch Auflösen der Klammern ergibt sich:

$$(2) \quad \min \sum_{i=1}^{I} \sum_{t=1}^{T} k_{Pit} \cdot x_{it} + \sum_{i=1}^{I} \sum_{t=1}^{T} k_{Lit} \cdot y_{it} + \sum_{t=1}^{T} k_{Nt} \cdot n_{t} + \sum_{t=1}^{T} k_{Ut} \cdot u_{t}.$$

Weiterhin gelten die im folgenden aufgeführten Annahmen (Vgl. S. 68 ff).

- Die Produktionsstückkosten (ohne Personalkosten) der Erzeugnistypen seien in allen Teilperioden des Planungszeitraumes gleich:

$$(2.1) \quad k_{Pit} = k_{Pi} \qquad \begin{array}{l}(i = 1,\ldots,I) \\ (t = 1,\ldots,T).\end{array}$$

- Die Kosten pro Zeiteinheit der Normalarbeitszeit sowie die Kosten pro Zeiteinheit der Mehrarbeitszeit sind jeweils für alle Teilperioden gleich:

$$(2.2) \quad k_{Nt} = k_N \qquad (t = 1, \ldots, T)$$

$$(2.3) \quad k_{Ut} = k_U \qquad (t = 1, \ldots, T).$$

- Die einzusetzenden Normalarbeitszeiten sowie die einzusetzenden Mehrarbeitszeiten in den Teilperioden des Planungszeitraumes entsprechen:

$$(2.4) \quad n_t = \sum_{i=1}^{I} m_i \cdot x_{Nit} \qquad (t = 1, \ldots, T)$$

$$(2.5) \quad u_t = \sum_{i=1}^{I} m_i \cdot x_{Uit} \qquad (t = 1, \ldots, T)$$

wobei:

x_{Nit} Menge des Erzeugnistyps i, die in Teilperiode t während der Normalarbeitszeit produziert wird,

x_{Uit} Menge des Erzeugnistyps i, die in Teilperiode t während der Mehrarbeitszeit produziert wird.

Werden die Bedingungen (2.1) bis (2.5) in die unter (2) aufgeführte Zielfunktion eingesetzt, ergibt sich die Zielfunktion (3).

$$(3) \quad \min \sum_{i=1}^{I} \sum_{t=1}^{T} k_{Pi} \cdot x_{it} + \sum_{i=1}^{I} \sum_{t=1}^{T} k_{Lit} \cdot y_{it} + \sum_{t=1}^{T} k_{N} \cdot \sum_{i=1}^{I} m_{i} \cdot x_{Nit} + \sum_{t=1}^{T} k_{U} \cdot \sum_{i=1}^{I} m_{i} \cdot x_{Uit}$$

Unter Beachtung der Gleichungen

$$(3.1) \quad x_{it} = x_{Nit} + x_{Uit} \qquad \begin{array}{l} (i = 1,\ldots,I) \\ (t = 1,\ldots,T) \end{array}$$

bzw.

$$(3.2) \quad x_{Nit} = x_{it} - x_{Uit} \qquad \begin{array}{l} (i = 1,\ldots,I) \\ (t = 1,\ldots,T) \end{array}$$

resultiert hieraus:

$$(4) \quad \min \sum_{i=1}^{I} \sum_{t=1}^{T} k_{Pi} \cdot x_{it} + \sum_{i=1}^{I} \sum_{t=1}^{T} k_{Lit} \cdot y_{it}$$

$$+ \sum_{t=1}^{T} k_{N} \cdot \sum_{i=1}^{I} m_{i} \cdot (x_{it} - x_{Uit}) + \sum_{t=1}^{T} k_{U} \cdot \sum_{i=1}^{I} m_{i} \cdot x_{Uit} .$$

Das Auflösen der Klammern und das Vorziehen der Komponenten, die von den Indizes, über die summiert wird, unabhängig sind, vor das jeweilige Summenzeichen führen zu der Zielfunktion (5).

$$(5) \quad \min \sum_{i=1}^{I} k_{Pi} \cdot \sum_{t=1}^{T} x_{it} + \sum_{i=1}^{I} \sum_{t=1}^{T} k_{Lit} \cdot y_{it}$$

$$+ k_N \cdot \sum_{i=1}^{I} m_i \cdot \sum_{t=1}^{T} x_{it} - k_N \cdot \sum_{i=1}^{I} m_i \cdot \sum_{t=1}^{T} x_{Uit} + k_U \cdot \sum_{i=1}^{I} m_i \cdot \sum_{t=1}^{T} x_{Uit}$$

Da die Absatzmengen der einzelnen Teilperioden festliegen, Fehlmengen nicht zulässig sind und keine Lagerendbestände über die Sicherheitsbestände hinaus gefordert werden, ist die Gesamtzahl der von dem jeweiligen Erzeugnistyp im Planungszeitraum zu produzierenden Mengeneinheiten unter Beachtung des Lageranfangsbestandes als deterministische Größe gegeben. Zu beeinflussen ist lediglich die zeitliche Verteilung der Produktion über die Teilperioden. Somit gilt:

$$(5.1) \quad \sum_{t=1}^{T} x_{it} = x_i \qquad (i = 1,\ldots,I),$$

wobei die x_i keine Variablen mehr darstellen.

Unter Beachtung dieser Zusammenhänge gilt Zielfunktion (6):

$$(6) \quad \min \sum_{i=1}^{I} k_{Pi} \cdot x_i + \sum_{i=1}^{I} \sum_{t=1}^{T} k_{Lit} \cdot y_{it} + k_N \cdot \sum_{i=1}^{I} m_i \cdot x_i + (k_U - k_N) \cdot \sum_{i=1}^{I} \sum_{t=1}^{T} m_i \cdot x_{Uit}$$

Die Zielfunktionsbestandteile

$$\sum_{i=1}^{I} k_{Pi} \cdot x_i$$

und

$$k_N \cdot \sum_{i=1}^{I} m_i \cdot x_i$$

sind in ihrer Höhe nicht mehr abhängig von den Entscheidungsvariablen des Modells. Sie haben keinen Einfluß auf die Ermittlung der optimalen Lösung und können aus der Zielfunktion eliminiert werden. Daher führt die Zielfunktion (7) zur gleichen optimalen Lösung wie die Zielfunktion (6).

$$(7) \quad \min \sum_{i=1}^{I} \sum_{t=1}^{T} k_{Lit} \cdot y_{it} + (k_U - k_N) \cdot \sum_{i=1}^{I} \sum_{t=1}^{T} m_i \cdot x_{Uit}$$

Unter Beachtung der Bedingungen

$$(7.1) \quad u_t = \sum_{i=1}^{I} m_i \cdot x_{Uit} \qquad (t = 1, \ldots, T)$$

bzw.

$$(7.2) \quad u_{it} = m_i \cdot x_{Uit} \qquad \begin{array}{l} (i = 1,\ldots,I) \\ (t = 1,\ldots,T) \end{array}$$

gilt:

$$(8) \quad \min \sum_{i=1}^{I} \sum_{t=1}^{T} k_{Lit} \cdot y_{it} + (k_U - k_N) \cdot \sum_{i=1}^{I} \sum_{t=1}^{T} u_{it}$$

Sind die Arbeitskosten abhängig von dem jeweils zu bearbeitenden Erzeugnistyp, weist die Zielfunktion folgende Form auf:

$$(9) \quad \min \sum_{i=1}^{I} \sum_{t=1}^{T} (k_{Ui} - k_{Ni}) \cdot u_{it} + \sum_{i=1}^{I} \sum_{t=1}^{T} k_{Lit} \cdot y_{it}$$

Diese Zielfunktion entspricht der auf Seite 70 empfohlenen Zielfunktion.

**Anhang 3: Herleitung der Definitionsgleichungen im Rucksack-
modell auf der zweiten Ebene nach Bitran und Hax**

Unter Vernachlässigung der Nebenbedingungen für die Zulässigkeitsbereiche der Entscheidungsvariablen lautet das Rucksackmodell (vgl. S. 78 ff):

$$(1) \quad \min \sum_{j\varepsilon T_a(i)} \frac{k_{Rj} \cdot h_j^?}{x_j}$$

u.d.N.

$$\sum_{j\varepsilon T_a(i)} x_j = \bar{x}_i$$

Dieses nichtlineare Programm entspricht gemäß des Lagrange-
Ansatzes:

$$(2) \quad \min \sum_{j\varepsilon T_a(i)} \frac{k_{Rj} \cdot h_j^?}{x_j} + \mu \cdot [\bar{x}_i - \sum_{j\varepsilon T_a(i)} x_j]$$

wobei:

μ Lagrangescher Multiplikator.

Die Entscheidungsvariablen in obiger Funktion stellen die
Produktionsmengen der Erzeugnisfamilien x_j und der Lagrange-
sche Multiplikator μ dar. Die partiellen Ableitungen der
Funktion nach den Entscheidungsvariablen sind im Extremum
gleich Null. Die partielle Ableitungen nach x_j ergeben:

$$(3) \quad -\frac{k_{Rj} \cdot h_j^?}{x_j^2} + \mu = 0 \qquad\qquad (j \,\varepsilon\, T_a(i)).$$

Die partiellen Ableitungen nach μ ergeben:

$$(4) \quad \bar{x}_i - \sum_{j \varepsilon T_a(i)} x_j = 0$$

Aus (3) resultieren als Definitionsgleichungen für den La-grangeschen Multiplikator:

$$(5) \quad \mu = \frac{k_{Rj} \cdot h_j^?}{x_j^2} \qquad\qquad (j \ \varepsilon \ T_a(i)).$$

Aus (4) folgt:

$$(6) \quad \bar{x}_i = \sum_{j \varepsilon T_a(i)} x_j.$$

Das Gleichungssystem aus (5) und (6) umfaßt ebensoviele Vari-ablen wie unabhängige Gleichungen und kann dementsprechend gelöst werden.

Wegen (5) gilt für beliebige $j' \ \varepsilon \ T_a(i))$ und $j^\circ \ \varepsilon \ T_a(i)$:

$$(7) \quad (\mu =) \ \frac{k_{Rj'} \cdot h_{j'}^?}{x_{j'}^2} = \frac{k_{Rj^\circ} \cdot h_{j^\circ}^?}{x_{j^\circ}^2}.$$

Ohne Beschränkung der Allgemeinheit sei $T_a(i) = \{1, \ldots, \underline{J}\}$. Dann gilt für alle $j^\circ \ \varepsilon \ T_a(i)/\{1\}$:

$$(8) \quad \frac{k_{R1} \cdot h_1^?}{x_1^2} = \frac{k_{Rj^\circ} \cdot h_{j^\circ}^?}{x_{j^\circ}^2} \qquad\qquad (j^\circ = 2, \ldots, \underline{J})$$

bzw.

$$(9) \quad x_{j^\circ} = \sqrt{\frac{k_{Rj^\circ} \cdot h_{j^\circ}^?}{k_{R1} \cdot h_1^?} \cdot x_1^2} \qquad\qquad (j^\circ = 2,\ldots,\underline{J})$$

(9) in (6) eingesetzt ergibt:

$$(10) \quad \bar{x}_i = x_1 + x_2 + \ldots + x_{\underline{J}}$$

$$= x_1 + \sqrt{\frac{k_{R2} \cdot h_2^?}{k_{R1} \cdot h_1^?} \cdot x_1^2} + \ldots + \sqrt{\frac{k_{R\underline{J}} \cdot h_{\underline{J}}^?}{k_{R1} \cdot h_1^?} \cdot x_1^2}$$

Die Gleichung unter (10) enthält als einzige Variable das x_1. Das Auflösen von (10) ergibt:

$$(11) \quad \bar{x}_i = x_1 + \frac{\sqrt{k_{R2} \cdot h_2^?}}{\sqrt{k_{R1} \cdot h_1^?}} \cdot x_1 + \ldots + \frac{\sqrt{k_{R\underline{J}} \cdot h_{\underline{J}}^?}}{\sqrt{k_{R1} \cdot h_1^?}} \cdot x_1$$

$$= x_1 \cdot \frac{\sum\limits_{j \varepsilon T_a(i)} \sqrt{k_{Rj} \cdot h_j^?}}{\sqrt{k_{R1} \cdot h_1^?}}$$

bzw.

$$(12) \quad x_1 = \bar{x}_i \cdot \frac{\sqrt{k_{R1} \cdot h_1^?}}{\sum\limits_{j \varepsilon T_a(i)} \sqrt{k_{Rj} \cdot h_j^?}} \cdot$$

Die Schritte, wie sie hier ohne Beschränkung der Allgemeinheit zur Bestimmung des x_1 aufgezeigt werden, sind für die
übrigen Erzeugnisfamilien analog durchführbar, so daß allgemein gilt:

$$(13) \quad x_j = \bar{x}_i \cdot \frac{\sqrt{k_{Rj} \cdot h_j^2}}{\sum\limits_{j \varepsilon T_a(i)} \sqrt{k_{Rj} \cdot h_j^2}} \qquad (j \ \varepsilon \ T_a(i))$$

Diese Formeln entsprechen denen auf Seite 82.

Wie diese Herleitung zeigt, werden die Nebenbedingungen, welche die Unter- und Obergrenzen für die Variablen definieren,
nicht beachtet. Sollen diese Nebenbedingungen bei der Entscheidungsfindung berücksichtigt werden, empfiehlt sich die
Verwendung eines Gradientenverfahrens zur Lösung konvexer,
nichtlinearer Programme.

Anhang 4: Auswirkungen einer Rüstzeitverkürzung auf die Kapazitätsbeanspruchung

Wie auf Seite 148 erläutert, gilt i.d.R. für die Kosten eines Rüstvorganges, daß diese Kosten proportional zu der Rüstzeit sind:

$$(1) \quad k_R = \underline{k}_R \cdot r_R$$

    wobei:

        $\underline{k}_R$ Kosten pro Zeiteinheit der Rüstzeit,

        r_R Dauer eines Rüstvorganges in Zeiteinheiten.

Die Losgröße eines Fertigungsauftrages nach der Andler-Formel beträgt somit (vgl. S. 147):

$$(2) \quad x_{opt} = \sqrt{\frac{2 \cdot x_{ges} \cdot \underline{k}_R \cdot r_R}{k_L}} \; .$$

Unterstellt sei nun eine Verkürzung der Rüstzeit mit dem konstanten Faktor c, wobei $0 < c < 1$. Dies führt zu einer neuen Rüstzeit der Dauer $(1 - c) \cdot r_R$. $(1 - c)$ entspricht dem Verhältnis der neuen Rüstzeit zu der alten Rüstzeit. Für die neue optimale Losgröße $x_{opt'}$ nach der Rüstzeitverkürzung gilt:

$$(3) \quad x_{opt'} = \sqrt{\frac{2 \cdot x_{ges} \cdot \underline{k}_R \cdot r_R \cdot (1 - c)}{k_L}}$$

$$= \sqrt{\frac{2 \cdot x_{ges} \cdot \underline{k}_R \cdot r_R}{k_L}} \cdot \sqrt{1 - c}$$

$$= x_{opt} \cdot (1 - c)^{0,5} \; .$$

Die optimale Losgröße nach der Rüstzeitverkürzung ergibt sich somit durch die Multiplikation der bisher optimalen Losgröße (vor der Rüstzeitreduzierung) mit der Wurzel aus dem Verhältnis aus neuer zu alter Rüstzeit.

Der Kapazitätsbedarf vor der Rüstzeitverkürzung beträgt:

$$(4) \quad T_{alt} = r_R \cdot \frac{\bar{x}}{x_{opt}} + r_p \cdot \bar{x}$$

wobei:

r_p Vorgabezeit zur Herstellung einer Mengeneinheit des Erzeugnisses.

Nach der Rüstzeitverkürzung tritt ein Kapazitätsbedarf in Höhe von

$$(5) \quad T_{neu} = (1 - c) \cdot r_R \cdot \frac{\bar{x}}{x_{opt'}} + r_p \cdot \bar{x}$$

auf. Wegen Gleichung (3) entspricht dies:

$$(6) \quad T_{neu} = (1 - c) \cdot r_R \cdot \frac{\bar{x}}{x_{opt} \cdot (1 - c)^{0,5}} + r_p \cdot \bar{x}$$

$$= \frac{(1 - c)}{(1 - c)^{0,5}} \cdot r_R \cdot \frac{\bar{x}}{x_{opt}} + r_p \cdot \bar{x}.$$

Behauptung:

$$(7) \quad T_{neu} < T_{alt}$$

und somit

$$(8) \quad \frac{(1 - c)}{(1 - c)^{0,5}} \cdot r_R \cdot \frac{\bar{x}}{x_{opt}} + r_P \cdot \bar{x} < r_R \cdot \frac{\bar{x}}{x_{opt}} + r_P \cdot \bar{x}.$$

Da der Faktor

$$r_R \cdot \frac{\bar{x}}{x_{opt}}$$

stets possitive Werte annimmt, ist obige Behauptung (7) bzw. (8) richtig, wenn

$$(9) \quad \frac{(1 - c)}{(1 - c)^{0,5}} < 1$$

bzw.

$$(10) \quad (1 - c) < (1 - c)^{0,5} \quad \text{für } 0 < c < 1.$$

Um Aussage (10) zu beweisen, sei folgende Funktion definiert:

$$(11) \quad f(c) = (1 - c)^{0,5} - (1 - c) \quad \text{für } 0 < c < 1.$$

zu zeigen ist, daß die Funktion (11) im angegebenen Bereich stets größer Null ist.

Für c = 0 und für c = 1 nimmt die Funktion jeweils den Wert Null an:

$$(12) \quad f(0) = 0 \text{ und } f(1) = 0.$$

Die erste Ableitung der Funktion nach c lautet:

$$(13) \quad f'(c) = - 0,5 \cdot (1 - c)^{-0,5} + 1,$$

die zweite Ableitung:

$$(14) \quad f''(c) = -\,0,25 \cdot (1 - c)^{-1,5}.$$

Für $0 < c < 1$ ist

$$(15) \quad (1 - c) > 0$$

und somit auch

$$(16) \quad (1 - c)^{-1,5} > 0.$$

Wegen der Multiplikation der possitiven Komponente unter (16) mit einer negativen Komponente, - 0,25, in (14) gilt

$$(17) \quad f''(c) < 0 \text{ für } 0 < c < 1.$$

Die Funktion $f(c)$ ist dementsprechend im Bereich $0 < c < 1$ streng konkav. Da die Funktion $f(c)$ gemäß (12) in den Randpunkten $c = 0$ und $c = 1$ jeweils den Wert Null annimmt, gilt

$$(18) \quad f(c) = (1 - c)^{0,5} - (1 - c) > 0 \text{ für } 0 < c < 1.$$

Somit stimmt die Behauptung (7) ebenso wie die Aussage auf Seite 148.

Abkürzungsverzeichnis

Abb.	Abbildung
bzgl.	bezüglich
bzw.	beziehungsweise
DBW	Die Betriebswirtschaft
d.h.	das heißt
Ed.	Editor
Eds.	Editors
EDV	Elektronische Datenverarbeitung
EJOR	European Journal of Operational Research
et al.	et alii (und andere)
evtl.	eventuell
f	folgende
FAZ	Frankfurter Allgemeine Zeitung
FB/IE	Fortschrittliche Betriebsführung und Industrial Engineering
ff	folgenden
H.	Heft
Hrsg.	Herausgeber
i.d.R.	in der Regel
IE	Industrial Engineering
Int. J. Prod. Res.	International Journal of Production Research
io	Industrielle Organisation (Management Zeitschrift)
JIT	Just-In-Time
km	Kilometer
LAN	Local Area Network
m	Meter
max	maximiere
Max	Maximum
ME	Mengeneinheit
min	minimiere
Min	Minimum
MIT	Massachusetts Institute of Technology
MRP	Material Requirement Planning
MRP II	Manufacturing Resource Planning
No.	Number

OR	Operations Research
o.O.	ohne Ort
o.S.	ohne Seiten
PPS	Produktionsplanung und -steuerung
PROMOS	Produktionsplanungs-Modellgenerator-System
PYMAC	Pan Yamaha Manufacturing Control
RKW	Rationalisierungs-Kuratorium der Deutschen Wirtschaft
ROT	Run Out Time
S.	Seite
u.d.N.	unter den Nebenbedingungen
u.U.	unter Umständen
vgl.	vergleiche
VDI	Verein Deutscher Ingenieure
VDI-Z	VDI-Zeitschrift
Vol.	Volume
WiSt	Wirtschaftswissenchaftliches Studium
WISU	Wirtschaftsstudium
z.B.	zum Beispiel
ZE	Zeiteinheit
ZfB	Zeitschrift für Betriebswirtschaft
ZfbF	Zeitschrift für betriebswirtschaftliche Forschung
ZfhF	Zeitschrift für handelswissenschaftliche Forschung
ZOR	Zeitschrift für Operations Research
ZwF	Zeitschrift für wirtschaftliche Fertigung

Abbildungsverzeichnis

Teil I:

Abb. 1.01: Vereinfachte Systematik der betrieblichen Teilpläne   7

Abb. 1.02: Planungshierarchie nach Anthony   11

Abb. 1.03: Systematik der betrieblichen Teilpläne   13

Abb. 1.04: Produktionsplanung und -steuerung bei
zentraler Kapazitätsterminierung   18

Abb. 1.05: Produktionsplanung und -steuerung bei dezentraler Kapazitätsterminierung   22

Abb. 1.06: Sukzessive Produktionsplanung nach Sutter   30

Abb. 1.07: Verdichtete Primärbedarfsplanung mit PRO-
MOS   33

Abb. 1.08: Entwicklung einer hierarchischen Unternehmungsplanung   34

Teil II:

Abb. 2.01: Sachlich-vertikale Dekomposition   39

Abb. 2.02: Sachlich-horizontale Dekomposition   40

Abb. 2.03: Sachlich-horizontale Dekomposition mit
Koordinationsebene   41

Abb. 2.04: Beispiel einer sachlich-vertikalen Dekomposition mit integrierter sachlich-horizontaler Dekomposition   43

Abb. 2.05: Graphische Darstellung einer perfekten
Aggregation und Disaggregation   46

Abb. 2.06: Graphische Darstellung einer approximativen Aggregation und Disaggregation   47

Abb. 2.07: Vereinfachtes Schema einer Produkthierarchie für Autoreifen   50

Abb. 2.08: Ablaufschema der hierarchischen Planung
nach Hax et al.   54

Abb. 2.09: Integration einer Vorlaufzeit L in die
Planung   59

Teil III:

Abb. 3.01: Die zwei Säulen des Toyota-Produktionssystems — 125

Abb. 3.02: Absatzpreiskalkulation mittels Soll-Deckungsbeiträgen — 126

Abb. 3.03: Kostenkalkulation unter Konkurrenzdruck — 126

Abb. 3.04: Dezentrale Fertigungssteuerung mit KANBAN — 130

Abb. 3.05: Synchronfertigung — 131

Abb. 3.06: Produktionskanban — 132

Abb. 3.07: Transportkanban — 133

Abb. 3.08: Informations- und Behälterfluß zwischen zwei Fertigungsstellen in KANBAN-gesteuerten Produktionssystemen — 135

Abb. 3.09: Regelkreismodell zur KANBAN-Steuerung zwischen zwei Fertigungsstellen — 138

Abb. 3.10: Informations- und Behälterfluß zwischen zwei Fertigungsstellen in einem Ein-Karten-System mit Produktionskanbans — 140

Abb. 3.11: Produktionsprogrammplanung bei Toyota — 158

Abb. 3.12: Planung und Steuerung mittels MRP II und mittels KANBAN — 160

Abb. 3.13: KANBAN-Steuerung mit Fortschrittszahlen — 162

Teil IV:

Abb. 4.01: Produktionsbereich als Black box — 171

Abb. 4.02: Planung und Steuerung mittels einer hierarchischen Produktionsplanung und mittels KANBAN — 172

Abb. 4.03: Regelkreissystem einer integrierten Produktionsplanung und -steuerung mittels hierarchischer Produktionsplanung und KANBAN — 174

Abb. 4.04: Hierarchische Produktionsplanung für Enderzeugnisse und Beschaffungsplanung der Fremdbezugsteile — 247

1. Indizes

$F(j)$	Indexmenge aller Einzelerzeugnisse k, die zu Familie j zusammengefaßt sind,
g	Index zur Kennzeichnung der Reihenfolge,
i	Index zur Kennzeichnung der Erzeugnistypen $(i = 1,\ldots,I)$,
j	Index zur Kennzeichnung der Erzeugnisfamilien $(j \in T(i))$,
k	Index zur Kennzeichnung der Enderzeugnisse $(k \in F(j))$,
k'	Hilfsindex für Enderzeugnisse $k' \in F(j)$,
l	Index zur Kennzeichnung der Teilperioden $(l = 1,\ldots,L)$,
l'	Hilfsindex zur Kennzeichnung der Teilperioden,
L	Anzahl der Teilperioden in der Vorlaufzeit,
L^*	Hilfsindex zur Kennzeichnung einer Teilperiode $L^* \leq L$,
m	Index zur Kennzeichnung der Fabrikstandorte $(m = 1,\ldots,M)$,
n	Index zur Kennzeichnung der Absatzorte, die mit den Standorten der Fabriken übereinstimmen $(n = 1,\ldots,M)$,
q	Index zur Kennzeichnung einzelner Betriebsmittel $(q = 1,\ldots,Q)$,
r	Index zur Kennzeichnung der Teilperioden $(r = 1,\ldots,R)$,
r'	Hilfsindex zur Kennzeichnung der Teilperioden,
s	Index zur Kennzeichnung der Fertigungssysteme $(s = 1,\ldots,S)$,
t	Index zur Kennzeichnung der Teilperioden $(t = 1,\ldots,T)$,
t'	Hilfsindex zur Kennzeichnung der Teilperioden,
$T(i)$	Indexmenge aller Erzeugnisfamilien j, die dem Erzeugnistyp i angehören,
$T_a(i)$	Indexmenge aller aufzulegenden Erzeugnisfamilien j, die zu Typ i zusammengefaßt sind,

$T_a(i,t)$ Indexmenge aller in Teilperiode t aufzulegenden Erzeugnisfamilien j, die dem Erzeugnistyp i angehören,

T^* Hilfsindex zur Kennzeichnung einer Teilperiode $T^* \leq T$.

2. Kleine Buchstaben:

a_{it} Absatzmenge des Erzeugnistyps i in der Teilperiode t in Mengeneinheiten,

a_{jl} Absatzmenge der Erzeugnisfamilie j in der Teilperiode l in Mengeneinheiten,

a_{pit} Planabsatzmenge des Enderzeugnistyps i in der Teilperiode t, die nicht durch Kundenaufträge sichergestellt ist,

a_{pjl} Planabsatzmenge der Enderzeugnisfamilie j in der Teilperiode l, die nicht durch Kundenaufträge sichergestellt ist,

b_{ii° Produktionskoeffizient - Menge des Teiletyps i°, die zur Erstellung einer Mengeneinheit des Enderzeugnistyps i benötigt wird,

$b_{iji^\circ k^\circ}$ Produktionskoeffizient - Menge des Vorproduktes k° (das zu Typ i° gehört), welche in eine Mengeneinheit der Enderzeugnisfamilie j eingeht (die zum Typ i gehört),

c   Konstante,

g_{jk° Gesamtbedarf an Vorprodukt k° zur Erstellung einer Mengeneinheit der Erzeugnisfamilie j,

h_{it} effektiver Bedarf an Erzeugnistyp i in der Teilperiode t,

h_j effektiver Bedarf an Erzeugnisfamilie j,

$h_j^?$ siehe Erläuterungen auf Seite 77,

h_{jt} effektiver Bedarf an Erzeugnisfamilie j in Teilperiode t,

h_{jt} prognostizierter Bedarf an Familie j in Teilperiode t,

$\tilde{h}_{jt}$ — Bedarf an der in Teilperiode t aufzulegenden Familie j, der während der ROT des zugehörigen Erzeugnistyps auftritt,

h_k — prognostizierter Bedarf an Einzelerzeugnis k,

$\tilde{h}_k$ — Bedarf an Einzelerzeugnis k, der während der ROT des zugehörigen Erzeugnistyps auftritt,

h_{kj} — Bedarf an Einzelerzeugnis k, das zur Erzeugnisfamilie j gehört,

h_{kt} — Bedarf an Einzelerzeugnis k in Teilperiode t,

h_n — Bedarf an der betrachteten Familie am Standort n,

k_{Fit} — proportionale Fehlmengenkosten einer Mengeneinheit des Erzeugnistyps i in Teilperiode t,

k_L — Lagerstückkosten bezogen auf den Planungszeitraum,

k_{Lit} — Lagerkosten pro Einheit des Erzeugnistyps i in Teilperiode t (Teil II),

k_{Lit} — proportionale Lagerkosten der Standardmenge des Erzeugnistyps i in der Teilperiode t (Teil IV),

k_{Ljl} — proportionale Lagerkosten der Standardmenge der Erzeugnisfamilie j in der Teilperiode l,

k_{mn} — Stückkosten, die entstehen, wenn die betrachtete Familie in der Fabrik m produziert wird, um einen Bedarf zu decken, der im Einzugsbereich der Fabrik n auftritt,

k_{Ni} — Kosten pro Zeiteinheit der Normalarbeitszeit, wenn Erzeugnistyp i produziert wird,

k_{Nt} — Kosten pro Zeiteinheit der Normalarbeitszeit,

k_{Pit} — Produktionsstückkosten für Typ i in Teilperiode t ohne Personalkosten (Teil II),

k_{Pit} — proportionale Produktionskosten der Standardmenge des Erzeugnistyps i in der Teilperiode t ohne Personalkosten (Teil IV),

k_R — Kosten eines Rüstvorganges,

$\underline{k}_R$ — Kosten pro Zeiteinheit der Rüstzeit,

k_{Rj} — Kosten eines Rüstvorganges für Familie j,

k_{Rk} — Kosten eines Rüstvorganges für Einzelerzeugnis k,

k_{Ui} — Personalkosten pro Zeiteinheit der Mehrarbeitszeit, wenn Erzeugnistyp i produziert wird,

k_{Uit} Personalkosten pro Zeiteinheit der Mehrarbeitszeit in Teilperiode t, wenn Erzeugnistyp i produziert wird,

k_{Ut} Personalkosten pro Zeiteinheit der Mehrarbeitszeit (Überstunden, Zusatz- oder Wochenendschichten) in der Teilperiode t,

l_i Lagerinanspruchnahme durch einen Behälter des Erzeugnistyps i,

m_i Vorgabezeit für Erzeugnistyp i (reziproker Wert der Produktionsrate) [ZE/ME],

n_{it} Normalarbeitszeit in Teilperiode t um Erzeugnisfamilie i zu produzieren,

n_t Normalarbeitszeit in Teilperiode t (Teil II),

n_t Binärvariable, die den Wert 1 annimmt, wenn in der Teilperiode t Normalarbeit zugrundegelegt wird (Teil IV),

o_{it} Fehlmengen des Erzeugnistyps i in der Teilperiode t in Mengeneinheiten,

p_{it} Planabsatzerlös im Sinne des durchschnittlich zu erwartenden Absatzpreises für eine Mengeneinheit des Erzeugnistyps i in der Teilperiode t (eventuell korrigiert um absatzmengenproportionale Vertriebs- und Verwaltungskosten),

p_{jt} Planabsatzerlös im Sinne des durchschnittlich zu erwartenden Absatzpreises für eine Mengeneinheit der Erzeugnisfamilie j in der Teilperiode l (eventuell korrigiert um absatzmengenproportionale Vertriebs- und Verwaltungskosten),

r_i Produktionsrate des Types i [ME/ZE],

r_{Mits} Vorgabezeit in Zeiteinheiten pro Mengeneinheit des Erzeugnistyps i in Teilperiode t auf dem Fertigungssystem s (Maschinenlaufzeit),

r_{Mjlq} Vorgabezeit in Zeiteinheiten pro Mengeneinheit der Erzeugnisfamilie j in der Teilperiode l an Betriebsmittel q,

r_P Vorgabezeit zur Herstellung einer Mengeneinheit eines Erzeugnisses,

r_{Pit} Vorgabezeit zur Herstellung einer Mengeneinheit des Erzeugnistyps i in der Teilperiode t (bezogen auf menschliche Arbeit),

r_R Dauer eines Rüstvorganges in Zeiteinheiten,

u_{it} Mehrarbeitszeit in Teilperiode t, um Erzeugnistyp i zu produzieren,

u_t Mehrarbeitszeit in Teilperiode t,

v_1, v_2, v_3 beliebige Variablen,

w_t Binärvariable, die den Wert 1 annimmt, wenn in der Teilperiode t Kurzarbeit zugrundegelegt wird,

x_{ges} Gesamtbedarfsmenge im Planungszeitraum,

x_{it} Produktionsmenge von Typ i in Teilperiode t (Teil II),

x_{it} Anzahl der produzierten Standardmengen des Erzeugnistyps i in der Teilperiode t (Teil IV),

$\bar{x}_i$ vorgegebene Produktionsmenge des Erzeugnistyps i, als Ergebnis der Planungsebene I,

$\bar{x}_{it}$ aus der ersten Planungsebene vorgegebene Produktionsmenge des Erzeugnistyps i in der Teilperiode t,

x_j Losgröße der Erzeugnisfamilie j,

$\bar{x}_j$ aus Ebene II vorgegebene Losgröße der Familie j,

x_j^v Vorläufige Losgröße der Familie j,

x_j^* optimale Losgröße der Erzeugnisfamilie j,

x_{jg} Losgröße der Familie j, die in der Reihenfolge an Stelle g steht,

x_{jg}^v vorläufige Losgröße der Familie j, die in der Reihenfolge an Stelle g steht,

x_{jl} Anzahl der produzierten Standardmengen der Erzeugnisfamilie j in der Teilperiode l,

$\bar{x}_{jl}$ aus der zweiten Planungsebene vorgegebene Produktionsmenge der Erzeugnisfamilie j in der Teilperiode l,

$\bar{x}_{jm}$ Produktionsmenge der Erzeugnisfamilie j in Fabrik m,

x_{jt} Produktionsmenge der Erzeugnisfamilie j in Teilperiode t,

x_k Produktionsmenge des Einzelerzeugnisses k,

x_k^* Basislosgröße (optimale Losgröße) des Einzelerzeugnisses k,

x_k^v vorläufige Produktionsmenge des Einzelerzeugnisses k,

x_{kr} Anzahl der produzierten Standardmengen des Enderzeugnisses k in der Teilperiode r,

x_{Maxj} maximale Losgröße der Erzeugnisfamilie j,

x_{Maxk} maximale Produktionsmenge des Erzeugnisses k,

x_{Minj} minimale Losgröße der Erzeugnisfamilie j,

x_{mn} Menge, die von der betrachteten Familie in Fabrik m produziert wird, um Bedarfe zu decken, die im Einzugsbereich der Fabrik n auftreten,

x_{opt} kostenoptimale Losgröße,

x_{Nit} Menge des Erzeugnistyps i, die in Teilperiode t während der Normalarbeitszeit produziert wird,

x_{Uit} Menge des Erzeugnistyps i, die in Teilperiode t während der Mehrarbeitszeit produziert wird,

y_{it} Lagerendbestand von Typ i in Teilperiode t (Teil II),

y_{it} Anzahl der am Ende der Teilperiode t eingelagerten vollen Behälter des Erzeugnistyps i (Teil IV),

$\bar{y}_{it}$ aus der ersten Planungsebene vorgegebener Lagerendbestand des Erzeugnistyps i in der Teilperiode t,

y_{jl} Anzahl der am Ende der Teilperiode l eingelagerten vollen Behälter der Erzeugnisfamilie j,

$\bar{y}_{jl}$ aus der zweiten Planungsebene vorgegebener Lagerendbestand der Erzeugnisfamilie j in der Teilperiode l,

y_{kr} Anzahl der am Ende der Teilperiode r eingelagerten vollen Behälter des Enderzeugnisses k,

y_{Maxj} maximaler Lagerendbestand der Erzeugnisfamilie j in der Teilperiode l,

$$z_{jc} = \begin{cases} 1, & \text{wenn in Fertigungsstelle c die Enderzeugnisfamilie j gefertigt wird,} \\ 0, & \text{wenn in Fertigungsstelle c die Enderzeugnisfamilie j nicht gefertigt wird,} \end{cases}$$

$$
z_m \quad = \quad \begin{cases} 1, \text{ wenn in Fabrik m die betrachtete Familie} \\ \quad \text{produziert wird,} \\ 0, \text{ wenn in Fabrik m die betrachtete Familie} \\ \quad \text{nicht produziert wird.} \end{cases}
$$

3. Große Buchstaben:

A_{Bit} Absatzmenge des Enderzeugnistyps i, die aufgrund fest eingegangener und den Kunden zugesagter Aufträge in der Teilperiode t bereitzustellen ist,

A_{Bjl} Absatzmenge der Enderzeugnisfamilie j, die aufgrund fester Kundenbestellungen in der Teilperiode l bereitzustellen ist,

A_{Bkr} Absatzmenge des Enderzeugnisses k, die aufgrund fester Kundenbestellungen in der Teilperiode r bereitzustellen ist,

A_{it} Absatzhöchstmenge des Erzeugnistyps i in der Teilperiode t,

A_{jl} Absatzhöchstmenge der Erzeugnisfamilie j in der Teilperiode l,

$\underline{A}_{jt}$ Absatzhöchstmenge der Erzeugnisfamilie j in der Teilperiode t,

$\underline{A}_{kl}$ Absatzhöchstmenge des Enderzeugnisses k in der Teilperiode l,

A_{kr} Absatzmenge des Enderzeugnisse k in der Teilperiode r,

A_{Pit} Menge des Enderzeugnistyps i, die aufgrund prognostizierter Absatzmengen über die festen Kundenbestellungen hinaus in der Teilperiode t absetzbar ist,

A_{Pjl} Menge der Enderzeugnisfamilie j, die aufgrund prognostizierter Absatzmengen über die festen Kundenbestellungen hinaus in der Teilperiode l absetzbar ist,

A_{Pkr} Menge des Enderzeugnisses k, die aufgrund prognostizierter Absatzmengen über die festen Kundenbestellungen hinaus in der Teilperiode r absetzbar ist,

BR   Bedarfsrate [ME/ZE],

$BR_{k°c}$ Bedarfsrate des Vorproduktes k° in der Fertigungsstelle c im Planungsmonat,

$BR_{k°lc}$ Bedarfsrate des Vorproduktes k° in der Fertigungsstelle c in Teilperiode l,

F_{it} maximal zulässiger Anteil der Fehlmenge an der Absatzhöchstmenge des Erzeugnistyps i in der Teilperiode t,

F_{jl} maximal zulässiger Anteil der Fehlmenge an der Absatzhöchstmenge der Erzeugnisfamilie j in der Teilperiode l,

F_{jt} maximal zulässiger Anteil der Fehlmenge an der Absatzhöchstmenge der Erzeugnisfamilie j in der Teilperiode t,

F_{kl} maximal zulässiger Anteil der Fehlmenge an der Absatzhöchstmenge des Enderzeugnisses k in der Teilperiode l,

H_i Lagerhöchstmenge des Erzeugnistyps i,

H_j Lagerhöchstmenge der Erzeugnisfamilie j,

H_{jt} Lagerhöchstmenge der Erzeugnisfamilie j in Teilperiode t,

H_k Lagerhöchstmenge des Erzeugnisses k,

H_{kt} Lagerhöchstmenge des Erzeugnisses k in Teilperiode t,

K_m (fixe) Kosten, die entstehen, wenn die betrachtete Familie in der Fabrik m aufgelegt wird,

K_{Nt} Personalkosten in Teilperiode t, wenn in dieser Teilperiode die normale Arbeitszeit zugrunde gelegt wird,

K_{Wt} Personalkosten in Teilperiode t, wenn in dieser Teilperiode Kurzarbeit zugrunde gelegt wird,

LAR   Lagerabgangsrate [Behälter/ZE],

$LAR_{k°}$ Lagerabgangsrate des Vorproduktes k° im Planungsmonat [Behälter/ZE],

$LAR_{k°l}$ Lagerabgangsrate des Vorproduktes k° in Teilperiode l [Behälter/ZE],

L_j Lageranfangsbestand der Erzeugnisfamilie j zu Beginn des Planungszeitraumes,

L_{jt} — Lageranfangsbestand der Erzeugnisfamilie j in Teilperiode t,

L_k — Lageranfangsbestand des Einzelerzeugnisses k zu Beginn des Planungszeitraumes,

L_{kj} — Lageranfangsbestand des Einzelerzeugnisses k, das zu j gehört,

L_{kt} — Lageranfangsbestand des Einzelerzeugnisses k in Teilperiode t,

L_t — Lagerkapazität, die in Teilperiode t zur Verfügung steht,

M — Standardmenge je Produktions- oder Transportkanban,

M_i — Standardmenge des Enderzeugnistyps i, die einem Produktions- oder Transportkanban zugeordnet ist und dem Inhalt eines Standardbehälters entspricht,

M_{k° — Standardmenge des Vorproduktes k°,

N_0 — Menge der natürlichen Zahlen und der Null,

N_t — Normalarbeitszeit in Zeiteinheiten, die in der Teilperiode t zur Verfügung steht,

PDZ — Plandurchlaufzeit,

PDZ_{k° — Plandurchlaufzeit einer Standardmenge des Vorproduktes k°,

PK — Anzahl an Produktionskanbans,

PK_{k° — Anzahl der im Planungsmonat einzusetzenden Produktionskanbans für Vorprodukt k°,

$PK_{k^\circ l}$ — Anzahl der Produktionskanbans des Vorproduktes k° in der Teilperiode l,

PWZ — Planwiederbeschaffungszeit,

ROT_j — Run Out Time der Erzeugnisfamilie j,

ROT_{jg} — Run Out Time der Familie j, die an der Ordnungsstelle g steht,

S_i — Sicherheitsbestand des Erzeugnistyps i,

S_{it} — Sicherheitsbestand des Erzeugnistyps i in Teilperiode t,

S_j — Sicherheitsbestand der Erzeugnisfamilie j,

S_{jt} — Sicherheitsbestand der Erzeugnisfamilie j in Teilperiode t,

S_k — Sicherheitsbestand des Einzelerzeugnisses k,

S_{kj}	Sicherheitsbestand des Einzelerzeugnisses k, das zu Familie j gehört,
S_{kt}	Sicherheitsbestand des Einzelerzeugnisses k in Teilperiode t,
TK	Anzahl an Transportkanbans,
$TK_{k°c}$	Anzahl der im Planungsmonat einzusetzenden Transportkanbans für das Vorprodukt k° bezüglich Fertigungsstelle c,
$TK_{k°1c}$	Anzahl der Transportkanbans des Vorproduktes k° in Fertigungsstelle c in Teilperiode 1,
TL	Teilperiodenlänge [ZE],
TL_1	Länge der Teilperiode 1 [ZE],
T_{1q}	Fertigungskapazität in Zeiteinheiten, die in der Teilperiode 1 vom Betriebsmittel q zur Verfügung steht,
T_{ts}	Fertigungskapazität in Zeiteinheiten, die in der Teilperiode t im Fertigungssystem s zur Verfügung steht,
U_{Nt}	maximal zulässige Mehrarbeitszeit in Zeiteinheiten, wenn in der Teilperiode t die tarifliche Normalarbeitszeit gilt,
U_t	Mehrarbeitszeit in Zeiteinheiten, die in der Teilperiode t zur Verfügung steht,
U_{Wt}	maximal zulässige Mehrarbeitszeit in Zeiteinheiten, wenn in der Teilperiode t Kurzarbeit gefahren wird,
$WBZ_{k°c}$	Wiederbeschaffungszeit einer Standardmenge des Vorproduktes k° in der Fertigungsstelle c,
W_t	Kurzarbeitszeit in Zeiteinheiten, die in der Teilperiode t zur Verfügung steht.

4. Sonderzeichen:

°	Kennzeichen für Vorprodukte,
μ	Lagrangescher Multiplikator.

Literaturverzeichnis

Adam, D. (1963): Simultane Ablauf- und Programmplanung bei Sortenfertigung mit ganzzahliger linearer Programmierung. In: ZfB 33 (1963), H. 4, S. 233-245.

Adam, D. (1969): Produktionsplanung bei Sortenfertigung. Wiesbaden 1969.

Adam, D. (1987): Ansätze zu einem integrierten Konzept der Fertigungssteuerung bei Werkstattfertigung. In: Adam, D. (Hrsg.): Neuere Entwicklungen in der Produktions- und Investitionspolitik. Wiesbaden 1987, S. 17-52.

Adam, D. (1988): Aufbau und Eignung klassischer PPS-Systeme. In: Adam, D. (Hrsg.): Fertigungssteuerung I. Grundlagen der Produktionsplanung und -steuerung. Wiesbaden 1988, S. 5-21.

Albach, H. (1963): Investitionsentscheidungen im Mehrproduktunternehmen. In: Angermann, A. (Hrsg.): Betriebsführung und Operations Research. Frankfurt 1963, S. 24-48.

Andersson, H., Axsäter, S. and Jönsson, H. (1981): Hierarchical material requirements planning. In: Int. J. Prod. Res., 1981, Vol. 19, No. 1, S. 45-57.

Andersson, H., Jönsson, H. and Axsäter, S. (1980): A Simulation Study of Hierarchical Production-Inventory Control. In: OR Spektrum 2 (1980), S. 79-89.

Anthony, R.N. (1965): Planning and Control Systems. A Framework for Analysis. Boston 1965.

Axsäter, S. (1979): Aggregation of Product Data. In: Oettli, W. and Steffens, F. (Eds.): III. Symposium on Operations Research. Königstein im Taunus 1979, S. 29-48.

Axsäter, S. (1981): Aggregation of Product Data for Hierarchical Production Planning. In: Operations Research, Vol. 29, No. 4, 1981, S. 744-756.

Axsäter, S. and Jönsson, H. (1984): Aggregation and disaggregation in hierarchical production planning. In: EJOR 17 (1984), S. 338-350.

Beste, T. (1938): Die Produktionsplanung. In: ZfhF 32 (1938), H. VIII./IX., S. 345-371.

Bitran, G.R. and Chang, L. (1987): A mathematical programming approach to a deterministic Kanban system. In: Management Science, Vol. 33, No. 4, April 1987, S. 427-441.

Bitran, G.R. and Hax, A.C. (1977): On the Design of Hierarchical Production Planning Systems. In: Decision Sciences, Vol. 8 (1977), S. 28-55.

Bitran, G.R. and Hax, A.C. (1981): Disaggregation and Resource Allocation Using Convex Knapsack Problems with Bounded Variables. In: Management Science, Vol. 27, No. 4, 1981, S. 431-441.

Bitran, G.R. and von Ellenrieder, A.R. (1979): A hierarchical approach for the planning of a complex production system. In: Ritzman, L.P., Krajewski, L.J., Berry, W.L., Goodman, S.H., Harry, S.T. and Vitt, L.D. (Eds.): Disaggregation problems in manufacturing and service organization. Boston-The Hague-London 1979, S. 107-125.

Bitran, G.R., Haas, E.A. and Hax, A.C. (1981): Hierarchical Production Planning: A Single Stage System. In: Operations Research, Vol. 29, No. 4, 1981, S. 716-743.

Bitran, G.R., Haas, E.A. and Hax, A.C. (1982): Hierarchical Production Planning: A Two-Stage System. In: Operations Research, Vol. 30, No. 2, 1982, S. 232-251.

Bühner, R. (1987): Personal und Arbeitsorganisation bei Just-In-Time. In: Wildemann, H. (Hrsg.): Just-In-Time. Produktion + Zulieferung. Band 1. München 1987, S. 109-125.

Busse von Colbe, W. und Laßmann, G. (1988): Betriebswirtschaftstheorie. Band 1. Grundlagen, Produktions- und Kostentheorie. 4. Auflage, Berlin-Heidelberg-New York-London-Paris-Tokyo 1988.

Chaudhury, A. and Whinston, A.B. (1990): Towards an adaptive Kanban system. In: Int. J. Prod. Res., 1990, Vol. 28, No. 3, S: 437-458.

Chen, J. und Geitner, U.W. (1991): PPS-Marktübersicht 1991. In: FB/IE 40 (1991) 4, S. 148-158.

Cure, K. (1988): A British Trade Union View on Organisation and JIT in the United Kingdom. In: Holl, U. and Trevor, M. (Eds.): Just-In-Time Systems and Euro-Japanese Industrial Collaboration. Frankfurt 1988, S. 57-62.

Dantzig, G.B. (1966): Lineare Programmierung und Erweiterungen. Berlin-Heidelberg-New York 1966.

Dantzig, G.B. and Wolfe, P. (1960): Decomposition Principle for Linear Programs. In: Operations Research, Vol. 8, No. 1, 1960, S. 101-111.

Deleersnyder, J.-L., Hodgson, T.J., Muller (-Malek), H. and O'Grady, P.J. (1989): Kanban controlled Pull Systems: An analytic Approach. In: Management Science, Vol. 55, No. 9, September 1989, S. 1079-1091.

Dempster, M.A.H., Fisher, M.L., Jansen, L., Lageweg, B.J., Lenstra, J.K. and Rinnooy Kan, A.H.O. (1981): Analytical Evaluation of Hierarchical Planning Systems. In: Operations Research, Vol. 29, No. 4, 1981, S. 707-716.

Dinkelbach, W. (1964): Zum Problem der Produktionsplanung in Ein- und Mehrproduktunternehmen. Würzburg-Wien 1964.

Dinkelbach, W. (1969): Sensitivitätsanalysen und parametrische Programmierung. Berlin-Heidelberg-New York 1969.

Dinkelbach, W. (1978): Ziele, Zielvariablen und Zielfunktionen. In: DBW 38 (1978) 1, S. 51-58.

Dinkelbach, W. (1981): Input-Output-Analysen. In: Kosiol, E., Chmielewicz, K. und Schweitzer, M. (Hrsg.): Handwörterbuch des Rechnungswesens. 2. Auflage, Stuttgart 1981, Sp. 749-761.

Dinkelbach, W. (1982): Entscheidungmodelle. Berlin-New York 1982.

Dinkelbach, W. und Hax, H. (1962): Die Anwendbarkeit der gemischt ganzzahligen Programmierung auf betriebswirtschaftliche Entscheidungsprobleme. In: ZfhF 14 (1962), S. 179-196.

Dinkelbach, W. und Lorscheider, U. (1990): Entscheidungmodelle und lineare Programmierung: Übungsbuch zur Betriebswirtschaftslehre. 2. Auflage, München-Wien 1990.

Dinkelbach, W. und Rosenberg, O. (1976): Zielarten und Zielsysteme bei divergierenden Faktorinteressen. In: Albach, H. und Sadowski, D. (Hrsg.): Die Bedeutung gesellschaftlicher Veränderungen für die Willensbildung im Unternehmen. Berlin 1976, S. 813-835.

Dolecalek, C. und Ropohl, G. (1970): Flexible Fertigungssysteme, die Zukunft der Fertigungstechnik. In: Werkstatttechnik 60 (1970) 8, S. 446-451.

Dorninger, C., Janschek, O., Olearczick, E. und Röhrenbacher, H. (1990): PPS. Produktionsplanung und -steuerung. Wien 1990.

Fandel, G. and François, P. (1988): Rational Material Flow Planning with MRP and Kanban. In: Fandel, G., Dyckhoff, H. and Reese, J. (Eds.): Production Theory and Planning. Berlin-Heidelberg-New York-London-Paris-Tokyo 1988, S. 43-65.

Fandel, G. und François, P. (1989): Just-In-Time-Produktion und -Beschaffung. Funktionsweise, Einsatzvoraussetzungen und Grenzen. In: ZfB 59 (1989), H. 5, S. 531-544.

Freimuth, J. (1987): JIT und die neue Arbeitskultur. In: FB/IE 36 (1987) 2, S. 59-62.

Gal, T. (1989): Lineare Optimierung. In: Gal, T. (Hrsg.): Grundlagen des Operations Research 1. 2. Auflage, Berlin-Heidelberg-New York-London-Paris-Tokyo 1989, S. 56-254.

Gälweiler, A. (1974): Unternehmensplanung. Grundlagen und Praxis. Frankfurt a.M. 1974.

Glaser, H. (1986a): Computergestützte Verfahren der Materialdisposition. In: WISU 10/86, S. 486-492.

Glaser, H. (1986b): Material- und Produktionswirtschaft. Düsseldorf 1986.

Glaser, H. (1987): Computergestützte Verfahren zur Grobterminierung von Fertigungsaufträgen. In: WISU 4/87, S. 200-205.

Glaser, H. (1989): Zum betriebswirtschaftlichen Gehalt von PPS-Systemen. In: Scheer, A.-W. (Hrsg.): Rechnungswesen und EDV. 10. Saarbrücker Arbeitstagung 1989. Heidelberg 1989, S. 343-369.

Glaser, H., Geiger, W. und Rohde, V. (1989): Computergestützte Produktionsplanung und -steuerung in der mittelständischen Industrie - Eine empirische Studie. In: Böhler, H., Glaser, H., Schmidt, K.G., Sigloch, J. und Wossidlo, P.R. (Hrsg.): Mittelstand und Betriebswirtschaft, Band 5, Bayreuth 1989, S. 27-54.

Glaser, H., Geiger, W. und Rohde, V. (1991): PPS - Produktionsplanung und -steuerung. Grundlagen - Konzepte - Anwendungen. Wiesbaden 1991.

Gottwald, M.K. (1982): Produktionssteuerung mit Fortschrittszahlen. In: Gesellschaft für Management und Technologie mbH (Hrsg.): Neue PPS-Lösungen, 12./13. Oktober 1982, München 1982, o.S..

Gupta, Y.Z. and Gupta, M. (1989a): A system dynamics modell of a JIT-kanban system. In: Engineering Costs and Production Economics, 18 (1989), S. 117-130.

Gupta, Y.Z. and Gupta, M.C. (1989b): A system dynamics modell for a multi-stage multi-line dual-card JIT-kanban system. In: Int. J. Prod. Res., 1989, Vol. 27, No. 2, S. 309-352.

Gutenberg, E. (1964): Vorwort. In: Dinkelbach, W.: Zum Problem der Produktionsplanung in Ein- und Mehrproduktunternehmen. Würzburg-Wien 1964, S. 5.

Gutenberg, E. (1983): Grundlagen der Betriebswirtschaftslehre. Band I: Die Produktion. 24. Auflage, Berlin-Heidelberg-New York 1983.

Gutenberg, E. (1984): Grundlagen der Betriebswirtschaftslehre. Band II: Der Absatz. 17. Auflage, Berlin-Heidelberg-New York-Tokyo 1984.

Gutenberg, E. (1987): Grundlagen der Betriebswirtschaftslehre. Band III: Die Finanzen. Unveränderter Nachdruck der 8. Auflage, Berlin-Heidelberg-New York 1987.

Hackstein, R. (1989): Produktionsplanung und -steuerung (PPS). Ein Handbuch für die Betriebspraxis. 2. Auflage, Düsseldorf 1989.

Hahn, D. (1985): Planungs- und Kontrollrechnung - PuK. 3. Auflage, Wiesbaden 1985.

Hall, R.W. (1981): Driving the Productivity Machine. Production Planning and Control in Japan. O.O. 1981.

Hammer, R.M. (1988): Unternehmungsplanung. 2. Auflage, München-Wien 1988.

Hax, A.C. (1977): Hierarchical Planning Systems - A Production Application. In: Plötzeneder, H.D. (Hrsg.): Computergestützte Unternehmensplanung. Computer Assisted Corporate Planning. Stuttgart 1977, S. 103-136.

Hax, A.C. and Candea, D. (1984): Production and Inventory Management. Englewood Cliffs 1984.

Hax, A.C. and Golovin, J.J. (1978): Hierarchical Production Planning Systems. In: Hax, A.C. (Ed.): Studies in Operations Management. Amsterdam-New York-Oxford 1978, S. 400-428.

Hax, A.C. and Meal, H.C. (1975): Hierarchical Integration of Production Planning and Scheduling. In: Geisler, M.A. (Ed.): Logistics. TIMS Studies in the Management Sciences. Amsterdam-Oxford 1975, S. 53-69.

Hax, H. (1967): Bewertungsprobleme bei der Formulierung von Zielfunktionen für Entscheidungsmodelle. In: ZfbF 19 (1967), S. 749-761.

Hay, E.J. (1988): The Just-In-Time Breakthrough. New York-Chichester-Brisbane-Toronto-Singapore 1988.

Heinemeyer, W. (1988a): Die Planung und Steuerung des logistischen Prozesses mit Fortschrittszahlen. In: Adam, D. (Hrsg.): Fertigunssteuerung II. Systeme zur Fertigungssteuerung. Wiesbaden 1988, S. 5-32.

Heinemeyer, W. (1988b): Produktionsplanung und -steuerung mit Fortschrittszahlen für interdependente Fertigungs- und Montageprozesse. In: RKW-Handbuch Logistik. Berlin, 14. Lieferung XII/88, Baustein 6060.

Heinen, H. (1962): Die Zielfunktion der Unternehmung. In: Koch, H. (Hrsg.): Zur Theorie der Unternehmung. Wiesbaden 1962, S. 9-71.

Heinrich, C.E. (1989): Das MRP II-Planungskonzept (Manufacturing Resource Planning) und dessen Realisierung mit Standardsoftware, dargestellt am System R/2 der SAP AG. In: Zäpfel, G. (Hrsg.): Neuere Konzepte der Produktionsplanung und -steuerung. Linz 1989, S. 95-112.

Herterich, R. und Zell, M. (1989): Dezentrale Fertigungssteuerung. In: VDI-Z 131 (1989), Nr. 5, S. 19-25.

Hinterhuber (1989): Strategische Unternehmungsführung. II. Strategisches Handeln. 4. Auflage, Berlin-New York 1989.

Hirano, H. (Ed.) (1988): JIT Factory Revolution. A Pictural Guide to Factory Design of the Future. Cambridge-Norwalk 1988.

Holt, C.C., Modigliani, F., Muth, J.F. and Simon, H.A. (1960): Planning Production, Inventories, and Work Force. Englewood Cliffs 1960.

Jacob, H. (1962): Produktionsplanung und Kostentheorie. In: Koch, H. (Hrsg.): Zur Theorie der Unternehmung. Wiesbaden 1962, S. 205-268.

Jacob, H. (1973): LP-Modelle der Investitionsplanung. In: WISU 8/73, S. 210-213 (Teil I), S. 260-265 (Teil II), S. 310-316 (Teil III), S. 361-364 (Teil IV).

Japan Management Association (Ed.) (1989): KANBAN. Just-In-Time at Toyota. Cambridge 1989.

Kaeseler, W. (1987): Möglichkeiten und Grenzen der Just-In-Time-Produktion bei schwankendem Absatzverlauf. In: Wildemann, H. (Hrsg.): Just-In-Time. Produktion + Zulieferung. Band 1. München 1987, S. 277-308.

Katagiri, M. (1986). NYPS or a production system based on JIT. In: Mortimer, J. (Ed.): Just-In-Time: An Executive Briefing. Berlin-Heidelberg-New York-Tokyo 1986, S. 65-71.

Kilger, W. (1973): Optimale Produktions- und Absatzplanung. Opladen 1973.

Kilger, W. (1986): Industriebetriebslehre, Band 1. Wiesbaden 1986.

Kilger, W. (1987): Einführung in die Kostenrechnung. 3. Auflage, Wiesbaden 1987.

Kilger, W. (1988): Flexible Plankostenrechnung und Deckungsbeitragsrechnung. 9. Auflage, Wiesbaden 1988.

Kimura, O. and Terada, H. (1981): Design and analysis of Pull System, a method of multi-stage production control. In: Int. J. Prod. Res., 1981, Vol. 19, No. 3, S. 241-253.

Kistner, K.-P. und Steven, M. (1990a): Produktionsplanung. Heidelberg 1990.

Kistner, K.-P. und Steven, M. (1990b): Zur Anwendung des Operations Research in der hierarchischen Produktionsplanung. Discussion Paper No. 216, Fakultät für Wirtschaftswissenschaften der Universität Bielefeld, Juni 1990.

Kistner, K.-P. und Steven, M. (1991a): Neuere Entwicklungen in der Produktionsplanung und Fertigungstechnik. In: WiSt Heft 1, Januar 1991, S. 11-17.

Kistner, K.-P. and Steven, M. (1991b): Applications of Operations Research in Hierarchical Production Planning. In: Fandel, G. and Zäpfel, G. (Eds.): Modern Production Concepts. Theory and Applications. Berlin-Heidelberg-New York-London-Paris-Tokyo-Hong Kong-Barcelona 1991, S. 97-113.

Kistner, K.-P. and Switalski, M. (1989a): Hierarchical Production Planning. Necessitiy, Problems, and Methods. In: ZOR (1989) 33, S. 199-212.

Kistner, K.-P. und Switalski, M. (1989b): Hierarchische Produktionsplanung. In: ZfB 59 (1989), H. 5, S. 477-503.

Kneip, L., Scheer, A.-W. und Wittemann, N. (1981): PROMOS - Ein Produktionsplanungs-Modellgenerator-System zur Bestimmung des Primärbedarfs im Rahmen eines PPS-Systems. Veröffentlichungen des Instituts für Wirtschaftsinformatik (IWI) im Institut für empirische Wirtschaftsforschung an der Universität des Saarlandes, Heft 26, Saarbrücken 1981.

Koch, H. und Kramer, M. (1983): Hierarchische Unternehmensplanung und Informationsgewinnung. Opladen 1983.

Kosiol, E. (1965): Planung als Lenkinstrument der Unternehmungsleitung. In: ZfB 35 (1965), H. 7, S. 389-401.

Kosiol, E. (1967): Zur Problematik der Planung in der Unternehmung. In: ZfB 37 (1967), H. 2, S. 77-96.

Kotler, P. (1982): Marketing-Management. 4. Auflage, Stuttgart 1982.

Koyama, A. (1991): Eigenarten des japanischen Managements. In: ZfbF 43 (3/1991), S. 275-284.

Kuba, R.W. (1988): KANBAN-Prinzipien. Neuer Wind in der Produktionsplanung und -steuerung. Lünen 1988.

Kurbel, K. (1978): Simultane Produktionsplanung bei mehrstufiger Serienfertigung. Möglichkeiten und Grenzen der Losgrößen-, Reihenfolge- und Terminplanung. Berlin 1978.

Kurbel, K. und Meynert, J. (1988): Flexibilität der Fertigungssteuerung durch Einsatz eines elektronischen Leitstands. In: ZwF 83 (1988) 12, S. 581-585.

Lackes, R. (1988): Aufbau und Funktionsweise von Produktionsplanungs- und Produktionssteuerungssystemen (PPS-Systeme). In: WISU 11/88, S. 591-593.

Lackes, R. (1990): Das KANBAN-System zur Materialflußsteuerung. In: WISU 1/90, S. 23-26.

Lee, L.C. (1987): Parametric appraisal of the JIT system. In: Int. J. Prod. Res., 1987, Vol. 25, No. 10, S. 1415-1429.

Li, A. and Co, H.C. (1991): A dynamic programming model for the kanban assignment problem in a multistage production system. In: Int. J. Prod. Res., 1991, Vol. 29, No. 1, S. 1-16.

Manz, J. (1983): Zur Anwendung der Aggregation auf mehrperiodische lineare Produktionsprogrammplanungsprobleme. Frankfurt am Main 1983.

Meal, H.C., Wachter, M.H. and Whybark, D.C. (1987): Material requirements planning in hierarchical production planning systems. In: Int. J. Prod. Res., 1987, Vol. 25, No. 7, S. 947-956.

Miyazaki, S., Okta, H. and Nishiyama, N. (1988): The optimal operation planning of Kanban to minimize the total operation cost. In: Int. J. Prod. Res., 1988, Vol. 26, No. 10, S. 1605-1611.

Monden, Y. (1981a): What Makes The Toyota Production System Really Tick? In: IE January 1981, S. 36-46.

Monden, Y. (1981b): Adaptable Kanban System Helps Toyota Maintain Just-In-Time Production. In: IE May 1981, S. 29-46.

Monden, Y. (1981c): Smoothed Production Lets Toyota Adapt to Demand Changes And Reduce Inventory. In: IE August 1981, S. 42-51.

Monden, Y. (1981d): How Toyota Shortened Supply Lot Production Time, Waiting Time and Conveyance Time. In: IE September 1981, S. 22-30.

Monden, Y. (1983): Toyota Production System. Norcross 1983.

Odrich, P. (1990): Japan im Wandel. In: FAZ, Samstag, 28. Juli 1990, Nr. 173, S. 12.

Ohno, T. (1988a): Toyota Production System. Beyond Large-Scale Production. Cambridge-Norwalk 1988.

Ohno, T. (1988b): Workplace Management. Cambridge-Norwalk 1988.

Orlicky, J. (1975): Material Requirements Planning. New York 1975.

Peyronnet, F. (1989): How to implement kanban combined with bar code in the shopfloor. In: Voss. C.A. (Ed.): JIT's Here to Stay. Oxford 1989, S. 101-109.

Philipoom, P.R., Rees, L.P., Taylor, B.W. and Huang, P.Y. (1987): An investigation of the factors influencing the number of Kanbans required in the implementation of the JIT technique with Kanbans. In: Int. J. Prod. Res., 1987, Vol. 25, No. 7, S. 457-472.

Plaut, H.G. (1976): Entwicklungsformen der Plankostenrechnung. Vom Standard-Cost-Accounting zur Grenzplankostenrechnung. In: Jacob, H. (Hrsg.): Schriften zur Unternehmensführung, Band 22. Wiesbaden 1976, S. 5-24.

Pressmar, D.B. (1974): Evolutorische und stationäre Modelle mit variablen Zeitintervallen zur simultanen Produktions- und Ablaufplanung. In: Gessner, P., Henn, R., Steinecke, V. und Todt, H. (Hrsg.): Proceedings in Operations Research 3. Würzburg-Wien 1974, S. 462-475.

Pressmar, D.B. (1975): Einsatzmöglichtkeiten der EDV für die simultane Produktionsplanung. In: Hansen, H.R. (Hrsg.): Informationssysteme im Produktionsbereich. München-Wien 1975, S. 215-255.

Reichwald, R. (1979): Zur empirischen betriebswirtschaftlichen Zielforschung. In: ZfB 49 (1979), H. 6, S. 528-535.

Rieper, B. (1979): Hierarchische betriebliche Systeme. Wiesbaden 1979.

Rieper, B. (1981): Die Planung von Produktionsvorgaben - ein hierarchischer Planungsansatz. In: ZfB 51 (1982), H. 12, S. 1183-1203.

Rieper, B. (1985): Hierarchische Entscheidungsmodelle in der Produktionswirtschaft. In: ZfB 55 (1985), H. 8, S. 770-789.

Riester, W. (1988): A Trade Union View on JIT in Germany. In: Holl, U. and Trevor, M. (Eds.): Just-In-Time Systems and Euro-Japanese Industrial Collaboration. Frankfurt 1988, S. 89-91.

Roos, E., Förster, H.-U. und Frhr. v. Löffelholz, F. (1988): Marktspiegel, PPS-Systeme auf dem Prüfstand. 2. Auflage, Köln 1988.

Scheer, A.-W. (1976): Produktionsplanung auf der Grundlage einer Datenbank des Fertigungsbereichs. München-Wien 1976.

Scheer, A.-W. (1983): Stand und Trends der computergestützten Produktionsplanung und -steuerung (PPS) in der Bundesrepublik Deutschland. In: ZfB 53 (1983), H. 2, S. 138-155.

Schneiderhan, W. (1971): Zum Problem der zeitlichen Abstimmung von Produktions- und Absatzmengen in mehrstufigen Unternehmen bei gegebenen Kapazitäten. Dissertation Saarbrücken 1971.

Schneidewind, D. (1991a): Beobachtungen zur Entscheidungsfindung in japanischen Unternehmen. In: ZfB 61 (1991), H. 3, S. 291-308.

Schneidewind, D. (1991b): Zur Struktur, Organisation und globalen Politik japanischer Keiretsu. In: ZfbF 43 (3/1991), S. 255-274.

Scholz, C. (1987): Strategisches Management. Ein integrativer Ansatz. Berlin-New York 1987.

Schonberger, R.J. (1982): Japanese Manufacturing Techniques. New York-London 1982.

Schonberger, R.J. (1983): Applications of Single-Card and Dual-Card Kanban. In: Interfaces 13: 4. August 1983, S. 56-67.

Seelbach, H. (1973): Interdependente Programm- und Prozeßplanung. In: Koch, H. (Hrsg.): Zur Theorie des Absatzes. Wiesbaden 1973, S. 447-474.

Shingo, S. (1985): A Revolution in Manufacturing: The SMED-System. Cambridge-Norwalk 1985.

Shingo, S. (1989): A Study of the Toyota Production System from an Industrial Engineering Viewpoint. Cambridge-Norwalk 1989.

Soom, E. (1986a): Die neue Produktionsphilosophie: Just-In-Time-Production. 1. Teil: Ein Methodenpaket zur Steigerung der Flexibilität und zur Senkung der Bestände. In: io Management-Zeitschrift 55 (1986), Nr. 9, S. 362-365.

Soom, E. (1986b): Die neue Produktionsphilosophie: Just-In-Time-Production. 2. Teil und Schluß: Synchronfertigung und Kanban. In: io Management-Zeitschrift 55 (1986), Nr. 10, S. 446-449.

Stadtler, H. (1988): Hierarchische Produktionsplanung bei losweiser Fertigung. Heidelberg 1988.

Statistisches Bundesamt (Hrsg.) (1990): Statistisches Jahrbuch 1990 für die Bundesrepublik Deutschland. Stuttgart 1990.

Süchting, J. (1989): Finanzmanagement. Theorie und Politik der Unternehmensfinanzierung. 5. Auflage, Wiesbaden 1989.

Sugimori, Y., Kusunoki, K., Cho, F. and Uchikawa, S. (1977): Toyota production system and Kanban system. Materialization of just-in-time and respect-for-human system. In: Int. J. Prod. Res., 1977, Vol. 15, No. 6, S. 553-564.

Sugimori, Y., Kusunoki, K., Cho, F. and Uchikawa, S. (1986): Toyota production and Kanban system - The materialization of an Just-in-time system. In: Mortimer, J. (Ed.): Just-in-time: An Executive Briefing. Berlin-Heidelberg-New York-Tokyo 1986, S. 53-58.

Sutter, H. (1976): Computergestützte Produktionsplanung in der chemischen Industrie. Berlin 1976.

Suzaki, K. (1989): Modernes Management im Produktionsbetrieb. Strategien, Techniken, Fallbeispiele. München-Wien 1989.

Switalski, M. (1987): Hierarchische Produktionsplanung. In: WiSt Heft 9, September 1987, S. 446-452.

Switalski, M. (1988): Hierarchische Produktionplanung und Aggregation. In: ZfB 58 (1988), H. 3, S. 381-396.

Switalski, M. (1989): Hierarchische Produktionsplanung. Heidelberg 1989.

Tsubone, H., Matsuura, H. and Tsutsu, T. (1991): Hierarchical production planning for a two-stage process. In: Int. J. Prod. Res., 1991, Vol. 29, No. 4, S. 769-785.

Weissenseel, H.G. (1988): KANBAN - eine Teilfunktion in einem integrierten System zur Fertigungsplanung und -steuerung. In: CIM-Management 2/88, S. 48-55.

Wiendahl, H.-P. (1988): Die belastungsorientierte Fertigungssteuerung. In: Adam, D. (Hrsg.): Fertigungssteuerung II. Systeme zur Fertigungssteuerung. Wiesbaden 1988, S. 51-87.

Wight, O.W. (1982): The Executive's Guide to Successful MRP II. Englewood Cliffs 1982.

Wight, O.W. (1984a): Production and Inventory Management in the Computer Age. New York 1984.

Wight, O.W. (1984b): Manufacturing Resource Planning: MRP II.
New York 1984.

Wild, J. (1982): Grundlagen der Unternehmungsplanung. 4. Auflage, Opladen 1982.

Wildemann, H. (1984): Flexible Werkstattsteuerung nach KANBAN-Prinzipien. In: Wildemann, H. (Hrsg.): Computergestütztes Produktionsmanagement. Band 2: Flexible Werkstattsteuerung durch Integration von KANBAN-Prinzipien. München 1984, S. 33-39.

Wildemann, H. (1988): Produktionssteuerung nach KANBAN-Prinzipien. In: Adam, D. (Hrsg.): Fertigungssteuerung II. Systeme zur Fertigungssteuerung. Wiesbaden 1988, S. 33-50.

Winters, P.R. (1962): Constrained Inventory Rules for Production Smoothing. In: Management Science, Vol. 8, No. 4, 1962, S. 470-481.

Wittemann, N. (1985): Produktionsplanung mit verdichteten Daten. Berlin-Heidelberg-New York-Tokyo 1985.

Wöhe, G. und Bilstein, J. (1988): Grundzüge der Unternehmensfinanzierung. 5. Auflage, München 1988.

Zäpfel, G.(1982): Produktionswirtschaft. Operatives Produktions-Management. Berlin-New York 1982.

Zäpfel, G. (1989a): Dezentrale PPS-Systeme - Konzepte und theoretische Fundierung. In: Zäpfel, G. (Hrsg.): Neuere Konzepte der Produktionsplanung und -steuerung. Linz 1989, S. 29-59.

Zäpfel, G. (1989b): Strategisches Produktionsmanagement. Berlin-New York 1989.

Zäpfel, G. und Gfrerer, H. (1984): Sukzessive Produktionsplanung. In: WiSt Heft 5, Mai 1984, S. 235-241.

Zäpfel, G. und Missbauer, H. (1988): Traditionelle Systeme der Produktionsplanung und -steuerung in der Fertigungsindustrie. In: WiSt Heft 2, Februar 1988, S. 73-77.

Zäpfel, G. und Tobisch, H. (1980): Ein Modell zur hierarchischen Produktionsplanung. Forschungsbericht des Instituts für Industrie und Fertigungswirtschaft an der Universität Linz 1980.

Zeilinger, P. (1989): Just-in-Time bei einem Automobilhersteller. In: CIM-Management 3/89, S. 15-20.

Zimmermann, H.J. und Gal, T. (1975): Redundanz und ihre Bedeutung für betriebliche Optimierungsentscheidungen. In: ZfB 45 (1975), H. 4, S. 221-236.

Schlagwortverzeichnis

Absatzgeschwindigkeit   26, 81, 180
Absatzplanung   6 f, 15, 27, 100, 183, 194, 207, 209
Aggregation   31 f, 36, 44 ff, 85 f, 96, 102, 117, 119 f,
            176 f, 189, 193, 199, 216, 244, 248, 250
Alternativpläne   253
Anpassungsmaßnahmen   27, 82, 183
Anpassungsprozesse   149, 178

Bedarf, effektiver   53 ff, 64 f, 78, 80, 104, 107, 110
Bedarfsrate   90, 155, 157, 241 f
Behälteranzahl   145, 163
Beschaffungsplanung   7, 12, 247
Bring-Prinzip   129, 139

Deckungsbeitrag   16, 25 f, 125 ff, 183, 220 f
Dekomposition, sachlich-horizontale   28, 38 ff
Dekomposition, sachlich-vertikale   28, 38 ff
Dekomposition, zeitliche   38 ff
Disaggregation   44 ff, 64, 68, 73 f, 80, 83, 86 f, 96,
            99 f, 109, 115, 118 ff, 196, 199, 202,
            212, 215, 248
Durchlaufterminierung   20, 159 f
Durchlaufzeit   21, 58, 64, 81, 99, 104, 110 f, 146, 148,
            182, 238 f, 243

Ebene, operative   9 ff, 27 ff, 44, 63, 151, 157, 173, 177,
            179 f, 182, 235, 243
Ebene, strategische   8 ff, 175, 177, 221
Ebene, taktische   9 ff, 27, 175, 177, 179
Electronic Mail   163

Fehlmengen   26, 57, 61, 68, 85, 94, 103, 117, 144 f, 147,
            161, 169, 178, 183 ff, 192, 205 ff, 218 ff,
            226, 228, 233, 249, 264
Fertigungssteuerung   4, 22 f, 92, 95, 130, 161, 170
Fertigungssteuerung, belastungsorientierte   22
Fertigungsstückzeit   146 f

Fertigungssysteme, flexible   167
Finanzplanung   7, 14, 177
Fließfertigung   141, 150, 161
Fortschrittszahlen   23, 161 f

Grunddatenverwaltung   18 ff

Heuristik   48, 98
Hol-Prinzip   129, 134, 139, 215

Intensität   16, 147, 177, 180, 183, 236 f, 240
Interdependenzen   14 ff, 23 ff, 35, 40 f, 98

Just-In-Time   2 ff, 122, 125, 127, 129, 143 f, 151 f,
          165 f, 216, 245

Kapazitätsabgleich   20, 159 f, 169
Kapazitätsterminierung   18 ff, 170 ff
Kartenanzahl   145, 156, 237 ff
Kennzahl   44, 52, 170
Koordinationsebene   40 f
Kuppelproduktion   29

Lagerabgangsrate   154 f, 238 ff
Lagrange-Ansatz   82, 89, 267
LAN   163
Leitstand   23
Lieferbereitschaft   57, 91
Losgröße   26, 29, 52, 57, 74 ff, 111 ff, 146 ff, 153, 204,
          215, 271 f

Manufacturing Ressource Planning (MRP II)   21, 159 ff, 170
Material Requirement Planning (MRP)   19
Materialdisposition   2, 19, 31, 95, 153, 244
Mehrarbeitszeit   16 f, 51, 63 ff, 68 ff, 92 f, 101, 103,
          105, 109, 183 ff, 191 f, 208, 214, 227,
          240, 261 f
Modularisierung   35

MRP   (siehe Material Requirement Planning)
MRP II   (siehe Manufacturing Ressource Planning)

Normalarbeitszeit   51, 63 ff, 68 ff, 92 f, 101, 103, 105,
                         109, 183 ff. 190 ff, 212, 214, 219,
                         224 f, 231, 261 f

Operations Research   3, 4, 24, 31, 95
Opportunitätskosten   221

Planung, rollierende   51, 97, 157, 211 ff
Primärbedarfsplanung   18 f, 32 f, 95, 159 f, 169
Produktionsgeschwindigkeit   180
Produktionskanban   132 ff, 152 ff, 159, 161, 163 f, 174 f,
                         180, 182, 187, 193, 216, 237 ff
Produktionsplanung   2 ff, 6f, 12 ff, 38 ff, 94 ff, 129,
                         169 ff, 202, 210 f, 216 f, 235, 244 ff
Produktionsprogrammplanung   4, 15 f, 24 ff, 41, 95, 100,
                         158 f, 207, 215
Produktionsrate   49, 65, 68, 71, 73, 102 f, 109, 177
Programmierung, lineare   25, 119
Programmierung, parametrische   29, 181, 250, 252 f
PROMOS   32 f
Pufferlager   133 ff, 151 f, 154, 156, 237, 242 ff, 248
PYMAC   160

Qualität   127 ff, 144 f, 150, 163, 165, 167

Regelkreis   137 ff, 170, 173 f
ROT   (siehe Run Out Time)
Rückkopplung   31, 39, 98 f, 173
Rucksackmodell   76, 82, 91, 109, 117, 267
Run Out Time   52 f, 74, 77, 79 f, 83 ff, 87, 90, 110, 115,
                    204
Rüstzeit   65, 146 ff, 167, 177, 190, 271 f

Saisoneinflüsse   184, 212, 240
Selbstkontrolle   144
Signalkanban   175

Simultanplanung   24 ff, 30 f, 35, 45 f

Standardbehälter   134, 141, 146, 152, 175, 180, 187, 192, 243

Standardmenge   144, 153 ff, 174 ff, 184 ff, 193, 195, 197 f, 202 f, 231, 237 f, 241

Sukzessivplanung   28 ff, 35, 39, 42, 45, 98, 120, 157

Supermarktprinzip   129

Synchronfertigung   128 ff

Termindisposition   20, 32, 95

Termintreue   165, 221

Toyota   2, 122 ff, 153, 157 f

Transportkanban   133 ff, 153, 155 f, 163, 174, 178, 180, 182, 187, 193, 237 f, 241 ff

Transportzeit   216, 245

Verdichtung   31 f, 45, 176

Vorlaufzeit   21, 23, 58 f, 70, 77, 80, 90, 99, 104 f, 110 f, 115, 117, 179, 205

Wiederbeschaffungszeit   151, 155, 182, 241

nbf neue betriebswirtschaftliche forschung

nbf neue betriebswirtschaftliche forschung

Band 102 Prof. Dr. Wolfgang Berens
Beurteilung von Heuristiken

Band 103 Dr. Uwe-Peter Hastedt
**Gewinnrealisation
beim Finanzierungs-Leasing**

Band 104 Dr. Mark Wahrenburg
Bankkredit – oder Anleihefinanzierung

Band 105 Dr. Patrick Lermen
**Hierarchische Produktionsplanung
und KANBAN**

Band 106 Dr. Matthias Kräkel
Auktionstheorie und interne Organisation

Band 107 Dr. Rüdiger Pieper
Managementtraining in Osteuropa
(Arbeitstitel)

Band 108 Dr. Urban Kilian Wißmeier
Strategien im internationalen Marketing

Band 109 Dr. Margret Wehling
**Personalmanagement für unbezahlte
Arbeitskräfte**
(Arbeitstitel)

Band 110 Dr. Torsten Kirstges
Expansionsstrategien im Tourismus

Band 111 Dr. Stefan Reißner
**Synergiemanagement und
Akquisitionserfolg**

Band 112 Dr. Jan P. Clasen
Unternehmen im Krisenfall
(Arbeitstitel)

Betriebswirtschaftlicher Verlag Dr. Th. Gabler GmbH, Postfach 15 46, 6200 Wiesbaden